Architecture
Prompt Design and Expression

建筑快题设计与表达

编　著：绘世界考研快题训练营
主　编：陈　志　张光辉
副主编：王成虎　范　垒

中国林业出版社

图书在版编目（ＣＩＰ）数据

建筑快题设计与表达 / 绘世界手绘考研快题训练营 编著. -- 北京：
中国林业出版社, 2013.9（2020.7重印）

ISBN 978-7-5038-7117-7

Ⅰ.①建… Ⅱ.①绘… Ⅲ.①建筑设计—研究生—入学考试—自学参考
资料 Ⅳ.①TU2

中国版本图书馆CIP数据核字(2013)第161784号

编　　著：绘世界考研快题训练营
本书主编：陈　志　张光辉
副 主 编：王成虎　范　垒
参编人员：陈彤彤　罗　胴　范　垒　王克刚　乔　杰
　　　　　白　冰　吴诗瑶　杨含璞　张恩典　张宗鹏

中国林业出版社·建筑与家居图书出版中心
责任编辑：李 顺 唐 杨
出版咨询：（010）83143569

出版：中国林业出版社（100009 北京西城区德内大街刘海胡同7号）
网 站：http://lycb.forestry.gov.cn/
印 刷：河北京平诚乾印刷有限公司
发 行：中国林业出版社
电 话：（010）83143522
版 次：2014年3月第1版
印 次：2020年7月第3次
开 本：889mm×1194mm 1 / 12
印 张：16.5
字 数：200千字
定 价：68 .00元

教 之 道 · 贵 以 专

快题设计，就是在较短的时间内进行设计，并提交相对完整的设计成果（平立剖、效果图等），能使阅图者了解设计者的总体构思和对一些关键问题的思考，同时也表现出设计者的阐述和表达能力。需要设计者不仅具备扎实的建筑方案设计能力，也要掌握一定的手绘表达能力。然而，迄今为止，更多关于快题设计的论著多以手绘表现讲解为主，并没重点讲解快速建筑方案设计。因而本书在论述快速方案设计方法的同时，兼述手绘表现技法讲解，这是本书的特点之一。

近些年来，快题设计更多以一种考试形式存在，常用于高校考研及行业录用人才考核，有了更多的应试色彩。考生顺利通过考核，常被误认为只具备了较强的应试能力，但事实上，正是因为考生熟练掌握了应试方法，才得以在短时间内完成设计。本书从论述应试技巧出发，讲解快速设计方法。如：怎样快速审题、快速把握功能分区、提高建筑方案设计的速度等。这是本书的特点之二。

本书另一特点是，著者在论述快速设计方法的过程中，引用了各高校真题试卷及优秀作品实例，旨在使读者在读完此书后，不仅了解快速设计方法，并能增加对各高校考研趋势的了解及作品认知。本书在写作上通过分专题论述、图示分析、常犯错误讲解等，注意了知识性、趣味性及易读性。

总之，对于设计方法，包括本书讨论的快速设计方法，读者应把他看成一块敲门砖，当掌握了设计过程的规律性，形成自己独特的设计方法时，实际上也就学会了设计的方法。因而阅读设计方法论著的时候，应以形成适合自己的设计方法为目的，应追求设计过程得心应手、游刃有余的设计境地，不应死套方法，不能被方法束缚住手脚，要善于借助书本讲述的方法，走到"自由方法"的彼岸。以形成适合自己的设计方法为宗旨。

在阅读本书内容的同时，希望读者带有怀疑和批判的态度。第一，既然是经验的总结，必然存在片面性和偶然性；本书作品由绘世界学员提供，均为3~6小时之内完成，难免存在错误或不严谨之处，恳请同学及同行提出建议和批评。

陈志　于绘世界
2013.10

导读 Introduction

本书编写之初，作者对全国建筑学专业具有优势的院校历年建筑考研快题和国内一线设计院招聘快题考试做了深入细致的研究，发现建筑学快题考试具有极其鲜明的针对性，和其他类设计类型的独立方法要求。归纳如下：

关键点一：快题考试要求考生在3~8小时内完成设计及表达，这就要求考生必须具备准确分析、快速构思和娴熟表达的基本功；

关键点二：试题很少选择生僻怪异的建筑类型，多为考生接触到的常见类型，如美术馆建筑设计、餐厅建筑设计等，这就要考生打牢基础，熟练掌握这几种建筑类型的设计要点，并对之有一定的归纳和总结能力；

关键点三：试题中隐藏了关键得分点（即"题眼"），要求考生必须掌握快速解题技巧，对多个构思方案进行综合分析、比较、判断，最终做出正确选择。

本书共六个章节

第一章，概论部分，介绍建筑快题设计的概念和基本原则，明确建筑快题设计的知识考点与任务要求；

第二章，建筑快题设计的方法和步骤，明确建筑快题设计的目标和类型，从任务书解读、方案构思到空间塑造和理念诠释，帮助考生掌握建筑快题设计的基本过程；

第三章，建筑快题设计的知识要点解析，训练考生在考试中如何抓重点，如何避免细节丢分，如何解决难点，如何让自己的方案更加出彩；

第四章，建筑快题设计的表现技法，使考生掌握基本的应试表现技法与技巧，如何为设计而表现，使考生明白考试中应如何表达图纸内容，以及图纸中必要的图幅；

第五章，建筑快题设计的常见类型与真题实例，以真题的形式，从快题类型、总平面设计原则、设计要点三方面入手，并结合实际案例，着重讲解建筑快题设计的思想与表达；

第六章，建筑快题设计优秀作品赏析，增加对优秀作品的认识。

需要说明的是，本书编著的初衷，是为了帮助建筑学专业学生了解建筑快题设计，因此在书中大量采用了设计的语言——图解。图解是设计创作的重要方法，是最有效的设计表达和设计交流媒介之一。图解的表达内容十分丰富，并给人思考和延伸的余地，不同的人会有不同的理解。从设计的角度来说，建筑快题设计是一种创造，因此采取图解的形式更适合建筑学专业的考生。

书中所选作品均是3~6小时规定时间内完成的快题。大部分来自绘世界手绘培训2011~2013年学员作品，这些作品的作者现在大多已经在建筑设计老八校或是知名设计研究院学习和工作。在此向各位提供资料的学员表示感谢，祝学习进步、工作顺利。

本书可作为建筑学专业、城市规划、风景园林专业人员学习、考研与求职的辅导书，也可供相关从业人员工作参考。

Contents

第一章　概论

1.1 相关概念

1.1.1 全面理解建筑学

建筑学是一门古老的学科，内容十分广泛。从广义上来说，建筑学是研究建筑及其周边环境的学科。建筑学涉及科学、文化、艺术、宗教等人类活动的几乎所有方面。建筑界对建筑学的理论概念和实践领域也有诸多争论，具体的理解和操作更是千差万别。对于建筑学的理解，我们不可能得到一个简单的结论，而应该将其当作一个长期的课题去研究。作为一名刚刚踏入社会的年轻建筑设计师应达到以下要求：

（1）掌握必备的建筑设计方法与理论、现代城市规划和城市设计理论，了解中外建筑的历史、美学理论，了解人的心理、生理行为与建筑内外环境的相互关系；

（2）掌握必备的建筑结构、建筑技术、建筑设备、建筑安全和建筑材料等知识，以及有关的建筑设计标准规范；了解有关的建筑经济知识与我国现行的建筑法规，了解我国现行的基本建设程序以及从工程立项到设计施工、竣工验收的全过程，了解与建筑师从业有关的法律、条令和规定。

（3）具有从事实际建筑设计（包括建筑群体、单体、局部、细部设计）的能力；具有计算机辅助建筑设计系统的基本知识和操作能力；具有不同设计阶段需的表达能力；了解建筑师在工程建筑的各个阶段中所起的作用及其职责；了解组织协调各个工种的基本做法和要求。

1.1.2 基础概念

建筑设计

建筑设计包含形成建筑物的各相关设计。按设计深度分，有建筑方案设计、建筑初步设计、建筑施工图设计；按设计内容分，有建筑结构设计、建筑物理设计（建筑声学设计、建筑光学设计、建筑热学设计）、建筑设备设计（建筑给排水设计、建筑供暖、通风、空调设计、建筑电气设计）等。

建筑理论

建筑理论包含建筑有关的哲学思想、审美观点、传统的革新、形式与内容、风格特征、建筑评论等一系列的建筑理论和哲学观点。把理想与现实、科学与技术上升到理论，从概念上解决有关建筑的创作与发展问题。

建筑设计理论

建筑设计理论将建筑设计过程中共同涉及的有关方法、原则、规律性的问题，诸如建筑构成因素、形象思维、方法论、建筑空间、建筑造型、建筑组合等问题加以全面地综合与概括，作为它的基本内容。

建筑空间环境设计

建筑空间环境包括建筑内外空间组织和方法论的探索，研究内外空间环境有关的构成规律和方法。

建筑构图原理

主要涉及建筑设计中共同的构图原则和方法，研究建筑的体量结合、构图规律及有关艺术处理等问题。

建筑方法论

客观地研究人的生活与建筑空间组织，以寻求理想的方法解决设计方案的优化。涉及逻辑思维、形象思维、人类思维机制等内容。研究设计思维过程和设计过程的决策问题。

建筑快题设计

快题设计，就是在较短的时间内进行设计，并提交相对完整的设计成果（平立剖、效果图等设计成果较为齐全），能够看出设计的总体构思，以及对一些关键问题的思考，同时也表现出设计者的阐述和表达能力。主要考察设计者在建筑设计方面的综合能力，包括思维能力、分析能力、综合运用建筑设计理论能力、设计创新及表达能力。

快题设计是高等院校审核考试、研究生入学考试及设计单位招聘等重大考试采用的主要形式。

1.1.3 建筑设计包含的基本内容

无论分析什么样的建筑，进行什么样的建筑设计，除了功能目的以外，还有精神、意识上的需求。由于人们的建筑实践与经验不同，以及认识上的差异，对待建筑设计和分析建筑，就有不同的出发点，但核心问题，是围绕着建筑的空间和隔断两个方面，作不同的处理和理解。

随着建筑的功能目的不同，建筑空间的内外处理和表现就有显然的不同，建筑造型也有不同的表现效果。为了满足建筑空间内外的要求和环境的特点，需要一系列的科学技术解决有关声、光、电、水、暖、卫、防等问题。而作为建筑构架来说，则是构成空间的重要物质技术手段。建筑空间由于科学的不断发展有了新的突破，时代的不同要求，相应的物质技术手段也给建筑设计提供了广阔的发展前景。

建筑隔断直接联系到建筑的功能组织与分配及其相互关系，建筑内部的交通组织、功能布局、空间的分割、各部位的变化都涉及到建筑内外的隔断（包括各种隔墙、遮拦和围合条件）问题，建筑的封闭与开敞，都以建筑隔断为转移，而建筑隔断则以建筑功能目的及表现效果为前提条件。

同一个平面，由于建筑的功能不同，内部隔断就有不同的处理。同时，由于采用的物质及技术手段不同，比如砖混结构体系和框架结构体系，二者都带来了内外空间不同的变化，反映了不同的建筑造型。

为了便于对建筑中涉及到的问题进行研究，在设计过程中，把它分为若干专门问题，进行深入地、全面地探索，有的已经形成专门的学科。兹就建筑设计中涉及的基本内容，概括为八个方面作简要说明，以便在建筑设计过程中能全面掌握，并进行综合处理。

总体规划

任何建筑设计都要以城市规划和环境设计为出发点，分析其所应处的地位和作用，才能在总体规划中置于恰当的位置，以取得总体的协调。建筑在给定的地段上所涉及的社会问题、政策问题、城市设计关系、交通问题，以及其环境关系，都要在总体规划上加以全面而正确的分析，并合理解决，取得应有的社会效益、经济效益和环境效益，从宏观上取得规划的合理性。

建筑布局

建筑布局系指建筑中大的部位及其与空间环境的关系的安排。诸如地段、平面布局、体型安排、建筑的发展条件、空间层次分配等。建筑四邻关系、地段条件、环境的利用与改造、建筑的外部联系、地形的利用、总体配合等，都是建筑布局要考虑的因素，处理好建筑的功能需求和表现效果，是建筑设计的重点。如一所学校，在设计中最主要地还是要从环境布局入手，不能只顾及一栋教学楼或实验室的设计，还要考虑运动场、公共设施等的安排。即便是单栋的建筑，也涉及环境问题，亦应从整体布局入手，才有助于建筑问题的合理解决。

功能分析

主要是各种建筑的功能组织与分配。根据建筑自身的功能要求，产生了某种特定的组织方法，现已有典型的布局手法，诸如中心式、大厅式、套间式、单元式、流线式、组合式等，可供创作时借鉴。由于科技的发展与工业化的要求，我们不能墨守成规，要有新的变化，如办公楼的内容，涉及到组织机构的变更，学校教学楼的电化教学的引入，影剧院多功能的适应，中小型车站的灵活组合等，在功能上都要从新考虑。

空间组织

建筑内外的空间处理，既要满足功能需求，又要满足感官需求。满足人们物质与精神上的需求，涉及到声光电卫、环境绿化等的综合处理。借助于技术设备以达到设计的目的（也包括某些技术措施），利用自然因素来弥补某些条件的不足，这都是加强空间环境组织的必要手段。空间的开敞、封闭、内外渗透、静动关系，都要在空间组织中妥善安排。

技术措施

建筑技术措施也就是建筑设计中的物质技术手段，技术是使构思和造型可能实现的一种措施。在某种意义上说，物质技术手段——材料、结构、技术室建筑创作的基础，影响建筑空间处理、功能组织的变化与发展。轻质、高强、大跨、空间体系，直接改变了建筑空间组织方法，改变了建筑造型表现效果。构架的力学逻辑组合与应用，构建简易的体型与巧妙的结合，在建筑创作中都是不可忽视的因素。

经济指标

设计的目的可以说就是以最少的手段达到最好的效果，否则就不能称为一个合格

的设计。在建筑设计中对于节约用地、节约能源及原材料、缩短生产周期等，都要进行最优化的选择。

环境协调

任何建筑，与自然、地形、固有建筑都存在着相互协调的问题。但这种协调不是消极地迁就，而是包括更新、改造的任务。环境关系的协调是建筑设计中不容易忽视的重要内容。

以上几个问题，不是相互孤立的，而是统一的整体，作为不同的建筑设计对象，其重点都各有侧重。居住群、学校涉及建筑的总体布局；医院、旅馆则强调功能关系；影剧院、阅览室对内部空间要求较高；体育馆、火车站要用先进技术解决大空间问题；而博物馆、展览馆除了功能之外要求加强建筑造型的表现；纪念性建筑除了造型之外，还要求在表达的思想意识方面强化其对人心理的感受。无论哪一方面，都涉及到建筑的构图问题，所以建筑构图就成了建筑设计理论重要组成部分。

1.1.4 建筑构成

建筑构成因素是建筑设计的基础。科学地分析、研究建筑构成因素，把握其特性，探索它们之间的构成方法，才能创造出好的建筑。

建筑构成单从造型因素来考察，显然是不够的。随着建筑领域的扩大，各种学科的纵横交织，建筑构成涉及到自然、社会、经济、技术、艺术各个方面的因素。当然，建筑终将以具体的形态综合反映各种构成因素。本书的建筑构成因素包括：建筑形态构成原则、平面构成、空间构成等。

1.2 建筑专业快题考试的特点

1.2.1 工作方式

1. 规定时间内的设计操作

快题设计与课程设计最大的区别在于设计周期长短不同，课程设计中，从建筑任务书制定、完善到方案设计，再到成果表达，各个环节都要求有一定的时间以确保方案的质量，这个过程需要设计者付出大量的劳动。而快题设计则是把合理的设计周期压缩在较短的时间内，但设计任务和方法并没有随着时间的缩短而产生实质性的改变，是一种特殊形式的建筑方案设计，快题设计对设计者实际上是提出了更大的挑战。要在缩短时间内完成规定的设计任务，速度要快，效率要高，设计强度也较大。快题设计作为建筑设计的浓缩形式，其过程是建筑师业务知识、思维及表达能力的综合体现。

快题设计要在几个小时内完成一个设计方案，首先要对设计任务书进行深入地分析和理解，在此基础上，凭借日常学习过程中积累的经验与逻辑性思考，并借助图式思维的构思方式提炼出解决问题的途径，然后运用快速手绘使其形象化地表达出来。快题设计简化、浓缩了通常设计中的构思、推敲和表达过程，是建筑设计的特殊且高效的工作方式。

2. 成果表达：设计成果言简意赅，设计表现奔放不羁

重理性判断，成果更概括、更整体、设计意图表达清晰，目标表达明确。任何一个建筑设计方案都不可能十全十美，何况快速建筑方案设计要想在如此短的时间内拿出一个面面俱到的设计成果，那是强人所难。我们只能有得有失，抓大放小。既快速建筑方案设计只抓影响方案全局的大问题，如建筑与环境的矛盾是否和谐解决、平面功能分区是否明确、房间布局是否有章法、建筑造型是否具有美观原则，而不拘泥设计方案的细枝末节和手法堆砌。哪怕方案最后仍然存在若干缺憾，只要不是方案性问题，而是手法处理问题，都是可以谅解和不计较的。

鉴于快速建筑方案设计在设计目标、设计过程、设计思考、设计操作方面的特点，相应地，在设计表现方面，不可能也没有必要像常规建筑表现图甚至计算机效果图那样表达得非常精致准确，甚至逼真。恰恰相反，设计表现要反映出自身的速度感，那就是线条要运笔流畅、不拘小节，着色要挥洒自如、轻松随意，配景要简练概括、适可而止。总之，整个图面的表现要奔放不羁、不拘一格。

1.2.2 快题题目特点

以考试形式出现的建筑快题设计题目的设置往往便于考察设计者的专业素质、设计能力和表达能力。研究生入学考试快题设计大致具有以下特点：

（1）非特殊特功能性建筑，建筑类型比较普通、常见，如图书馆、博物馆、名人纪念馆、社区活动中心。

（2）空间富于一定变化，一般设计任务书里对功能空间的大小及性质等有不同要求，有小空间的行政办公、标准客房，大空间的会议厅、餐厅、活动室等。

（3）题目易于发挥和可以创造，场地比较宽松，有发挥余地，如场地面积较大、周边环境良好、基地内有一条河或是一棵树、基地是三角形的、技术指标要求不太苛刻等，便于考生有所发挥。

（4）强调建筑与环境的关系，如强调建筑与地形条件、周边环境、城市文脉的结合，总平面的表达要体现整体性、宏观性、建筑体量和组织关系。

1.2.3 建筑快题设计试题类型

由于时间的限制，建筑快题设计的功能要求一般相对比较简单，或者较为复杂的功能经过简化处理，因此，建筑快题设计一般以小型多层建筑为主。很少出现建筑面积较大或有特殊要求的建筑，如医院建筑、体育建筑、交通建筑等。常见的类型是中小型民用建筑，因此应该熟悉公共建筑设计原理，熟悉设计方案的深度要求和制图规范的有关规定，掌握常见类型建筑类型的功能要求和基本的规范数据。常见的建筑快题设计类型大致有以下几类。

1.3 小时快题设计

研究生入学考试中复试多采用 3 小时快题设计。这类快题设计一般要求在较短的时间内完成一个面积有限、功能简单的建筑单体，常见的有建筑小品及周边环境设计、大门及传达室设计、美容美发厅设计、小区售楼部设计、鲜花店设计、小型邮政局设计、银行储蓄所设计、茶室设计、小型歌舞厅设计等。此类快题也可能要求完成一个建筑方案设计的部分内容，比如总平面布局及各个层平面设计、平面或剖面设计或建筑效果图绘制等。

2. 6 ~ 8 小时快题设计

此类快题设计一般在 1 日内完成，时间大概从早晨 8 ~ 9 点钟开始到下午 3 ~ 4 点钟结束，要求绘制建筑的总平明图、各层平面图、立面图、剖面图和透视图，写出必要的设计说明和经济技术指标等，在设计过程中不得与他人讨论，更不得翻阅设计资料，要求独立完成思考任务书规定的全套图纸，常见的建筑类型有艺术家工作室、独立式别墅设计、住宅小区会馆设计、售楼展示中心设计、艺术画廊设计、活动中心设计、展览馆设计、培训中心、纪念馆、图书馆设计等。此类快题能够在规定的时间内一般能够表达出设计者的大体构思和方案的整体关系，因此这类快题设计考试能比较准确的反映出设计者的基本功和综合表达能力，所以常被用来作为建筑学专业设计考试的基本形式，如设计院所招聘员工考试、注册建筑师方案考试以及高等院校研究生入学考试等。

第二章 建筑快题设计的方法和步骤

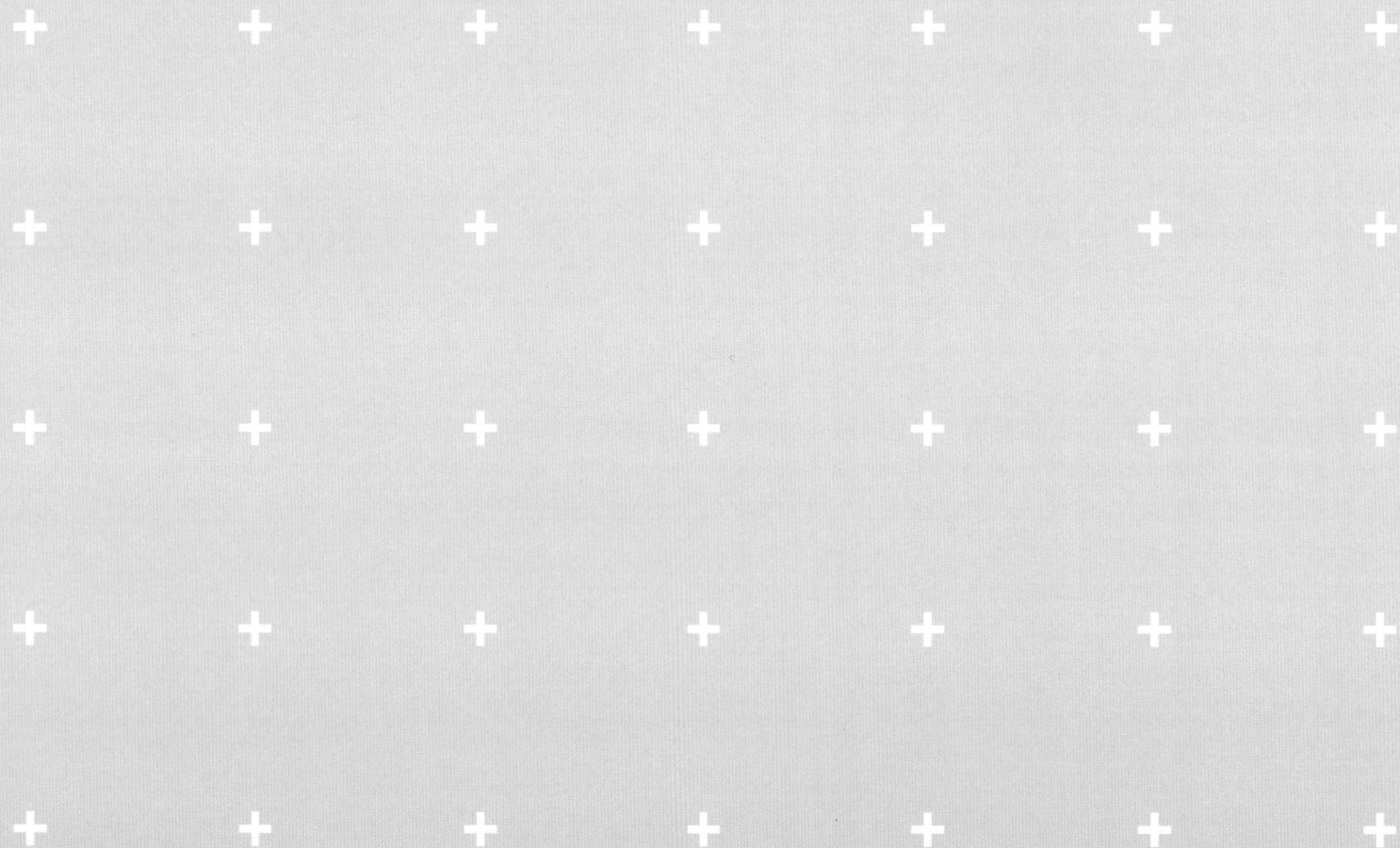

建筑快题设计，主要是考察应试者的设计能力和基本功，而不是考设计"灵感"，所以应试者千万不要过度追求"标新立异"，不要过于追求奇特的趣味性，更不要画蛇添足。应试者在思想上必须明确：考试不是设计竞赛。

2.1 考前准备

为了做到万事具备，只欠东风，考前准备要做充分。其中包括知识技能等方面的准备——基本功的训练、掌握规范、熟悉题型以及有针对性地模拟练习；另外还要做好工具材料和身体条件的准备，考场上，如果出现工具不顺手，或者是身体不适等问题，不但会耽误时间，还会影响考试的效果。

考试前一周要注意什么，是应试者一定不容忽视的。辛辛苦苦坚持一年，临近考试可不能因一点马虎大意而前功尽弃，应试者需要做好以下准备。

2.1.1 心理准备

应试者都是久经考场的老将，但是，在人才竞争如此激烈的社会环境中，求胜之心迫切，难免在心理上有一定的压力。所以千万不要把考试变成一种心理负担。要给自己适当减压，就当成一次集体的无人辅导设计训练，只要平常心对待，放松心情，就能轻装上阵，发挥出应有的水平。有压力要上考场，没压力也要上考场，何不把压力转化为动力，放松心情去面对呢？

2.1.2 身体准备

生物钟的调整是考前准备的重要方面。备考过程是辛苦的，甚至寝食难安，熬夜加班，生活规律紊乱，可不能因此体力不支，而导致状态不佳。考试前几天，不能熬夜，要保证睡眠充足，将自己调整到体力充沛、头脑清醒、适度兴奋的状态。在考试期间这种兴奋状态会越发高涨直到最后，这样才能充分发挥自身潜力。

2.1.3 纸张及其相关准备工作

纸张的选择取决于考生考前准备的情况，许多院校和单位倾向由他们出具考试用纸，也是因为其有自身的考察目的。例如拷贝纸（也称草图纸）适合考察一个建筑设计者使用它快速表达设计意图和设计成果的最常用纸张。笔者不就每种纸该如何使用论述，而是提醒应试者在平时练习的过程中应该对各种纸张的表达练习都有所涉及，这样遇上考场要求统一纸张才不会慌乱。另一方面，当纸张是由考生自备时就可以做以下准备工作：

1. 选纸总体原则

首先要利于自己的擅长表达方式的发挥，然后就是用透明度不高但却能够满足蒙一张纸的时候可以看到下面的铅笔线条的程度，这两点很重要。各种纸特性不一样，自己在练习的过程中要自行揣摩。就透明度而言，太透明是不被一些院校所允许的；完全不透明又不利于对比誊图，不能提高作业速度。选纸也因每个人的绘图习惯不同而有所差别。

2. 辅助轴线网格

用 HB 或者 B 铅笔轻轻的在纸上打好一定尺度的格子，看得清楚即可，线条浅了看不见，太深会影响图面表达。适合深浅程度以蒙一张同样的纸在上面也能看清楚最佳。格子的间距以自己常用的方案设计模数，加上自己练习中习惯的制图比例绘制出来（例如 8m×8m，6m×6m，用 1：200 的比例画在纸上就是 4cm×4cm，3cm×3cm）。这样主要是为了作轴线，无论是徒手表达还是尺规表达都会起到辅助作用，其次还可以在图面形成一定的构图效果。

3. 字格

以 3～4cm 边长的正方形打好字格，里面写设计项目名称（例如"售楼部"），然后可以在其后稍微小点的字格里，在考试前在上面写好"快题设计"，建议用比较简洁大方的字体。同理，设计说明和设计图名的格子也可以事先打好。但是考虑到构图和各种图在图纸上的占图大小，还是建议在绘图作版面设计的同时打设计说明的字格，因为版面设计对于图面效果影响很大。或者可以在一张小纸上写好，然后考试时再眷写到图面上。

2.1.4 其他工具准备

考场上要带的工具，应试者都比较清楚。如针管笔、美工笔建议选择品牌，下水均匀流畅的，在此不作推荐，具体因人而异；马克笔不要带一大盒，挑几支必备的，建筑多用灰色，每只灰色至少准备两支，以防笔没水；彩色铅笔，采用辉柏嘉水溶性铅笔，以防考试紧张不敢用马克笔，就用彩色铅笔来上色；铅笔多带几支，事先削好。最重要的比例尺不要忘带。

2.1.5 考试时间把握

做任何一件事情都要有计划性，就是要把要完成的事情按时间顺序一件一件安排好，这样才能有条不紊地推进工作，做到忙而不乱、紧而不慌。

一般而言，快题设计的时间大概分配为：方案约占总时间的 1/3，绘图与表达约占总时间的 1/2，调整和检查占总时间的 1/6。现在很多高校的快题设计时间为 6 小时，时间应安排：方案一层平面图 90 分钟，主立面图 40 分钟，透视效果图 30 分钟，二、三层平面图 60 分钟，总平面图 20 分钟，立面图 30 分钟，剖面图 30 分钟，机动时间 20 分钟。

三小时的快题设计，任务书一般不会要求画很多图，但必要的表达是不可缺少的。以小建筑方案（如公园接待室计）为例，设计时间分配可以如下：方案 30 分钟，一层平面图 30 分钟，主立面图 25 分钟，透视图 1 小时，总平面图 10 分钟，其他立面图、剖面图共 25 分钟，机动时间 10 分钟。

在此考试时间分配中，需要提醒的是：首先，每项工作要计划进行是相当重要的，否则会连锁影响以下环节工作的进度和质量；其次，每一个环节工作的重点有所不同，审题环节的重点是看懂任务书，理解题意；设计环节的重点是抓设计程序的前三部，分析、处理问题要抓大放小，有得有失；绘图环节的重点快速排版（图2-1），并保证把图画全、画完，效果图表现要潇洒（图2-2）；检查环节的重点是更正所有发现的错误；再者，上述时间分配有一定的弹性，建议考前尽可能提高表现能力和速度，以便压缩此部分时间给设计环节。

2.2 审题

要快速正确地理解题意，可以说看清楚题目是最重要的，因为作图题考试的全部要求都明确的写在卷子上。应试者在拿到试卷后，首先应浏览题目，正确把握题目的设计条件——设计任务书，有的题目除文字外，有设计条件图（表），可能有若干个图或表，要准确理解题意，特别对成果的要求，抓住要点，然后再动手设计。

2.2.1 项目性质

项目名称往往表明了建筑的性质和类型。项目的规模一般有三层含义：使用量（人次、床、房间、辆……）、建筑面积和用地面积、使用者（把握设计分寸），对内还是对外的建筑，注意限定词。比如五个班的幼儿园，县城的图书馆，居住区会馆，公园茶室。项目概述是题目的进一步充分说明：建造地点的特征，包括地理位置、气候条件（如北方寒冷地带，需要考虑入口处是否设置门斗）城市文脉特征等，都是应试者应了解的。但作图题要在有限的规定时间里完成，各种问题又有很多，这就要我们准确地理解题意，抓住重点。

2.2.2 主要功能内容

设计任务书中一般会具体给出建筑总面积要求，特别是建筑面积的允许波动幅度，以及各个组成部分、各个部分的面积分配和使用功能上的具体要求等。我们要看清楚哪些是建筑的主要功能区（比如教室是学校的主要功能区），要在面积分配和数量上着重考虑。这也是对建筑方案设计的具体条件和限制。

2.2.3 特殊功能要求

为了反映出设计者的基本功能和综合表达能力，建筑快题考试中一般以公共建筑为主，比如4S店设计、艺术画廊设计、活动中心设计、展览馆设计、培训中心、纪念馆、图书馆设计等。不同的建筑有不同的特殊功能要求，比如展览馆建筑设计，展厅层高一般要求4.5m高，而其他办公用房低于4.5m高。在设计中要合理的处理高差问题。

2.2.4 规划要求

满足周围环境条件，做好场地设计。所有设计思路都要考虑地形条件的制约，不能越过建筑控制线，始终要考虑地形周边设计要素（道路、建筑物）

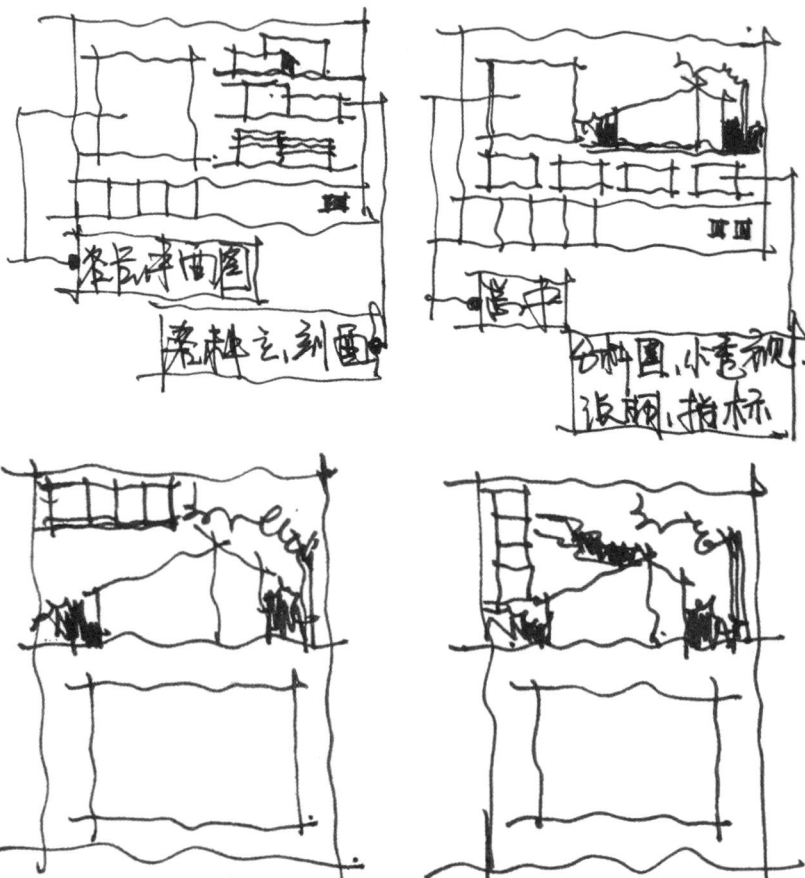

图 2-1 快题排版设计简图

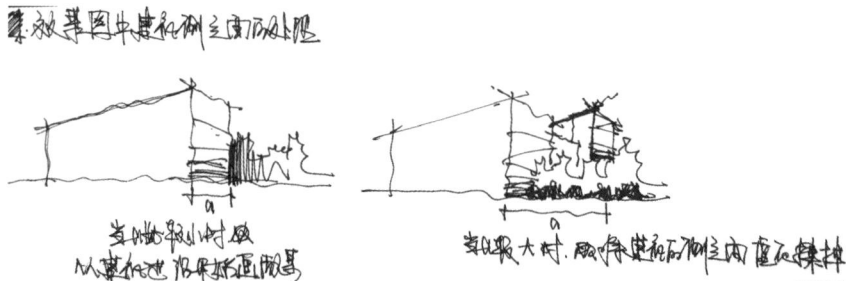

图 2-2 效果图中建筑侧立面的处理

的影响。倘若离开地形图无约束地按自己的思路来，尽管分析结果问题不大，但这个结果根本摆不进地段内，等于前功尽弃。考试评分中规定：建筑压红线，分数 ×0.8，建筑超过红线，分数 ×0.7，与其他范围条件不符，不及格。

举几个审题不清的例子：

案例一：题目上明明有古树，写明要保留古树，有的考生却把古树给砍掉了，在古树的位置做了建筑，这样不仅要扣分，而且会给阅卷人留下不好的印象。

案例二：设计某老年公寓，未做无障碍设计，尤其是没有做残疾人坡道。走道宽度设置成 1.8m，不能同时通过两辆轮椅，这都是设计审题不清造成的。

案例三：有一题要求画 1:50 的剖面，而考生上来就画 1:100 的剖面，画到一半发现错了，又重新修改，不仅影响了图面效果，也耽误了时间。

2.3 分析

2.3.1 功能制约——由内到外

1. 怎样把握功能分区

运用逻辑思维，将任务书中的所有房间按同类项合并原则，把功能相近、要求相同的房间归为一类，一般可分为三大类：使用功能区、管理功能区、后勤功能区。只要把这三个功能区视为三个"房间"，问题就会简化。根据不同的项目性质，也可能划分为两个功能区，或其他若干个。如果建筑是按多层甚至高层设计的。那么在做平面功能分区之前要先做竖向功能分区。比如：按相对闹静原则分区，安静在上，吵闹在下；按内外有别原则分区，对内使用功能在上，对外联系在下；按公共与私密原则分区，私密空间在上，公共空间在下；按人数多寡来分区，人数少空间在上面，人数多而集中集散的空间在下，等等。根据各种条件因素正确地进行竖向功能分区，也是设计的基本功（图 2-3）。

2. 如何进行房间布局

房间布局的任务，就是在上一步骤确定的功能分区内，将所属的房间安排就位。首先明确各功能分区要各自独立的房间布局，而且要注意此区的房间不要放到其他区域。其次，将该功能区的所有房间按一定原则先归类为两个"房间"，然后用图示思维的方法进行分析。例如房间大小分类，最大的房间（如报告厅、多功能厅等）独立作为一个房间在该功能区的一端，其他房间归为一类作为另一个"房间"放在同一功能区的另一端，此时这两个"房间"就安排好了。在上述图示思维过程中，操作上要把握每个房间的大小关系，要符合任务书的要求，并能都安排在本功能区内。

3. 各功能空间的流线要求（交通分析）

交通分析的目的，是通过流线的组织检查前两步"功能分区"和"房间布局"是否还存在不合理的地方，或者在前两步的成果基础上确认交通布局方式。

交通分析包括两部分：水平交通分析，垂直交通分析。

（1）水平交通

a. 根据功能分区与房间布局，以及场地设计中确定的场地主次出入口条件，及建筑性质，分别确定建筑有几个出入口。比如，宾馆设计应该有：客人出入口、管理办公人员出入口、后勤出入口、公共空间对外单独服务的出入口、地下室单独对外出入口等。

b. 根据不同出入口的内外要求，分别确定他们在什么坐标点上进入建筑物。分别确定它们在什么建筑的主要出入口要确定在使用功能区域内（例如餐饮建筑的食客出入口、阅览建筑读者出入口、交通建筑的旅客出入口、商业建筑顾客出入口），有些综合建筑的主要出入口放在两个功能区域中间。

c. 建筑出入口应该有一个交通节点，门厅、过厅或门斗，由此开始向各功能区延伸出若干水平交通流线，使之到达各个功能区域的每个房间。这些水平交通流线往往

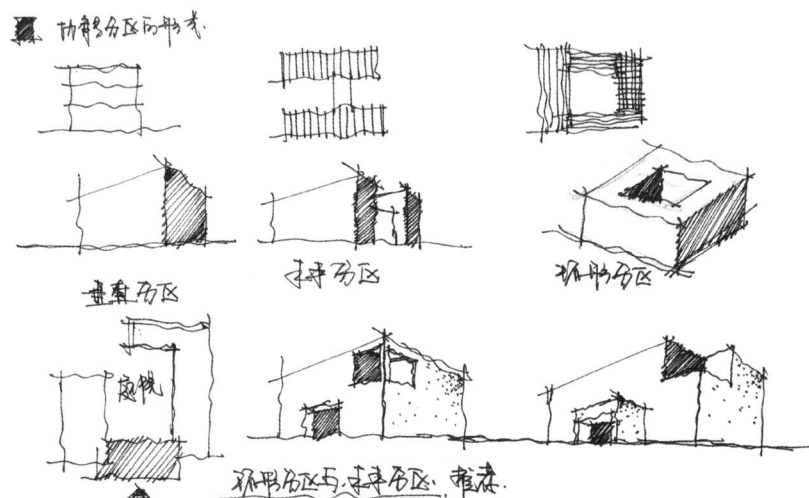

图 2-3 功能分区形式示意图

采用廊的形式存在。需要注意的是不同功能区域的水平交通相互交叉穿越时要格外注意，是否有较大的影响（图2-4）。

垂直交通：

(2) 垂直交通

a. 首先根据建筑功能的要求确定垂直交通是楼梯，或者是要添加电梯或自动扶梯。

b. 根据建筑的性质、标准、规模以及功能要求等因素，确定这几种垂直交通手段以哪一种为主。比如高层建筑应以电梯为主，楼梯或自动扶梯为辅；商业建筑、交通建筑、展览建筑等大型公共建筑宜以自动扶梯为主，电梯为辅。

c. 以楼梯作为垂直交通分析时，首先明确，一般情况下至少应该有两部楼梯，其中一部为主要交通楼梯，另一部为疏散楼梯，先分析前者，再分析后者。首先要明确主要楼梯应放在水平交通流线上构成建筑交通体系，其次主要楼梯一定要置于一层平面门厅侧面的合适位置，这是因为：一是位置在门厅中显眼宜找；二是便于楼下、楼上人流尽早分流，避免相互干扰，交叉碰撞；三是能把楼梯造型最美的一面展示出来。次要楼梯一定要在水平交通流线上找到。其位置应与上来的主要楼梯拉开距离，使之满足双向疏散的消防距离要求。如果两部楼梯距离过长，超过相应建筑类型的疏散距离，或超出规范允许长度的袋形走廊，需要再增设辅助楼梯的数量。而且，这样疏散楼梯下至一层时应尽量靠近对外出口。

d. 如果需要设置电梯，也应与楼梯组成一个集中的交通功能区，而不宜分散配置。

2.3.2 环境制约——由外到内

1. 场地出入口的确定

首先是场地出入口的数量，一般来说要有两个，其中一个是主要出入口，另一个为次要出入口。前者多为使用者服务，后者多为内部或后勤服务。相比之下，先要考虑主要出入口的位置，然后确定次要出入口位置，两者考虑顺序不可颠倒。

怎样确定场地主要出入口的位置呢？首先明确主入口迎向主要人流方向，而主要人流一定是从城市道路上来。所以确定主要出入口，实际上就是分析城市道路关系。主要人流一般会在路幅较宽的道路上，但并不是说主入口一定会放在干道上，需要分析拟建建筑的性质、规模等条件。有的建筑主要出入口需放在城市主干道上，如大型公共建筑需要与城市发生密切关系，人流集散也便于处理，

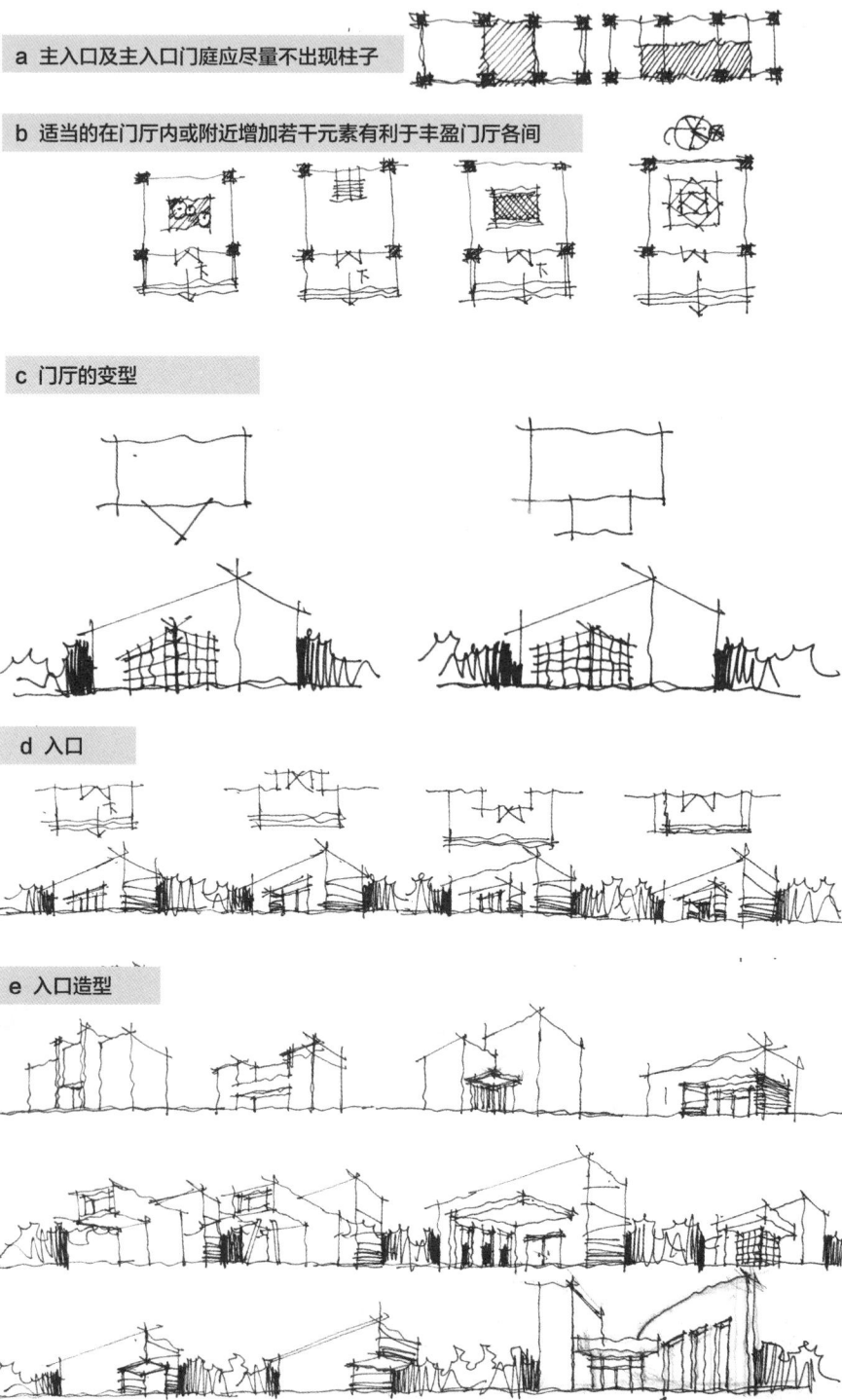

a 主入口及主入口门庭应尽量不出现柱子

b 适当的在门厅内或附近增加若干元素有利于丰盈门厅各间

c 门厅的变型

d 入口

e 入口造型

图 2-4 建筑入口空间平面及造型设计示意草图

而诸如教育类建筑需要避开城市主要道路。上述仅仅是一般原则，并不是一成不变的。即使是教育类建筑，如果用地周边仅有一条较宽道路，也只能把主要出入口放在此。所以，主要出入口的确定没有固定模式，要具体问题具体分析，但主要出入口迎向主要人流方向这条原则是适用的。需要强调的是主入口空间要尽量开阔，营造出道路与建筑之间的缓冲区域。

至于场地次要出入口，多为内部使用。考虑到建筑单体设计时，最好做到人流与货流尽量分开，不要发生交叉现象，应与主要出入口位置尽量拉开，相对而设最好。这也要看用地条件的情况，若用地周边有两条以上的道路容易处理，若仅有一条道路，必将主次入口设置在同一条路上，但两者距离尽量拉开（图2-5）。

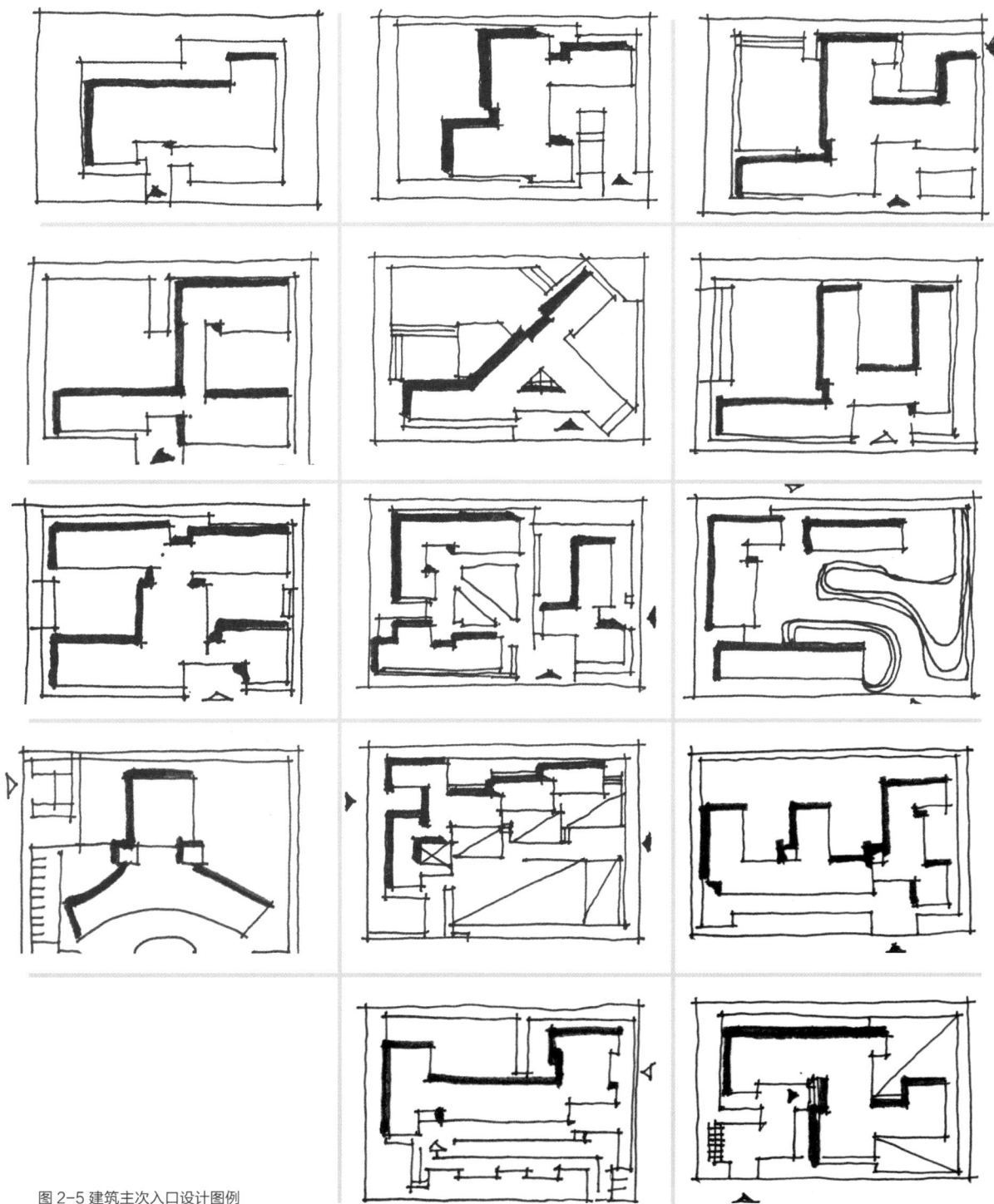

图2-5 建筑主次入口设计图例

2. 建筑形态的环境意义——图底关系，对周围环境的影响

在方案设计的实质性阶段，应把建筑用地范围看成图底，建筑总平面布局看成图面，使图面与图底形成恰如其分的图底关系。把建筑设计做到此时、此地、此景，首先应考虑建筑与环境的关系，包括界面控制与周边的环境关系、周边环境对建筑形态、基地内部条件的分析等，从城市规划的角度看，应当视建筑单体为整个区域"恰如其分"的一部分。通常我们会从简单几何形体入手，通过逻辑思维推演出合理的总平面布局。建筑总平面布局、通风采光、日照间距等要受不同的地理环境的制约与影响，通常情况是设计任务书对如南方、北方、当地气候等问题有明确的说明，也有的任务书要求考生自定，需要我们平时对地理环境知识有一定了解。一般基地内容包括：用地范围、地址情况、需要保留的名贵树木、文物古迹以及基地周边的道路、建筑、河流湖泊。例如，有些基地是坡地，那么设计者应当画清楚坡地高差关系，等高线的走向与拟建建筑的关系，从而使建筑与地形相协调。可在基地上画十字，分析各个部分对道路和环境的关系。建筑重心最好与场地重心相吻合（图2-6）。

2.4 方案构思

2.4.1 设计思维分析

1. 图示思维分析

建筑设计应当是一种创造性智力活动，而不是单纯解决设计操作中所碰到的具体设计问题。既然建筑设计是创作性智力活动，那就不是一般的"想"问题。而是要把通常逻辑思维与形象思维结合起来，以激发灵感的爆发，从而产生新的思维，达到新的认识水平。在这种思维活动的引导下，设计者才能打破常规，创造出与众不同的新的设计目标（图2-7）。可见，发挥设计思维的作用对于建筑创作何等的重要。如果你设计思维迟钝，或者设计思维开发不足，可以采用图示分析的方法激发自己的设计创作。

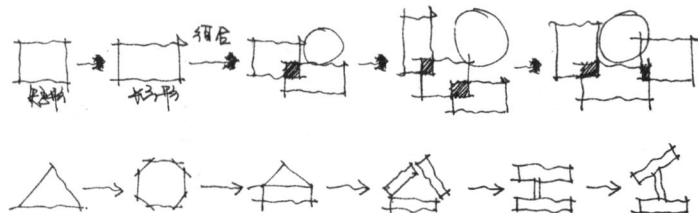

图 2-7 建筑平面几何推演示意草图

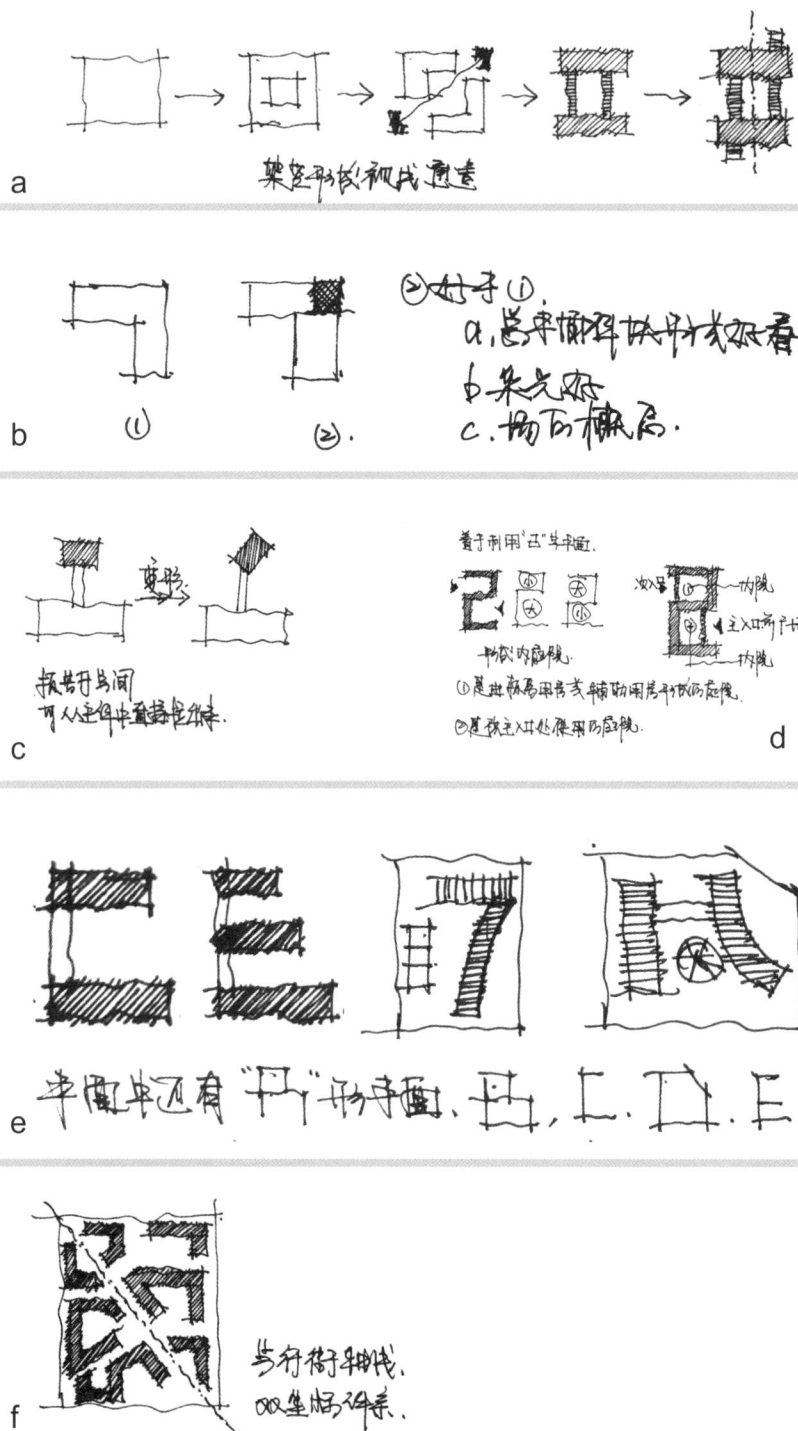

图 2-6 建筑总评设计推敲示意草图

图示思维是借助徒手草图形式把思维活动形象地描述出来，并通过视觉反复验证达到进一步刺激思维活动，促进设计方案的生成与发展。建筑快题设计既要了解、分析功能内容关系，同时又要进行空间艺术创作，解决定性和定量上的矛盾，图示分析是建筑设计中十分重要的思维创作和分析解决问题的辅助手段（图2-8）。图示分析作为形象化思考的副产品，设计者可把大脑中的思维活动通过图形使之外向化、具象化。

草图是头脑风暴似的设计思维过程，思维沿着一定的思路向前发展。每一份草图与前一份草图相比较都有一些微小的变化，但也将会有更多体悟。在灵感光顾之前，沿着一定方向对设计问题做思考，是解决问题的途径之一（图2-9）。

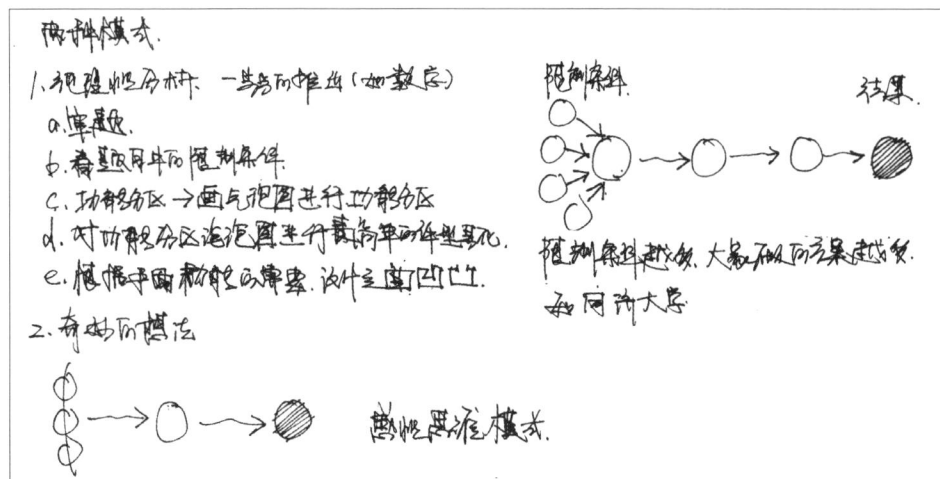

图 2-8 图示思维示意草图

图 2-9 某大门设计草图

2. 设计灵感的挖掘

视觉的思维性功能能帮助我们通过图示进行思维和创造。在发现、分析和解决问题的同时，头脑里的思维通过手的勾勒，使图形跃然纸上，勾勒的形象又通过眼睛被反馈到大脑，刺激大脑作进一步的思考、判断和综合，如此循环往复，最初的设计构思也随之越发深入、完善。绘图的习惯、线条阴影的暗示与联想，甚至当时的情绪、笔的种类、纸的质感都会影响创作思维活动，形成各式各样的设计构思（图 2-10）。

3. 草图的作用

画草图是为了记录大脑创作过程的形象思维过程，能够非常直观地表述设计者对空间、形体之间关系的理解和创造（图 2-11）。草图是表现构思立意最快捷的方法，

图 2-10 一个立方体的表情

它能够留住美妙的瞬间。徒手草图的训练可以提高对建筑与环境的观察思考、分析理解、交流表达等能力；对脑、眼、手、图这四个环节的充分训练，也使形象视觉能力、想象创造能力对功能、空间及造型问题的综合分析研究，用平面、立体的图形表达空间的构想，可以在感性认知与理性分析的驱动下使设计进程趋向明朗。

需要注意的是，快题设计中的"草图"指能够直接导成图的图纸，诸如平、立、剖草图以及效果草图等，概念性意向草图绘制较少。草图的绘制要围绕计算基地的面积和尺寸，决定总平面布局的空间次序和外部空间的形式，计算建筑面积和体量，决定空间组合是水平布局，还是垂直跌落等工作展开。在画草图时，应以设计任务书上要求的比例进行，这样可以边画边思考，尺寸准确的草图有助于下一步的设计。

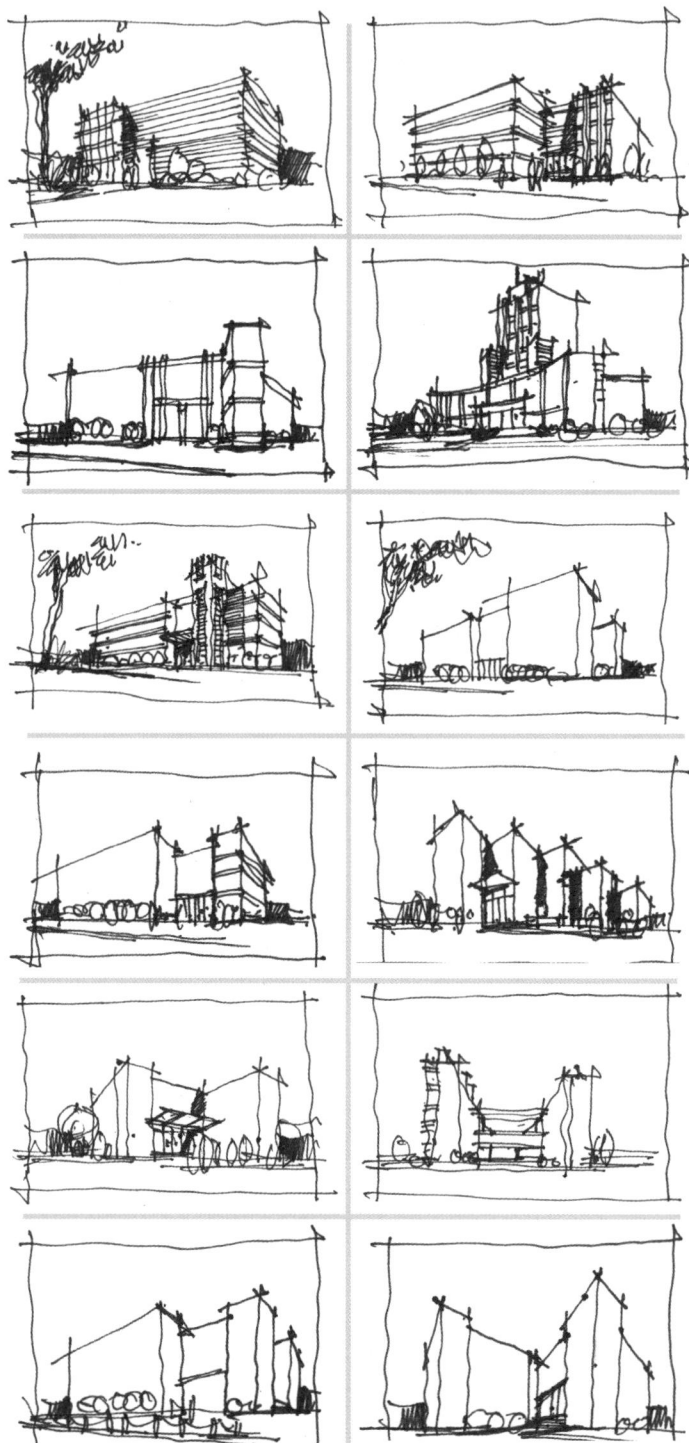

图 2-11 建筑空间体块草图

2.4.2 快题设计的推演过程（举例重庆大学 2006 年真题）

建筑方案设计的本质是经过设计者一连串的思维活动，使设计目标从一个混沌模糊的概念逐步走向清晰完整的实体。整个方案设计的过程必定是沿着设计规律严格进行的，否则往往会事与愿违，这要求我们必须在平时的专业学习过程中掌握科学有效地设计方法，养成良好的设计习惯。

作为快题设计的推演过程，以下以一道设计题为例，从头到尾地演示一下究竟应该怎样做快速建筑方案设计。这其中的设计程序、思维方法，以及对各种设计矛盾的分析、处理和具体操作方法将一一演示出来，让读者有一个直观地感性理解，希望有利于设计方法的学习。

真题演示：

重庆大学 2006 年攻读硕士研究生入学考试试卷

（总分：150　完成时间 6 小时）

1. 设计题目：某建筑院校拟在校园内新建小型展览陈列馆，用于校史陈列和专题图片展览。地形环境、建筑红线等场地条件另详地形图。该大学所处地域气候条件由考生自定，但必须在设计说明中注明。

2. 场地要求：设计 10 辆小车、1 辆大客车停车位。

3. 面积要求：总建筑面积不超过 1000m²，基本功能空间（面积自行策划）设置要求如下：

（1）展览陈列；

（2）接待；

（3）演讲报告（约容纳 150 人）；

（4）小型会议（约容纳 30 人）；

（5）收藏；

（6）管理办公；

（7）门卫值班；

（8）门厅、门廊、走道、楼梯及厕所等。

注：不考虑设计中央空调。

1. 成果要求

（1）总平面，1:500；

（2）各层平面，1:200；

（3）剖面，1:100，（1个）；

（4）鸟瞰透视图（非鸟瞰图无成绩），图幅不应小于 300 mm×200 mm（一幅），表现方法自定；

（5）方案构思简要说明，100 字以内。

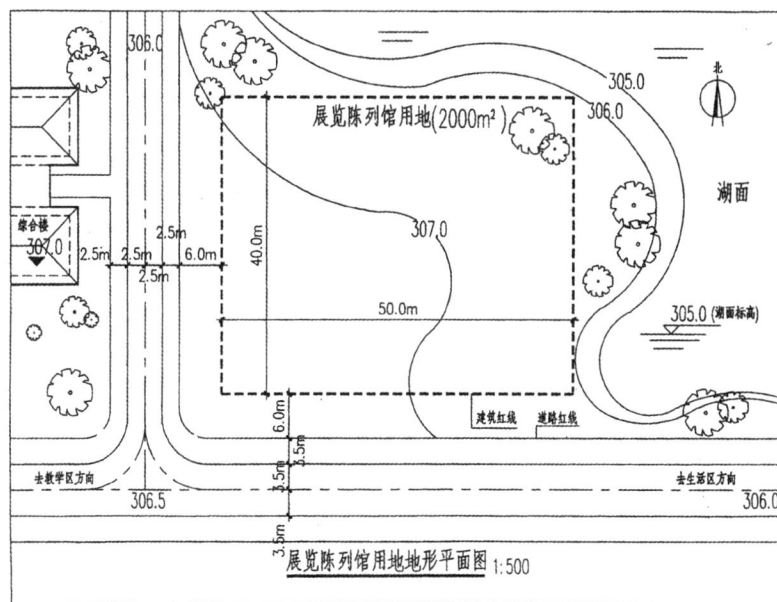

图 2-12

2. 图纸要求

图幅 594 mm×420mm，按比例徒手成图（标注必要的尺寸、标高）。

一、审题

1. 对命题的理解：这是某高校自己的小型展览陈列馆，说面了主要使用者是在校师生，可以说基本不对外使用，已给建筑定性。

2. 对设计内容的理解：小型展览陈列馆包括展接待、展览、演讲报告、管理办公多种内容，这就意味着在设计中要明确功能分区。且因为有两种内外人员使用这栋展览馆。所以要尽量减少相互间的干扰。但各功能区又有各自的要求，如展览陈列厅主要供展品陈列和专题图片展；而管理办公室日常人员办公使用。这会涉及平面的设计，前者为大空间，后者为小空间。再如，演讲报告厅是供讲座来的专家与师生使用的。

3. 对环境条件的理解：地形比较简单，一目了然。用地东北临湖，景观视线好。用地西南临校园道路，这决定建筑入口布局。东西道路分别是去教学区与生活区，说明用地南边是主要人流来源，说明建筑主入口设置在用地南边。发现这个问题，就要在设计中妥善加以解决。如果意识不到这个问题，将会导致陈列馆定位错误，以至一错到底。

4. 对图纸要求的理解：这点只需看清楚，最后需要哪些图，做到心里有就可以，可留待方案设计完成再回过头来了解绘图具体要求。

二、方案构思

这里的构思并不专指造型有什么标新立异的想法，而是指你打算如何构思设计路线，如何在兼顾设计综合因素的前提下，强调某一方面的突出之处。可以是造型与众不同，也可以是平面模式有所突破，也可以只强调内部空间的创作新意，或者根据题意踏踏实实设计，做得简单、经济、实用。上述构思的几种可能性，只要你用心，又有一定设计功底，都可以做出一套合格的方案。综合各种条件，这个题目可以在内部空间、平面模式、建筑造型上均做些特色设计，至少抓住其中一点来做。但前提是要按一定的系统思维方法展开设计。尤其这是一场考试，

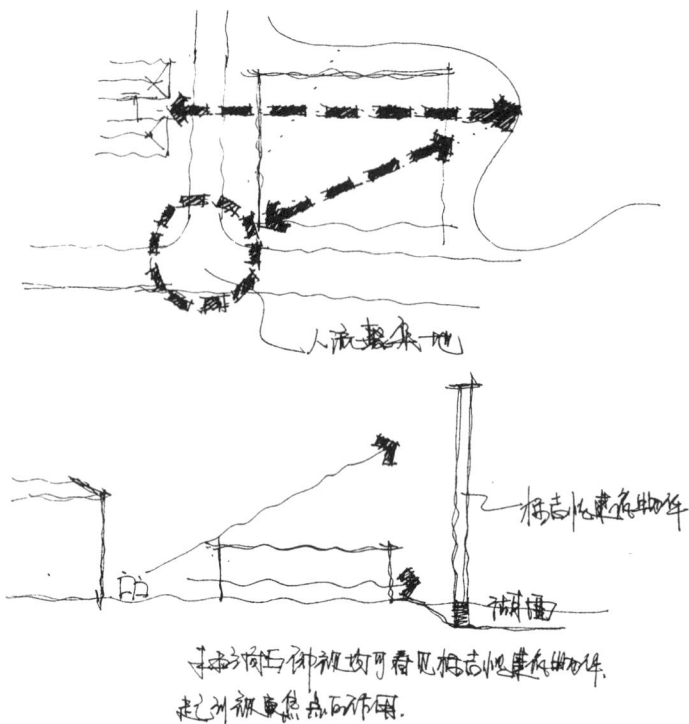

图 2-13 人流与景观朝向分析图

过分追求最终方案的所谓新颖而煞费苦心，搞得不好会因时间有限而得不偿失，不得要领（图 2-13）。

综合各种条件，这个题目可以在内部空间、平面模式、建筑造型上均可以做些特色设计，至少抓住其中一点来做。但前提是要按一定的系统思维方法展开设计就可以了。尤其这是一场考试，过度为追求最终方案的所谓新颖而煞费苦心，搞的不好会因时间有限而得不偿失，点到为止（图 2-13）。

三、平面设计

1. 场地设计：先确定场地出入口。根据题意，出入口可以做两个或者一个。鉴于

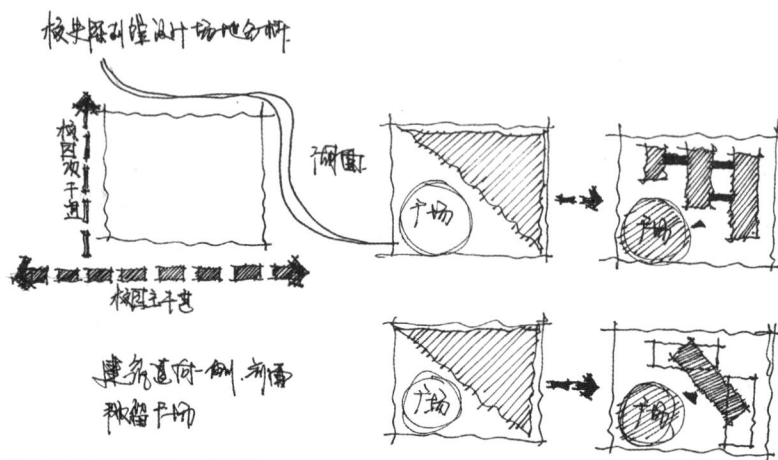

图 2-14 校史馆建筑场地分析图

建筑面积与体量小，不必迎合两项人流，设置一个出口即可。如果设计两个入口，一个是后勤出入口，一个是观众入口。无论是一个还是两个入口，但主入口前要结合停车场做一个缓冲区，也就是入口小广场。考虑用地东北滨水，可结合建筑适当做一些环境景观设计（图 2-14）。

2. 功能分区。该建筑主要分展览陈列区（对外开放区）与后勤办公区（内部作业区）。因此要先确定这两大功能区如何布局。考虑到建筑设置一个出入口，展览陈列区在在前，后勤办公在后（也就是展览陈列在南，后勤办公在北），南边临主要道路，展览陈列厅在建筑造型要丰富于后勤办公，可以更好地体现建筑形象。建筑总面积是 1000m²，建筑用地面积 2000m²，结合图底关系（建筑作图，用地作底），建筑占地面积约是用地面三分之一为理想，所以可以适当做两到三层（首层局部架空），二层、三层做展览陈列区。这样平面功能与竖向功能分区就已解决（图 2-15）。

3. 房间布局。在一层展览陈列区与后勤办公区中，各自包含着若干个房间，我们依次进行房间布局分析工作。

(a) 首先对展览陈列区进行房间配置分析。这个区域含展厅、报告厅、收藏室。我们可以将展厅分成若干房间，并集中在南边，考虑到集中布置空间过于呆板，并容易

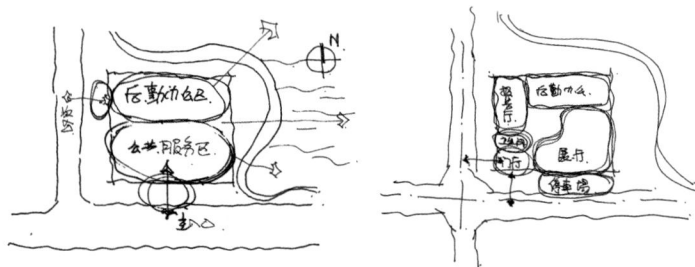

图 2-15 校史馆建筑功能分析图

产生黑房间，所以几个展厅以串联式展线分布，空间向东边扩。这样空间也丰富了。报告厅需要靠近主入口设置，以便单独使用，并设置对外疏散出口，所以报告厅放在北边紧邻主入口；

(b) 办公后勤区自然放在北边，会议室与报告厅功能关系比较紧密，所以办公后勤房间从西往东依次排开，分别是会议室与办公室；

(c) 值班室和接待室放在门厅右侧，卫生间要在门厅附近，以方便服务。这样下来，整个一层平面还有各个功能区围合出一个小中庭。

(d) 二层、三层房间也是展览陈列厅，可直接在一层展览陈列厅上面做。至此，二层房间布局基本就绪，往下回到一层，做交通分析。

(e) 交通分析：一层平面房间布置好以后，其水平交通也已基本框定。从主入口进入门厅，这是水平交通节点，从门厅向东走过值班与接待直接进入展览陈列厅。通过展厅一次进入收藏区、办公区、会议室。从门厅向北走过卫生间，进入报告厅也可到达办公后勤区。问题是报告厅人流过于集中，需要设置一个缓冲区域，所以可以在报告厅前补充一条短廊，作为报告厅的专用通道。到现在为止一层水平交通已形成一个

环线，中间空出中庭。二层水平交通与一层一样。关于垂直交通，考虑到建筑本身并不复杂，展览以图片为主，采用楼梯手段即可。先考虑主楼梯，它一定在水平交通线上，且一定在门厅一侧，对于公共建筑而言，这是一般规律。对于该陈列馆来说，它只能在门厅右侧。从一层看，门厅右侧是展厅，二层、三层也是展厅，因此主楼梯设置在这里较为合理。考虑到一部楼梯不能解决疏散问题，需要再设置次楼梯，考虑到环线交通和收藏室位置，所以次楼梯设置在北边邻近收藏室。

四、剖面设计

剖面主要表达空间体量的变化，确定空间各部分的层高，并正确反映结构关系与构造关系。因此，陈列馆剖面的位置应选择在剖到中庭或者剖到一层架空，考虑到中庭空间小，选择过一层架空剖面。这一刀剖下来，基本上就把整个建筑空间与体量关系都反映出来了：既有一层也有二层，还有楼梯。在此基础上，结合对造型的设想尽可能把结构表达准确，把构造表达清楚，这样更有利于下一步立面设计的依据。

五、立面设计

有了平面设计与剖面设计的基础，有了造型的初步设想，立面设计只需在具体细

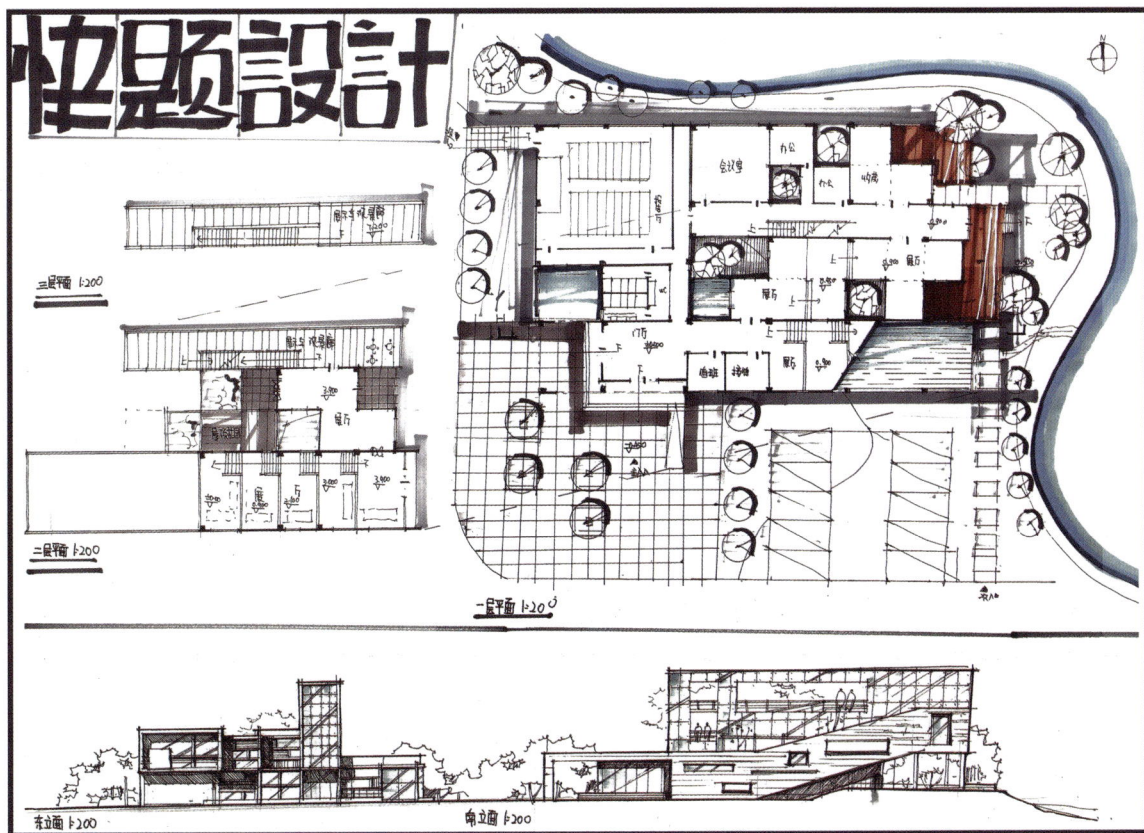

图 2-16 校史馆建筑设计快题

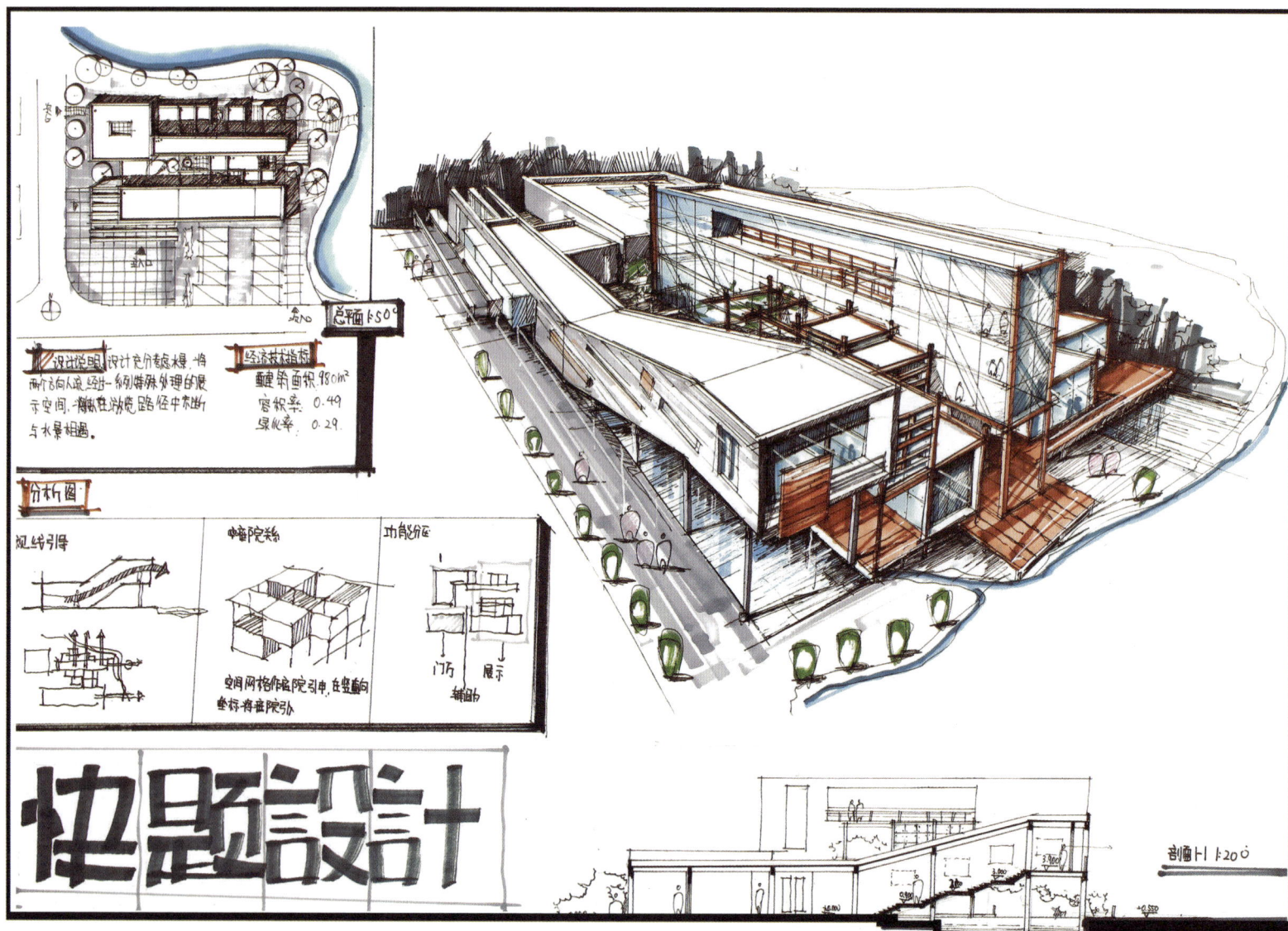

图 2-16 校史馆建筑设计快题

部上加以推敲，并在主入口做点文章突出重点就可以了。只是在进行立面设计时，要多从透视效果考虑。比如门厅部分的外立面，为了强调主入口的地位，可以做成玻璃幕墙，门厅上空结构建筑结构做些构架，形成灰空间。比如最高的三层，局部掏空，以便打破扁长比例的立面，这样也会增加立面空间层次感。

至此，陈列展览馆建筑方案设计已完成，下面要做的就是如何又快又好地表现方案设计成果（图2-16）。

2.4.3 图面表达要点

在建筑设计中，方案通过调整和修改得以定型，紧接着就是排版和建筑表现了，图面排版是否得当也是考生的基本功之一。排版的平面构成是给人的第一印象。表达方案设计意图的平、立、剖面图，是经过精心排版还是杂乱无章地堆砌，这是两种不同设计素质的自然反映，会给人留下截然不同的印象。因此，正式上板绘图之前，对版面设计务必做到精心策划。由于快题考试时间紧张，设计图完全画完后再排版显然时间不够，一层平面图、透视效果图此类主要的图纸完成后就可以以其为依据进行排版，排版有一些基本的原则可以遵守。

1. 构图首先要均衡，如运用一些简单的构图方式（如对称、节奏、均衡、韵　律等）。使图面均衡美观，或添加一些设计有关的分析图、设计说明等平衡版面。图面效果中各张图的深度要基本一致，不能平面图画得很细，透视图画的很丰富，而立面、剖面只有几根线。

2. 构图要突出重点、整体感强。排版时要把重点绘图放在整张图纸的视觉中心（如一层平面图），可以将自己画得比较好的透视效果图也放在显眼的位置。平、立、剖应尽可能左右、上下对齐，不仅可以节省时间，减少工作量，而且可以保持图面的整洁有序，从而提升设计效率。只要合理地经营位置，安排好构图的横竖关系，对应有序，一般来讲都可以取得满意效果。

3. 丰富构图方式。比如，对建筑配景的表现一般可以统一色块，这也是一种很好的版式设计表达，可以把透视图的配景和立面或者平面的配景用略有明度或色相的不均匀变化的色块连成整体，这样配景就可以在版面设计上成为视线吸引的元素，也起到串联全图的作用。

虽然建筑快题设计主要以考察学生方案设计和表达能力为主，但评卷人也可以从考生排版情况和图面的整体效果了解设计者的专业素养，评卷人对试卷良好的第一印象往往是从协调、美观的图面中获得。当然，排版有问题并不是意味着设计方案差，但这多少会影响考生的最终得分。一份优秀的答卷往往具备以下特点：建筑形体准确深入、配景形象生动、徒手线条流畅娴熟、版面构图紧凑统一。这些都要求我们具有一定审美认知，所以在设计学习中有意识地提高自己的美学修养非常重要。

另外，规范、准确的图示语言是设计者与图纸阅读者顺畅交流的基础，这属于基本功范畴，其中包括图示对应、专业画法与符号运用等方面。在快题考试中会出现略有不同的应试要求和表达方式，例如，外墙不一定画双线，可采用粗黑线，窗用细双线等。

2.4.4 图面检查

做快题设计时间紧张，有经验的设计者会统筹考虑，考试结束前留出时间用于深化细节，此环节包括对快题设计的检查和完善。具体来说，在交卷之前我们应该就以下方面检查内容。

（1）检查规划方面、建筑功能等要求；

（2）检查基地要求，有无要保留的树木、古迹等，以及出入口方位是否正确；

（3）检查建筑面积的要求，总面积一般允许有5%～10%的出入，而楼梯间、卫生间、休息厅等一般不会有面积的限制，可根据技术标准和自己的理解进行设计。要检查任务书是否要求标注各个房间的轴线面积等；

（4）检查图纸要求，如总平面图、各层平面图、立面图、剖面图、透视图、设计说明、技术经济指标、分析图等。

（5）检查表现方式，平面图、立面图、剖面图等是否正确、规范地表达，透视图表现的整体感觉是否良好，包括透视关系、主次虚实关系等。

另外，部分学校最忌缺图，快题也最容易时间失控，一不小心就会画不完。各项图纸按重要性排列依次是各层平面、效果图、剖立面图，有的同学容易忽视总平面图，总平面图在表达设计总体构思，呼应环境等方面是很重要的，需要我们认真对待。此外，总平面图上的指北针，首层平面的剖断线也一定不能忘记。如果时间充裕，图纸可以打上黑边框，大标题旁边应标明图号。

第三章　建筑快题设计的知识要点解析

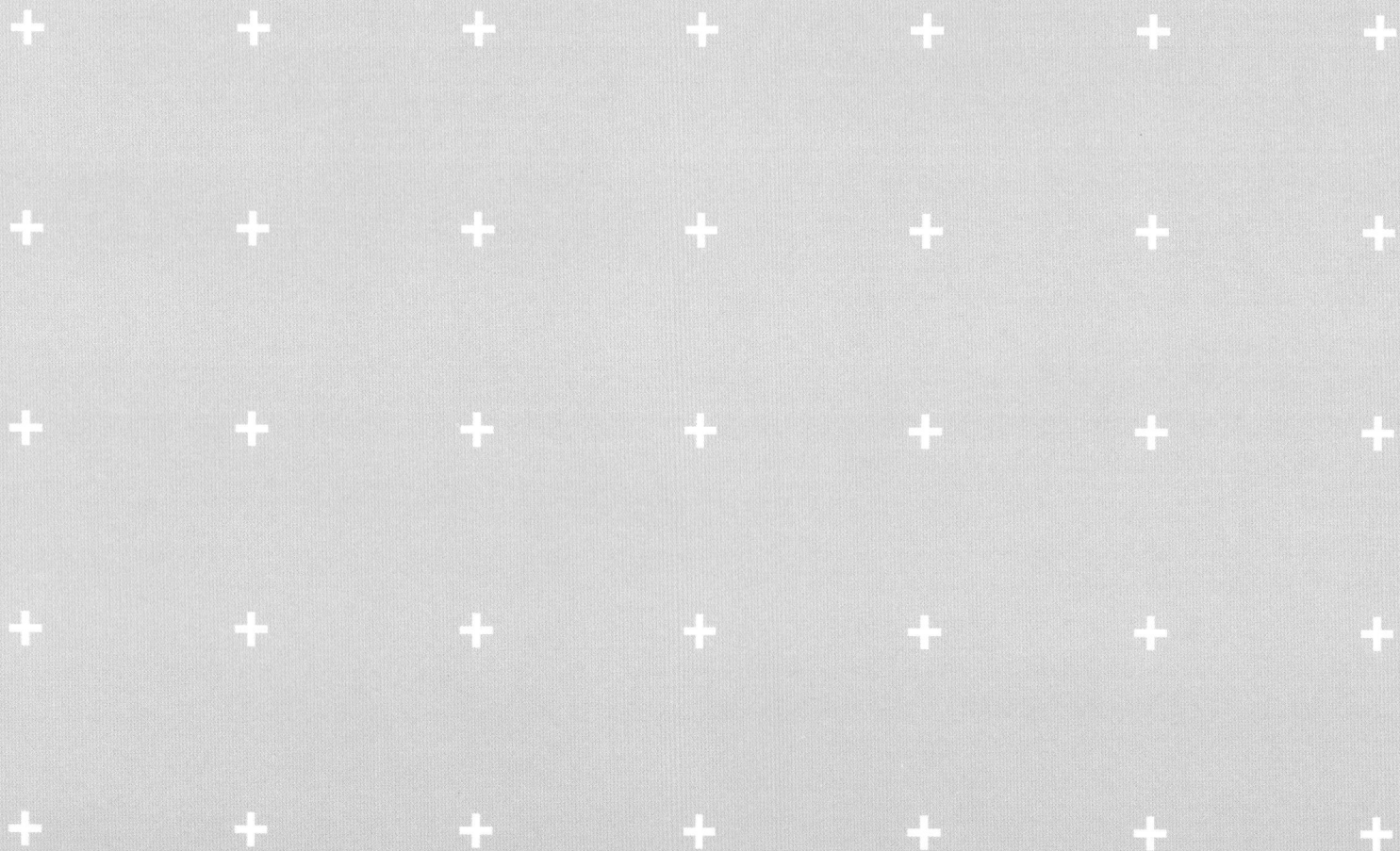

3.1 常见问题和解决方法

3.1.1 如何创造愉悦的空间形式与空间品质

有经验的阅卷老师从考生的图面可以了解考生在设计过程中是否注意到空间形式处理问题。例如某个房间面积符合任务书要求，但平面形状长宽比超过 1：2 近似走廊空间；或者某个房间原本空间形态完整，却被另一后置房间占去一角，形成 L 形房间；或者出现多个有锐角形态的房间；或者开间种类太多，造成一个面上的窗户大小不一，或窗户宽度虽然相等，但窗间墙宽窄不一；或者平面构成零乱，房间组合随意性大，明显缺乏章法等，这样的平面其造型很难令人愉悦。这些看似是平面设计的问题却反映考生空间造型能力弱，这也会影响判分结果。设计能力较强的考生，会在平面设计同时考虑空间效果，通过空间形式的要求，限定平面设计走向，其所设计出来的平面图形一定会让阅卷人感觉良好（图3-1）。在判分的标准上，阅卷者不仅参考建筑造型，也会看考生在平面图上的设计表达是否创造出令人愉悦的空间，多少会影响阅卷老师对试卷的映像。

3.1.2 建筑朝向问题

1. 日照时长对建筑朝向的影响

建筑物墙面上的日照时间，决定墙面接受太阳辐射热量的多少。冬季因为太阳方位角变化的范围小，在各朝向墙面上获得的日照时间的变化幅度很大。以北京地区为例，在建筑物无遮挡情况下，以南墙面的日照时间最长，自日出至日没，都能得到日照。北墙面则全日得不到日照。在南偏东（西）30°朝向的范围内，冬至日可有9小时日照，而东、西朝向只有4.5小时日照。

夏季由于太阳方位角变化的范围较大，各朝向的墙面上，都能获得一定日照时间。以东南和西南朝向获得日照时间较多，北向较少。夏至日南偏东及偏西60°朝向的范围内，日照时间均在8小时以上。

建筑物室内的日照情况，同墙面上的日照情况大体相似。以北京地区（窗口宽2.10m，高1.5m）为例，在无遮挡情况下，冬季在南偏东（西）45°朝向的范围内，室内日照时间都比较多，冬至日在这个朝向上，均有6.5小时以上的日照时间。

同时由于冬季太阳高度角较低，照到室内深度较大，所以在南偏东（西）45°朝向的范围内，室内日照面积都较小。在北偏东（西）45°朝向的范围内，冬至日室内全无日照。

夏季在南偏东（西）30°朝向的范围内，日照时间不多，而且日照面积很小，夏至日室内日照为4~5.5小时，日照面积只有冬至日的4%~7.3%。在东、西朝向上，夏季室内日照时间较多，而且日照面积很大，在夏至日室内日照时间有6小时，日照面积为冬至日的2.7倍。在北偏东（西）45°朝向的范围内，夏至日室内日照时数有3~5小时，日照面积也比东、西朝向少。从日照时间和日照面积的分析来看，北京地区的最佳建筑朝向在南偏东（西）30°朝向的范围内。

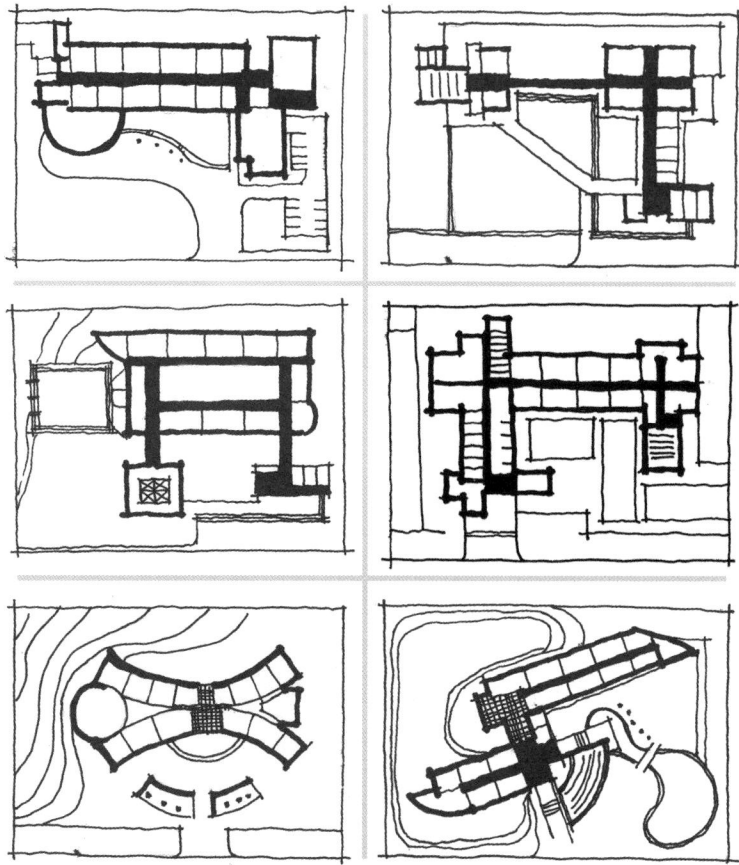

图 3-1 令人愉悦的空间形态图例

各种朝向墙面上可能接受的太阳辐射热量。墙面上接受的太阳直射辐射热量，除了与照射角度和日照时间有关外，还与日照时间内的太阳辐射强度有关。根据北京地区多年的实测值，计算出最冷月（1月份）和最热月（7月份）各朝向墙面上接受的太阳直射辐射热日总量，冬季各朝向墙面上接受的太阳直射辐射热量，以南向最高为16529千焦/平方米·日。而在北偏东（西）30°朝向的范围内，冬季接受不到太阳直射辐射热。

2. 房间朝向问题

建筑朝向是指建筑物多数采光窗的朝向。在建筑单元内，一般指主要活动室主采光窗的朝向。对于经常使用、停留时间较长的空间，例如教室（美术教室除外，应北向采光或者利用天窗）、客房、办公等一般要面朝南向或主要景观方向。

除人员停留时间很短、很少使用的空间要求避光的房间（如储藏室）之外，楼梯间、卫生间也不应完全封闭，宜采用天然采光和不相邻室对流的直接通风，但这些辅助空间尽量不要占据好的朝向。楼梯间与卫生间合并设置时位于建筑入口或端部，置于入口时应既方便找到，又相对隐蔽的地方，并尽可能不使卫生间和楼梯间正对大门和入口；分开设置时常位于主体功能之间，形体上可做凹进处理（图3-2）。

厨房、锅炉房等可能造成污染的空间应布置在下风向，风向和地域、季节有密切关系，这就需要了解任务书关于城市地理环境的规定，应当具体问题具体分析，不可一概而论。以我国北方为例，属于温带季风气候，冬夏两季虽风向不同，但以北风为主导风向，很有可能将厨房布置在建筑南向，然而，南向又是光照条件最好的方向，厨房并非对朝向有很高要求，这就需要我们在各种矛盾中抓主要矛盾综合解决问题（图3-3）。

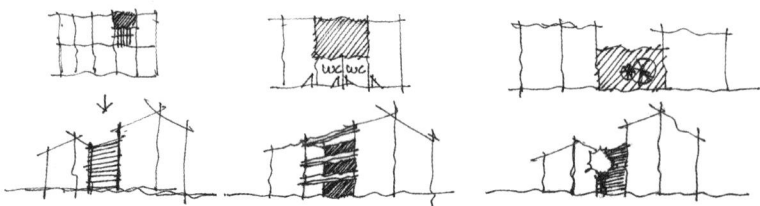

图3-2 建筑外立面凹凸造型图例

3.1.3 卫生间的配置问题

1. 卫生间数量的问题

应建立这样一个概念，即每个功能区都应有自己的卫生间。可能有的功能区一间卫生间还不够，这要根据建筑功能、使用人数、使用特点等而定。如学校的办公区域可能一套卫生间就够了，而教学区可能每层需要两套、三套卫生间才能解决问题。又如宾馆建筑公共区，在餐饮区应设置一间卫生间，在会议区或娱乐区或大堂服务区等，

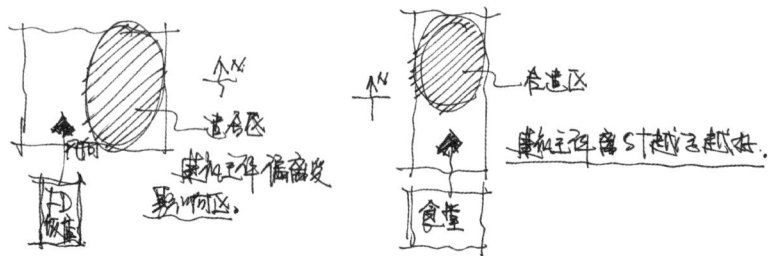

图3-3 考虑风向条件下建筑布局图例

都要为游客提供使用更方便的卫生间。

有些卫生间的数量是设计原理规定必须设置的，宾馆客房内应每套一间卫生间，幼儿园班级活动单元每班应有一间独立卫生间，住院部病房都应有自己的卫生间，等等。

因此，该设置多少卫生间，一是要了解设计的实际要求，二是要设身处地从使用者的角度考虑，使用者是不是要设置一套卫生间。两方面都考虑到了，问题就容易解决。

卫生间的位置设定应掌握一个原则，即公共卫生间的位置一定在公共空间或交通空间之中，它们常配置在门厅（或大厅）附近，或与楼梯组成一个辅助功能区，或就在水平交通线上（拐角处或尽端等）。

2. 卫生间功能分区

卫生间尽管面积不大，但仍要做到功能分区明确，既要将厕所和盥洗区分开。按现代设计要求，盥洗区要适当大一些。按流程设计，厕所应布置在尽端，盥洗区应在卫生间入口附近（图3-4）。

4. 隐蔽设计

卫生间是一种私密性的空间领域，无论在视线、声音、气味等方面，都不希望被公众感知。因此，在设计中要采取一定的措施加以保障。一是男女卫生间门尽可能不要正对着公共空间的人流活动区，宜将门转折方向，并在与公共空间之间介入一个过渡空间，以此获得缓冲带；二是进入卫生间后应有一个前室之类的空间，以避免公众视线随着卫生间门的开启而直视内部，在一些大型公共建筑特别是交通类建筑中，由于人们手提重物，开门不便，于是干脆不设卫生间的门，但卫生间入口必须设一道门，即走一段狭廊，达到隐蔽的作用。

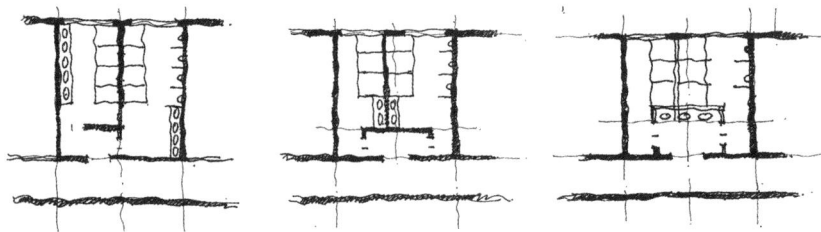

图3-4 卫生间平面布局图例

5. 卫生间洁具配置

卫生间的洁具主要包括蹲位、小便斗、盥洗台和污水池。要记住厕位的尺寸（外开门的厕位为1.2m×1.0m，内开门的厕位为1.4m×1.0m），男女厕位宜背靠背设置。连同男厕的小便斗设置在厕所功能区内，而盥洗台应单独设置在洗手间区域内。

3.1.4 无障碍设计问题

1. 入口坡道

有台阶的建筑入口,无障碍设计坡道的坡度比按 1:12 计算,其宽度不小于 1.2m,每升高 0.75m 需要设置一个休息平台。在现代公共建筑设计中,为了更体现人性化设计,入口往往不做台阶,正常人往往都可以平坦地走进大门,这样,无障碍坡道就可以省略了(图 3-5)。

2. 电梯

无障碍电梯与一般的电梯基本上没有差别,只是在细节上为方便残疾人使用而增设了一些技术设施,如电梯门按钮、轿厢内选层按钮、语音提示等。这些细节对于电梯设置的表达无关紧要,在设计中只要不遗漏电梯的布置就行了,哪怕两层楼,若要做无障碍设计,也需要考虑无障碍电梯设计。

3. 卫生间

无障碍卫生间主要分两类,一般标准的建筑男女卫生间内各设置一个无障碍厕位(1.8m×1.4m)即可,等级比较高的公共建筑应设置独立无障碍专用厕所(2.0m×2.0m)。

3.1.5 楼梯设计

1. 楼梯平面尺寸合乎常规

设计楼梯时,公共建筑楼梯间的宽度不能小于住宅楼梯间的宽度(2.6m),最好做到 3m 以上,楼梯梯段长度约等于层高,这几点都要记住;其次,休息平台深度就等于楼梯长度。建立以上尺寸概念后,楼梯尺寸就不会有太大问题。

2. 结合造型处理楼梯平面

楼梯不仅作为垂直交通的手段,还应尽可能把它(指主要交通楼梯)的造型美展现出来,这对室内公共空间的景观或外部造型会起到积极作用。

双跑楼梯是用得最多的形式。相比较而言,双跑楼梯的侧面比正面看上去要美观得多。如果对栏板或休息平台再精心设计一下,则楼梯以其结构美观和装饰美就会成为吸引人的重点和观赏对象,这也引导竖向人流的好办法。

值得提醒的是,为了使双跑楼梯的造型美展示得更好,并顺应人流方向而上,有三个细节要在设计时要注意:一是双跑楼梯的第一梯段宜在前,第二梯段在后,这样两个梯段的造型才能完全显露出来;二是楼梯起步的方位宜迎合来登梯的人流方向,以明示上楼行进的起点;三是要充分利用楼梯平台下空间,可以水池或花池等做景观处理,也可将梯段下部空间封闭做储藏室之用(图 3-6)。

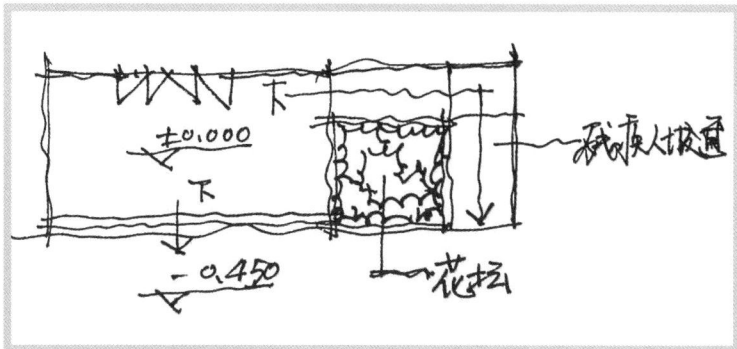

图 3-5 建筑入口无障碍坡道设计图例

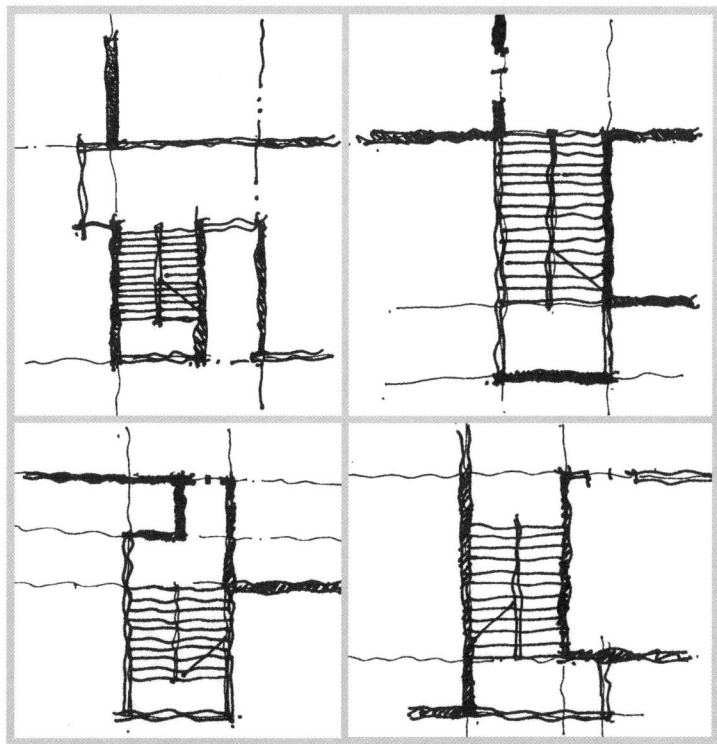

图 3-6 楼梯平面造型

楼梯设计是建筑设计的细节，也是最容易出错的地方，如果能把这样的细节做到位，也很好地体现设计功力，从而在评判时加分（图3-7）。

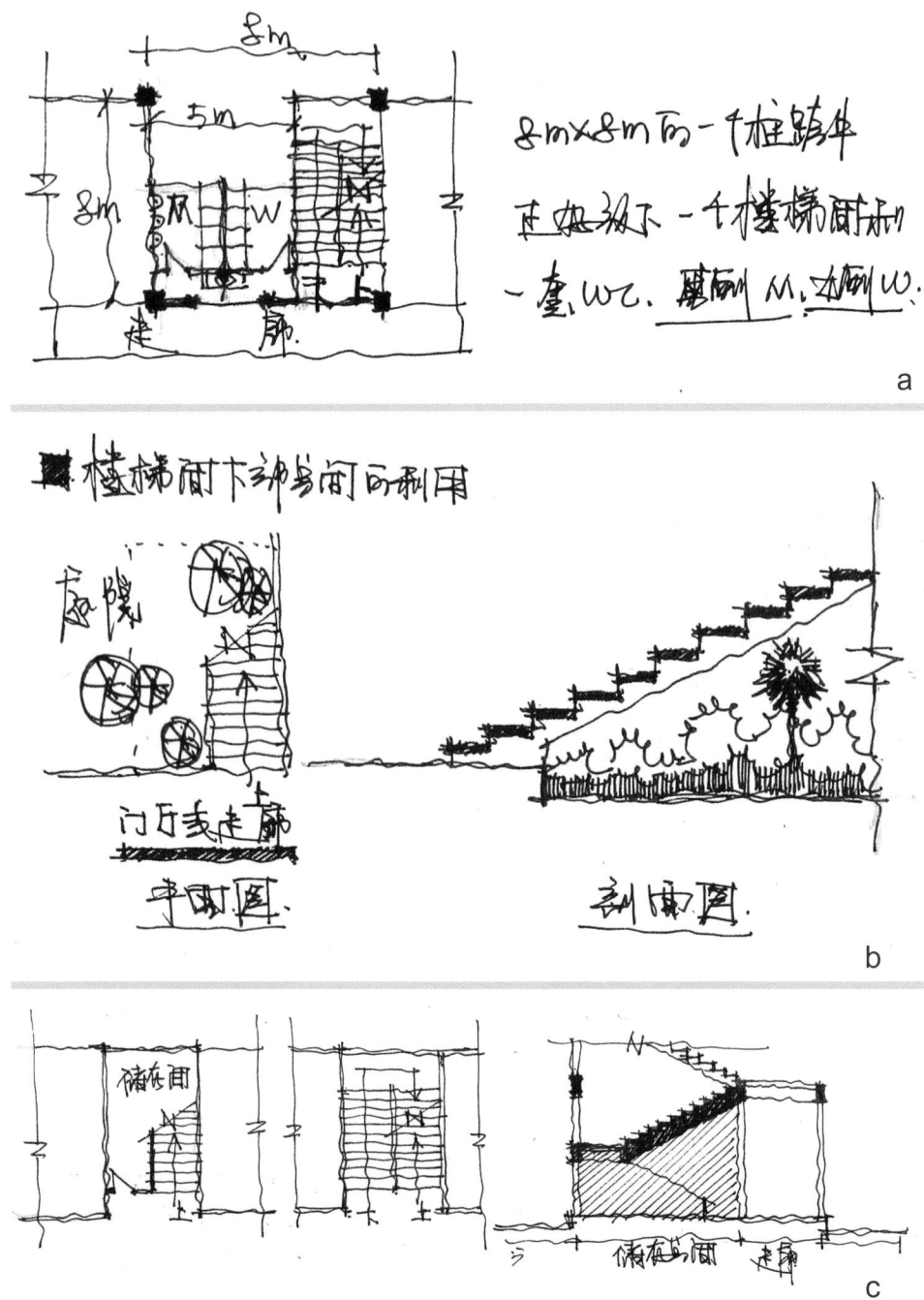

a

b

c

图 3-7 楼梯细节设计图例

3.1.6 剖面设计

剖面设计是平面与造型设计的一种表达方式，很多考生在绘制时会出现是空间、结构概念不强的问题。考生绘制剖面图时的常见问题有：没有剖到但能看见的梁没有表示出来，或者剖到的梁没有表示出来；还有就是构造概念淡薄，比如梁板柱、挑檐、女儿墙等的节点以及对应立面变化的节点交代不清。作为影响快题设计方案质量的因素，结构的要求虽然不占主导地位，但问题多了就会影响评卷人对方案的整体评价，而且这些问题也反映出设计者设计能力的欠缺。在剖面设计中需要注意的问题有：

1. 正确选择剖面的位置。一座建筑物的外部体量与内部空间形态，视不同的建筑其变化程度是大相径庭的，不可能用一个剖面来表达所有的方案形式与空间变化，但作为快题方案设计，我们只需要抓住几个最典型的剖面即可。选择剖面位置的原则：一是一定要找最能代表这个建筑物内部空间变化和外部体量变化特点的位置，比如剖在有内院（可表达内外空间变化）、中庭（可表达内部空间流通）、不同层数（可表达体量关系）等的地方；二是不一定要剖到楼梯处，因为剖面设计任务不是研究细部。

2. 正确表达层高与结构关系。根据平面设计的要求，研究屋顶部分的剖面形式。若为平屋顶，研究一下是出檐还是女儿墙，以及它们的结构、构造概念的表达；若为坡屋顶，研究一下坡度及檐口剖面形式。

3. 正确反映立面设计的要求。根据立面设计的外墙变化，在剖面外墙处研究各层外墙与外框架柱的关系，并将其定位。

4. 正确表达外墙洞口标高，作为立面设计依据。根据剖面设计要求，各层外墙上门窗洞口的高度及其在竖向上的定位，以此作为立面设计的依据。

5. 正确表达特殊房间的空间需求。通过剖面设计，研究特殊房间如何满足特殊功能的要求。如通过剖面设计研究观众厅音质设计要求，以确定观众厅容积、楼地面升起、楼座剖面形态、观众厅顶棚作为反射板的倾斜角度等。

6. 检查架构的合理性。通过剖面设计，检查架构系统中的支撑与传力合理性。例如，二层若周边悬挑，在剖面中就明显看出悬挑部分的传力产生了弯矩，对结构不利，宜将一层外柱升至屋顶才能解决这种不合理的结构系统，那么二层平面必须加柱子（图3-8）。

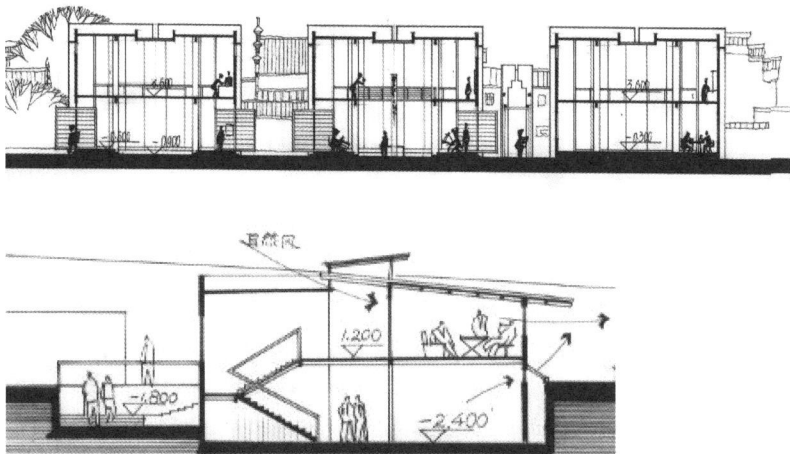

图 3-8 某民俗博物馆剖面图

7. 研究对地形的利用。

通过剖面设计，研究对坡地的利用。坡地建筑设计的一个原则就是依山就势，合理利用地形。这只有依据地形剖面，视地面坡度缓急而采取相应对策，如采用错半层或骑坎形式布局平面。其实剖面设计并不复杂，关键要注意两点：一是剖面位置的选择要恰当；二是剖面中的所有结构、构造概念一定要清楚，这些不但反映了你基础知识掌握的程度，也会影响到立面设计与表达（图3-9）。

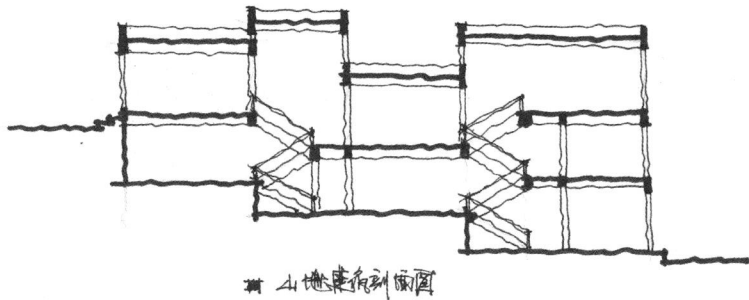

图 3-9 山地建筑剖面示意图

3.1.7 立面设计

立面设计应结合环境设计、体量组合、平面关系、剖面限定等条件，需要把立面设计放在方案整体之中进行研究。既要能充分表达形式，又要避免形式主义的思维，不能不顾环境、功能、造型、技术、经济等条件，而陷入追求所谓的"新、奇、怪"（图3-10）。

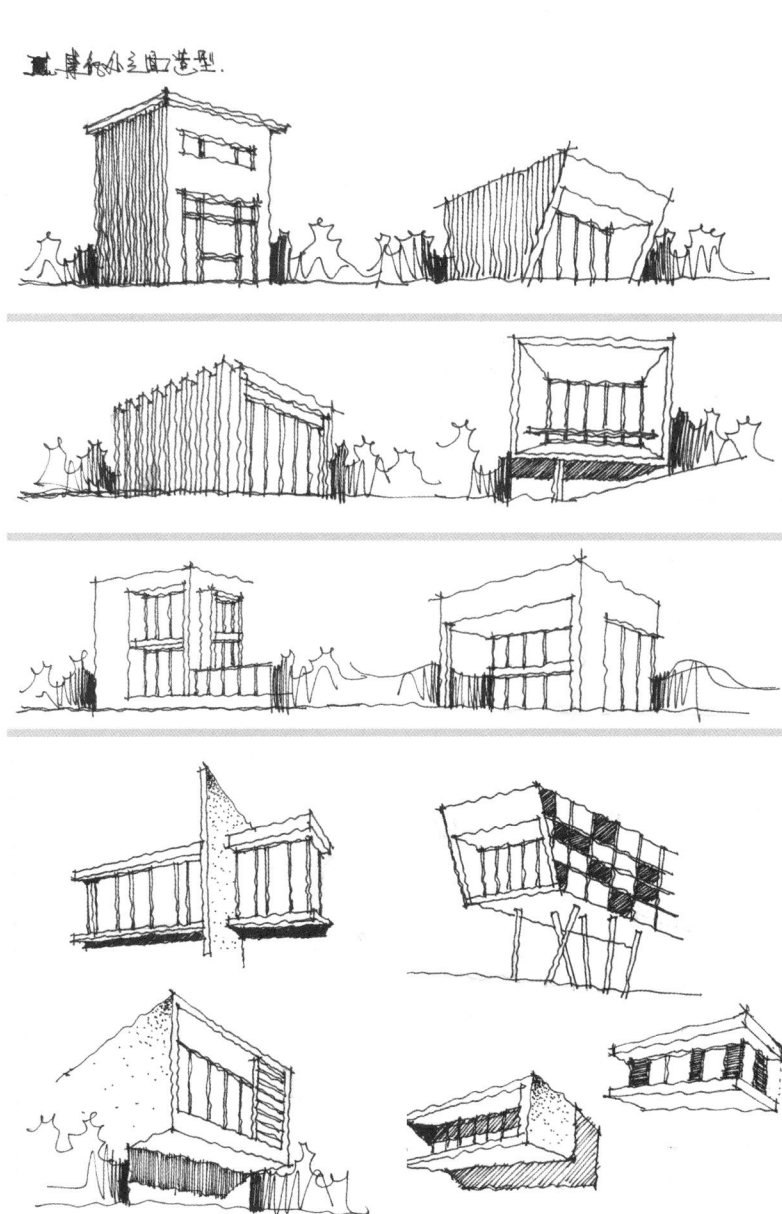

图 3-10 建筑立面造型设计

另外，我们也要清楚建筑立面的形式与美观不是对等的，立面形式确实应该美观，但美观不是立面形式的全部。立面设计要反映时代精神，反映时代科技发展成就，记录人类历史文化足迹，体现设计者的建筑概念与艺术修养，因此，要防止用极端的美观概念表现建筑立面形式，避免使立面设计符号化、肤浅化、包装化（图3-11）。

掌握好传统建筑的美学法则与当代美学思潮的辩证关系。要认识到前者是进行建筑创作的文化基础，尤其是初学者，基本功必须牢牢掌握。但是，我们又不能被传统的美学法则所束缚，在审美取向多变的今天，要坚持多元化，在实现对传统文化的传承中求得立面形式的创新（图3-12）。

3.2 建筑快题设计常用规范

3.2.1 设计中的常用规范

1. 办公类建筑

（1）办公建筑应根据使用性质、建设规模与标准的不同，确定各类用房。一般由办公用房、公共用房、服务用房等组成；

（2）六层及六层以上办公建筑应设电梯，建筑高度超过75m的办公建筑电梯应分区或分层使用；

（3）高层办公建筑采用大面积玻璃窗或玻璃幕墙时应设擦窗设施；

（4）办公室门洞口宽度不应小于1m，高度不应小于2m，门厅一般可设传达室、收发室、会客室。根据使用需要也可设门廊、警卫室、衣帽间和电话间等。门厅应与楼梯、

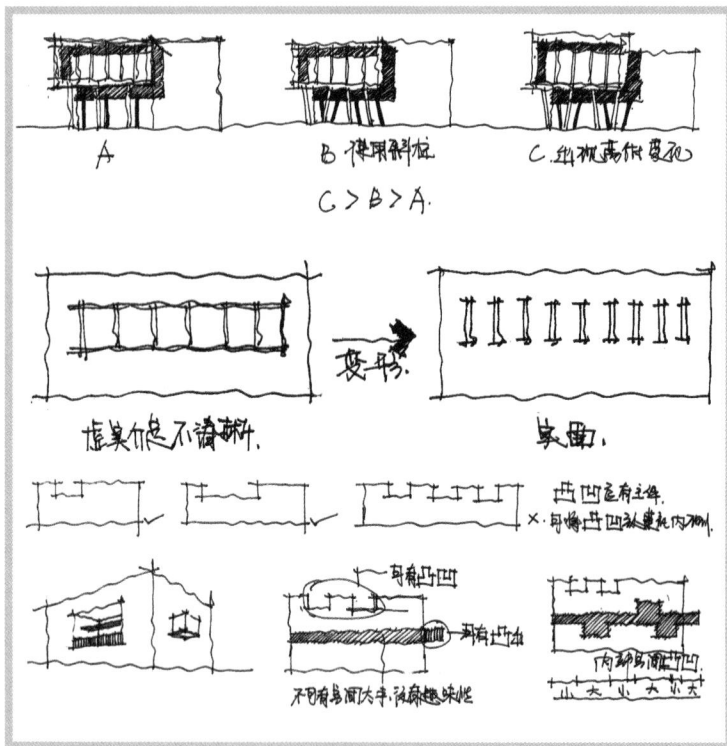

图3-11 建筑立面设计方法示意图

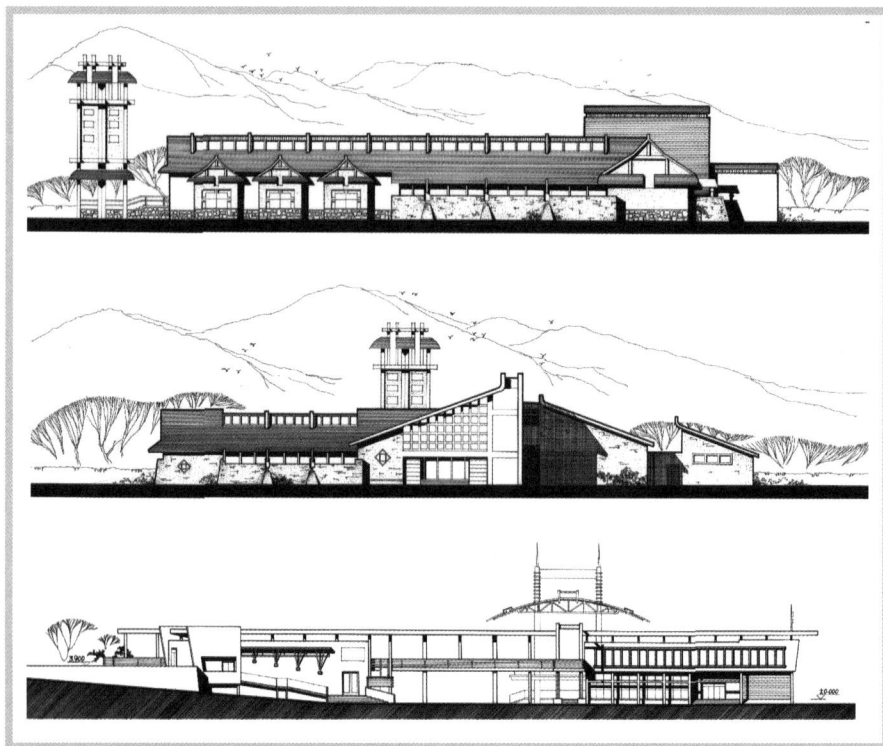

图3-12 建筑立面设计方法示意图

过厅、电梯厅邻近。严寒和寒冷地区的门厅，应设门斗或其它防寒设施；

（5）走道最小净宽不应小于下表的规定；

表 走道最小净宽

走道长度(m)	走道净宽(m)	
	单面布房	双面布房
≤40	1.30	1.40
>40	1.50	1.80

（6）办公室、研究工作室、接待室、打字室、陈列室和复印机室等房间窗地比不应小于 1：6，设计绘图室、阅览室等房间窗地比不应小于 1：5（窗地比为该房间侧窗洞口面积与该房间地面面积之比）。

（7）办公室的室内净高不得低于 2.60m，设空调的可不低于 2.40m；走道净高不得低于 2.10m，贮藏间净高不得低于 2.00m。

（8）办公用房包括普通办公室和专用办公室。专用办公室包括设计绘图室与研究工作室等，办公用房宜有良好的朝向和自然通风，并不宜布置在地下室。普通办公室宜设计成单间式和大空间式，特殊需要可设计成单元式或公寓式。普通办公室每人使用面积不应小于 3m²，单间办公室净面积不宜小于 10m²。

（9）设计绘图室宜采用大房间或大空间，或用灵活隔断、家具等把大空间进行分隔；研究工作室（不含实验室）宜采用单间式，自然科学研究工作室宜靠近相关的实验室。应避免西晒和眩光，设计绘图室，每人使用面积不应小于 5m²。研究工作室，每人使用面积不应小于 4m²。

（10）中、小会议室可分散布置。小会议室使用面积宜为 30m² 左右，中会议室使用面积宜为 60m² 左右；中、小会议室每人使用面积：有会议桌的不应小于 1.80m²，无会议桌的不应小于 0.80m²。大会议室应根据使用人数和桌椅设置情况确定使用面积。会议厅所在层数和安全出口的设置等应符合防火规范的要求，并应根据语言清晰度要求进行设计。

（11）陈列室应根据需要和使用要求设置，专用陈列室应对陈列效果进行照明设计，避免阳光直射及眩光，外窗宜设避光设施（图 3-13）。

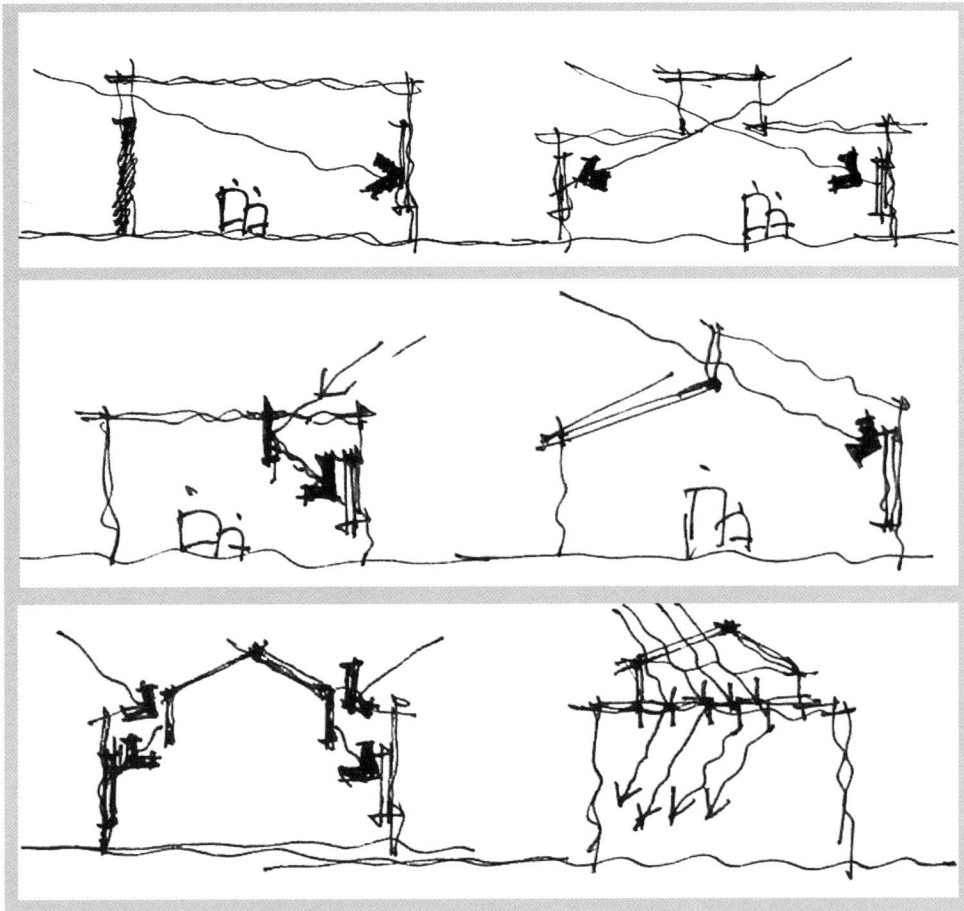

图 3-13 陈列室采光分析示意图

（12）厕所距离最远的工作点不应大于 50m。厕所应设前室，前室内宜设置洗手盆。厕所应有天然采光和不向邻室对流的直接自然通风，条件不许可时，应设机械排风装置。男厕所每 40 人设大便器一具，每 30 人设小便器一具（小便槽按每 0.60m 长度相当一具小便器计算）；女厕所每 20 人设大便器一具；洗手盆每 40 人设一具。

2. 博物馆建筑

（1）大、中型馆应独立建造。小型馆若与其它建筑合建，必须满足环境和使用功能要求，并自成一区，单独设置出入口。馆区内宜合理布置观众活动、休息场地。陈列室和藏品库房若临近车流量集中的城市主要干道布置，沿街一侧的外墙不宜开窗。

（2）博物馆应由藏品库区、陈列区、技术及办公用房、观众服务设施等部分组成。观众服务设施应包括售票处、存物处、纪念品出售处、食品小卖部、休息处、厕所等。陈列室不宜布置在4层或4层以上。大、中型馆内2层或2层以上的陈列室宜设置货客两用电梯；2层或2层以上的藏品库房应设置载货电梯。藏品的运送通道应防止出现台阶，楼地面高差处可设置不大于1：12的坡道。珍品及对温湿度变化较敏感的藏品不应通过露天运送。

（3）藏品库区应由藏品库房、缓冲间、藏品暂存库房、鉴赏室、保管装具贮藏室、管理办公室等部分组成。藏品暂存库房、鉴赏室、贮藏室、办公室等用房应设在藏品库房的总门之外。

（4）收藏对温湿度较敏感的藏品，应在藏品库区或藏品库房的入口处设缓冲间，面积不应小于6m²。大、中型馆的藏品宜按质地分间贮藏，每间库房的面积不宜小于50m²。

（5）每间藏品库房应单独设门。窗地面积比不宜大于1/20。珍品库房不宜设窗。藏品库房的净高应为2.4～3m。若有梁或管道等突出物，其底面净高不应低于2.2m。

（6）陈列室单跨时的跨度不宜小于8m，多跨时的柱距不宜小于7m。室内应考虑在布置陈列装具时有灵活组合和调整互换的可能性。大、中型馆宜设置报告厅，位置应与陈列室较为接近，并便于独立对外开放。陈列室的室内净高除工艺、空间、视距等有特殊要求外，应为3.5～5m。

3. 旅馆建筑

（1）主要出入口必须明显，并能引导旅客直接到达门厅。主要出入口应根据使用要求设置单车道或多车道，入口车道上方宜设雨棚。不论采用何种建筑形式，均应合理划分旅馆建筑的功能分区，组织各种出入口，使人流、货流、车流互不交叉。

（2）客房类型分为：套间、单床间、双床间（双人间）、多床间。多床间内床位数不宜多于4床。天然采光的客房间，其采光窗洞口面积与地面面积之比不应小于1：8。

（3）卫生间不应设在餐厅、厨房、食品贮藏、变配电室等有严格卫生要求或防潮要求用房的直接上层。卫生间不应向客房或走道开窗。客房上下层直通的管道井，不应在卫生间内开设检修门。

（4）客房居住部分净高度，当设空调时不应低于2.4m；不设空调时不应低于2.60m。利用坡屋顶内空间作为客房时，应至少有8m²面积的净高度不低于2.4m。卫生间及客房内过道净高度不应低于2.1m。客房层公共走道净高度不应低于2.1m。

（5）客房入口门洞宽度不应小于0.9m，高度不应低于2.1m。客房内卫生间门洞宽度不应小于0.75m，高度不应低于2.1m。相邻客房之间的阳台不应连通。

4. 图书馆建筑

（1）图书馆的建筑布局应与管理方式和服务手段相适应，合理安排采编、收藏、外借、阅览之间的运行路线，使读者、管理人员和书刊运送路线便捷畅通，互不干扰。图书馆各空间柱网尺寸、层高、荷载设计应有较大的适应性和使用的灵活性。藏、阅空间合一者，宜采取统一柱网尺寸，统一层高和统一荷载。图书馆的四层及四层以上设有阅览室时，宜设乘客电梯或客货两用电梯。

（2）基本书库的结构形式和柱网尺寸应适合所采用的管理方式和所选书架的排列要求。框架结构的柱网宜采用1.20m或1.25m的整数倍模数。书库、阅览室藏书区净高不得小于2.40m。当有梁或管线时，其底面净高不宜小于2.30m；采用积层书架的书库结构梁（或管线）底面之净高不得小于4.70m。

（3）多雨地区，其门厅内应有存放雨具的设备；严寒及寒冷地区，其门厅应有防风沙的门斗；

（4）300座以下规模的报告厅，厅堂使用面积每座位不应小于0.80m2，放映室的进深和面积应根据采用的机型确定。

（5）图书馆卫生间成人按每60人设大便器一具，每30人设小便斗一具；成人女厕按每30人设大便器一具。

（6）图书馆的安全出口不应少于两个，并应分散设置。图书馆的安全出口不应少于两个，并应分散设置。超过300座位的报告厅，应独立设置安全出口，并不得少于两个。

5. 文化馆建筑

（1）基地按使用需要，至少应设两个出入口。当主要出入口紧临主要交通干道时，应按规划部门要求留出缓冲距离；文化馆庭院的设计，应结合地形、地貌及建筑功能分区的需要，布置室外休息活动场地、绿化、建筑小品等，创造优美的空间环境。

（2）五层及五层以上设有群众活动、学习辅导用房的文化馆建筑应设置电梯。

（3）窗洞口与房间地面面积之比。

表 窗洞口与房间地面面积之比

房间名称	窗地比
展览、阅览用房 美术书法工作室、美术书法教室	1/4
游艺、交谊用房 文艺、音乐、舞蹈、戏曲等工作室 站室指导、群众文化研究部 普通教室、大教室、综合排练室	1/5

（4）普通教室每室人数可按40人设计，大教室以80人为宜。教室使用面积每人不小于1.40m²。美术书法教室宜为北向侧窗或天窗采光。美术书法教室的使用面积每人不小于2.80m²，每室不宜超过30人。综合排练室的使用面积每人按6m²计算。

（5）观演厅、展览厅、舞厅、大游艺室等人员密集的用房宜设在底层，并有直接对外安全出口。凡在安全疏散走道的门，一律向疏散方向开启，并不得使用旋转门、推拉门和吊门。展览厅、舞厅、大游艺室的主要出入口宽度不应小于 1.50m。

6. 餐饮类建筑

（1）40座及40座以下者为小餐厅，40座以上为大餐厅。餐馆的餐厨比宜为1:1.1；食堂餐厨比宜为1:1。

（2）在总平面布置上，应防止厨房（或饮食制作间）的油烟、气味、噪声及废弃物等对邻近建筑物的影响。

（3）小餐厅和小饮食厅不应低于 2.60 m；大餐厅和大饮食厅不应低于 3.00 m；餐厅与饮食厅采光、通风应良好。天然采光时，窗洞口面积不宜小于该厅地面面积的 1/6。自然通风时，通风开口面积不应小于该厅地面面积的 1/16。

（4）主食加工间——包括主食制作间和主食热加工间；副食加工间——包括粗加工间、细加工间、烹调热加工间、冷荤加工间及风味餐馆的特殊加工间；备餐间——包括主食备餐、副食备餐、冷荤拼配及小卖部等。冷荤拼配间与小卖部均应单独设置；食具洗涤消毒间与食具存放间。食具洗涤消毒间应单独设置（图3-14）；

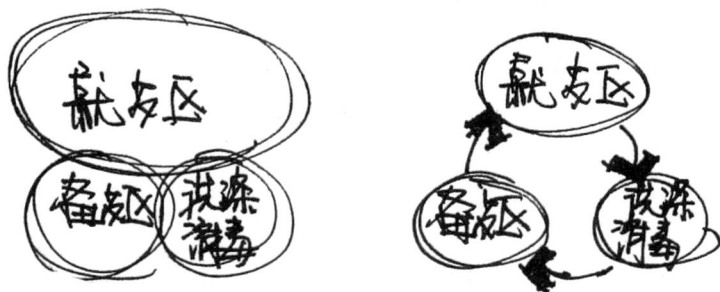

图3-14 餐具使用流线分析图

（5）辅助部分主要由各类库房、办公用房、工作人员更衣、厕所及淋浴室等组成，应根据不同等级饮食建筑的实际需要，选择设置。

3.2.2 建筑快题设计中常用疏散规范

1. 疏散方向要求

疏散门应向疏散方向开启，特别注意封闭楼梯间各层防火门和首层防火门开启方向不一样，人数不超过60人的房间且每樘门的平均疏散人数不超过30人时，其门的开启方向不限。疏散作用的门不应采用推拉门，严禁采用转门。不难看出，只要我们能切身体会其规范的合理性就会在设计过程中不自觉地加以考虑。

2. 疏散要求

（1）任何情况下，房最远点到房门的距离不应超过袋形走道时的规定最大疏散距离。一般面积在 2500m² 左右的防火分区至少应有两部疏散楼梯，当然，多数楼梯虽然有利于疏散和方便交通，但梯均服务面积的降低率却表明设计不够合理。楼梯底层应设直接对外的出口，层数不超过 4 层时，可将对外出口布置在离楼梯间不超过 15m 处。

（2）对于疏散距离的要求为双向疏散时幼儿园25m，医疗、学校35m，其他建筑 40m，袋形走道时幼儿园、医疗 20m，学校及其他 22m，开敞外廊时增加 5m，设有自动喷火灭火系统的建筑物，其安全疏散距离可按规定的增加 25%，非封闭楼梯间双向疏散减 5m，袋形走道减少 2m。

（3）位于走道尽端的房间（托儿所、幼儿园除外）内由最远一点到房门口的直线距离不超过 14m，且人数不超过 80 人时，也可设一个向外开启的门，但门的净宽不应小于 1.4m；一个房间的面积不超过 60m²，且人数不超过 50 人时，可设一个门。

（4）歌舞娱乐放映游艺场所的疏散口不应少于 2 个，其建筑面积不大 50m² 时，可设置一个疏散出口，其疏散出口，其疏散出口总宽度应使其通过人数不少于 1.0m／百人，此类建筑如超过地上 3 层应设置封闭楼梯间。

3.3 怎样建立建筑结构体系
3.3.1 建筑跨度的选择

根据建筑初期方案可以确定建筑跨度是等跨或者不等跨。例如，分别为 20m² 和 16m² 的两类房间南北布置于一个大空间，开间定位 4m，所以 20m² 的房间进深为 5m，16m² 的房间进深为 4m，考虑到中间有走道，可另加 2m 跨度，为了减少柱子数量，4m 和 2m 两个小跨合并为 6m 跨度。这样，大空间进深为 5m 与 6m。将建筑总进深深化几个大跨之后，根据结构跨度尺寸的合理性和这一大夸中间布局情况其进深尺寸

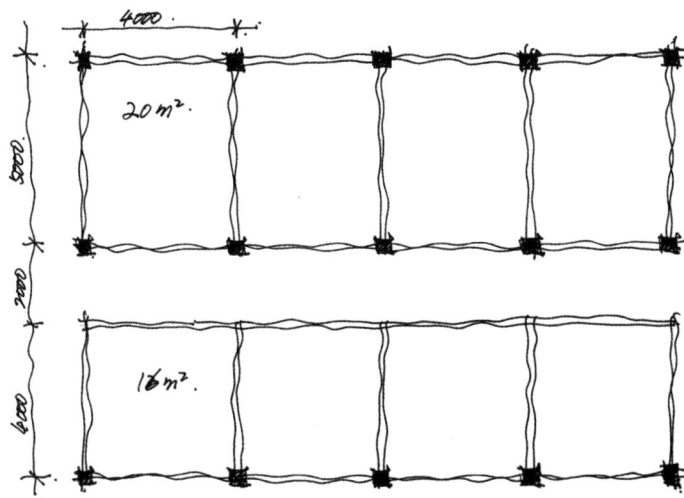

图3-15 建筑跨度的确定

的要求，还可以在大跨之中再划分若干合适的小跨尺寸，直到每夸尺寸都确定下来为止（图3-15）。将建筑总进深划分成几个大跨一般有以下两种方法：在两个功能分区之间有一条跨度的轴线；在水平交通线一侧有一条跨度的轴线。

3.3.2 格网基本方法

建筑快题设计一般都要求为框架结构，而且格网以简单为宜。对于是采用方格网或矩形格网都要看方案的基本平面和多数房间的面积，以及使用高度来确定。如果总平面为板状，则框架结构格网多为矩形格网。

格网尺寸的设定首先要确定平面总尺寸。对于平面比较规整的方案来讲，根据功能布局所获得的一层平面范围，大体上获得平面的外轮框线长宽总尺寸；对于平面布局富于变化的方案来讲，可按比例估计长宽总尺寸，然后进一步确定开间和跨度的尺寸与数量，并与有总尺寸的平面要求的同时纳入总框架之内。

3.3.3 如何操作格网法

网格的使用方法主要有几下几种：

（1）将大的功能分区在整体格网中分成几部分，并估算各个功能区所需占有的格网面积或格网数。

（2）在格网系统中，建筑公共空间的尺度和面积，如走道宽度或门厅面积等，需要以方案构思过程中确定的交通流线或节点为依据进行转换。

（3）每个房间定位时需要注意房间面积不可过大或过小；考虑房间比例关系；

必须结合结构尺寸的规律，不应该完全按房间面积分割格网。

（4）按房间的面积配置网格大小。采取数格子的方法可以避免在格网中安排房间时遇到的矛盾，我们可以先计算每个格子的面积，如 8m×8m 的方格网，一个格子的面积为 64m²。以此类推，一个 250m² 的大房间需要 4 个格子；一个 30m² 的小房间半个格子即可；一个 60m² 的房间一个格子即可，少 4m² 在允许的范围之内；一个 200m² 的房间，3 个格子虽然面积合理，但格子并非会导致房间变形，恰当的办法是开间给 2 个格子（16m），进深给一个格子（12m）。在保证房间形态合理情况下，剩那半个格子可以根据具体情况当作走廊或是其他用途（图 3-16）。矩形网格 6m×8m，一个格子面积为 48m²。如果一个大房间为 200m²，则需要 4 个格子；如果一个房间面积为 25m²，则半个格子；如一个房间面积为 54m²，就给它一个格子，少 6m² 在允许之内；如果一个房间面积为 150m²，给它三个格子虽然面积合理，但格子并排会导致房间比例过于狭长，或房间形状呈 L 形，恰当的办法是开间给 2 个格子（16m），进深给一个半格子（9m）（图 3-17）。

（5）功能布置关系的优先保证。经常会有个别房间难以纳入格网的情况，那么，为了保证功能关系的合理性是比较难处理的。因此，可让房间大一点或小一点，牺牲面积因素来实现合理的功能配置关系，也就是说房间的位置重要于它的面积。类似这种在结构格网中纳入所有房间而出现的矛盾应该说是比较普遍的，但只要能综合各种因素，善于抓矛盾的主要方面，总能平衡得失。

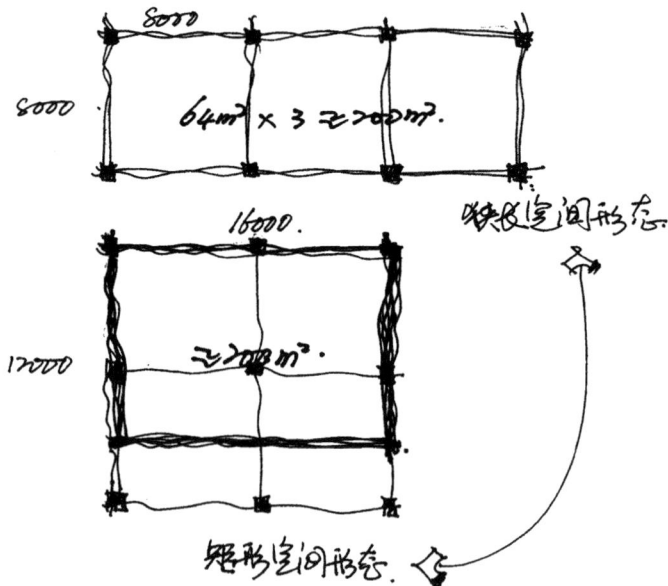

图 3-16 根据面积配置风格的大小与数量

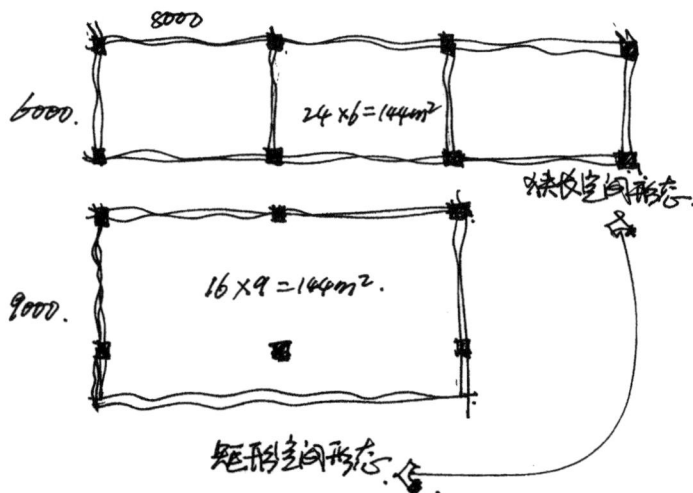

图 3-17 根据面积配置风格的大小与数量

第四章　建筑快题设计的表现技法

4.1 材料与工具

4.1.1 绘图笔：铅笔、针管笔、马克笔等

铅笔一般选择 HB、B 的都可以，刀削铅笔与自动铅笔均可以，按照自己的习惯选用。主要用在构思阶段，在画正图时平面轴线。立面轮廓线也一般先用铅笔勾勒。

针管笔（钢笔）在绘图中要大量用到，只要下水均匀、书写流畅即可，笔尖的粗细一般是从 0.3 ~ 1.2 之间选择 3 支，比如 0.3、0.6、1.0 三支，分别来画细、中、粗线，用来区分画面层次。

马克笔要准备得多一些，少则十几支，多则二三十支，这可根据自己的绘画习惯而定。在选择马克笔时一般按照色系来选，比如蓝色系、绿色系、灰色系等，每种色系选择从浅到深的笔 3 ~ 5 支，另外再补充几支纯度较高的色彩比如湖蓝、玫瑰红、紫罗兰等来调节画面。一般来说大部分马克笔选色纯度低一些，偏灰，这样容易控制画面，不至于太艳，色彩太跳。灰色系列在绘图时用得较多，每种色系的最浅色用得较多，根据训练情况可以多准备几支。

4.1.2 绘图纸：草图纸、硫酸纸、白纸、有色纸等

建筑快题考试一般用草图纸或者硫酸纸，透视效果图允许用白纸（因为白纸表现力较强）。训练时要专门拿这些纸来训练，掌握他们的特性。

草图纸软而薄，硫酸纸较硬、较脆，它们都有透明性，可以透着画，所以画比例一样的平面图、立面图、剖面图时可以透图参照，比较便利。在用主立面图改画一点透视效果图时，透着画图更是节约大量时间。

草图纸和硫酸纸在用马克笔上色时颜色会显得比较浅，底下垫一层白纸可显出真实色彩的深度，画效果图时很多人习惯画在白纸上面，颜色清晰明快，但同时一个地方不要涂色遍数过多，免得纸面起毛，影响效果。

4.1.3 尺规：比例尺、坐标纸、圆规、曲线板等

这些工具都是在绘图时所必须的，来应付各种地形对建筑形体的要求，一般不主张把问题复杂化，能用直线不用曲线。平面表达清楚的问题最好不用曲线、弧面表达。一旦遇到必须曲面表达的问题时，可以采取徒手绘制，流畅的手绘线条解决问题更能显得自然，并显示设计者的功底。

4.2 建筑快题设计中的线稿表现

4.2.1 线条练习

建筑快题设计成果主要是靠线条来表现的。单纯的线条本身并无任何意义，只有用它来构成"形"才具有价值，但价值的高低要看表现者如何运笔。常见的线条形式上有长线、短线、直线、斜线、水平线、垂直线等，线条具有极强的表现力，不同类型的线条具有不同的性格特征，不同线条的运用将直接影响到表现的效果图。有的人画线流畅生动；有的人线条组合杂乱无章，有的人排线变化中有规律。这些画线的区别在于基本功和技法上的差异，由此会影响到表现图总体效果给人不同的印象。

4.2.2 透视运用

1. 一点透视

一点透视是以所要表现的立面为基准面，使只有一个灭点的位置居于立面范围内求得的正透视效果。一点透视可以很好地表现出建筑的远近关系和进深感，透视表现范围广，适合表现庄重稳定的环境空间，缺点就是比较呆板，与真实效果有一定距离（图 4-1）。

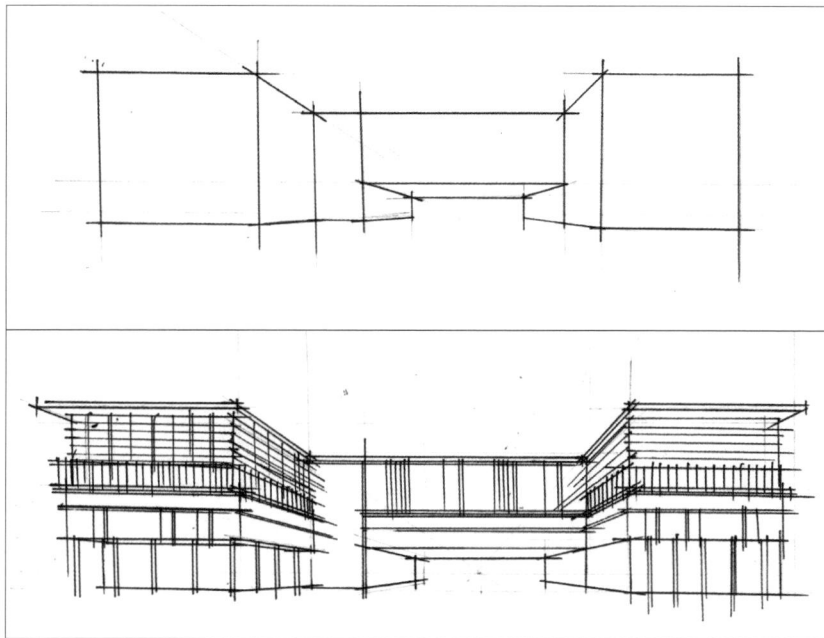

图 4-1 一点透视图解

2. 两点透视

两点透视是建筑快题中最常用的透视表现法，空间表现得直观、自然，接近人的实际感觉，但角度选择十分讲究，否则容易变形。从建筑效果图表现的角度选择，需要具备三个条件：一是懂得建筑制图的原理基础；二是要有平面几何常识；三是要对空间有很强的理解力。我们求两点透视时，不可能完全按建筑制图规则有板有眼地一点点求出来，特别是考试时，我们只能在建筑制图原理的基础上，依靠感觉画出来，需要把握以下方面：从不同的方向看建筑，一般建筑正面与画面的夹角保持在 30° 为宜；从不同的距离看建筑，视距过大，透视特征不够鲜明而接近正投影图；视距过小，使人无法看到建筑全貌，所以视距选择要适中；从不同的高度看建筑，若视平线与人

的高度相同，画出的透视图最为真实，效果平易近人，当然，鸟瞰图也能较好反映建筑群体特征（图4-2）。

4.2.3 鸟瞰图与轴侧图的运用

1. 鸟瞰图

在建筑快题设计表现中，鸟瞰与两点透视在制图概念上差不多，但表现上有区别：一是两点透视主要表现单栋建筑或一组建筑物，而鸟瞰图主要表现相对分散式的建筑群或成片规划建筑；二是鸟瞰的视平线很高，两个灭点相距较远，甚至在图版以外，因此鸟瞰的画法也与两点透视有所不同（图4-3）。

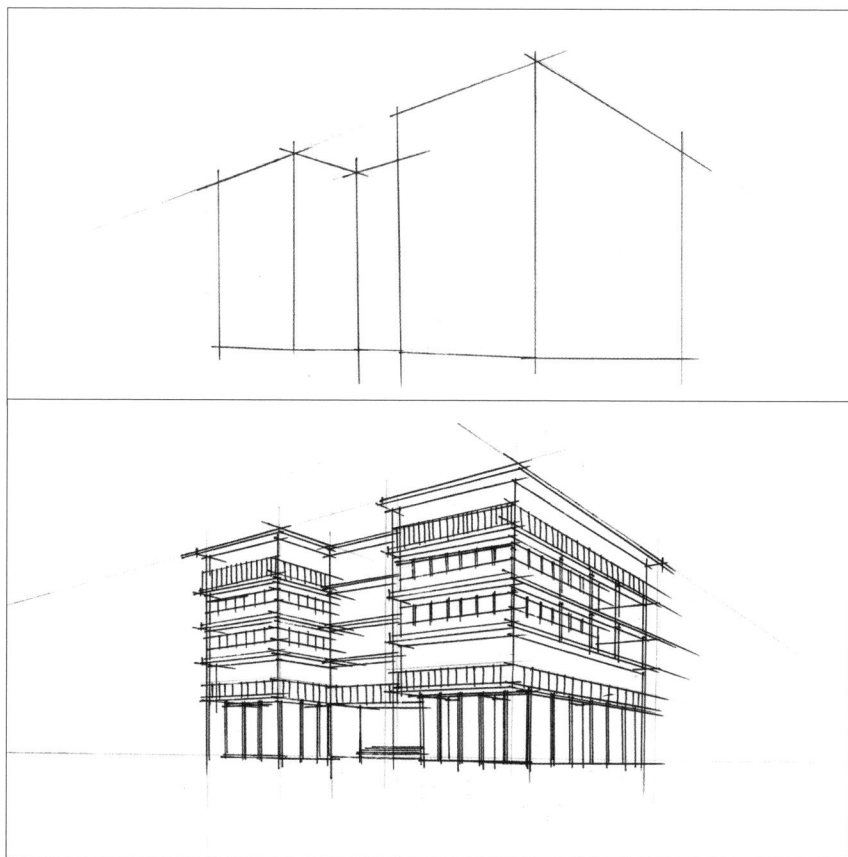

图4-2 两点透视图解

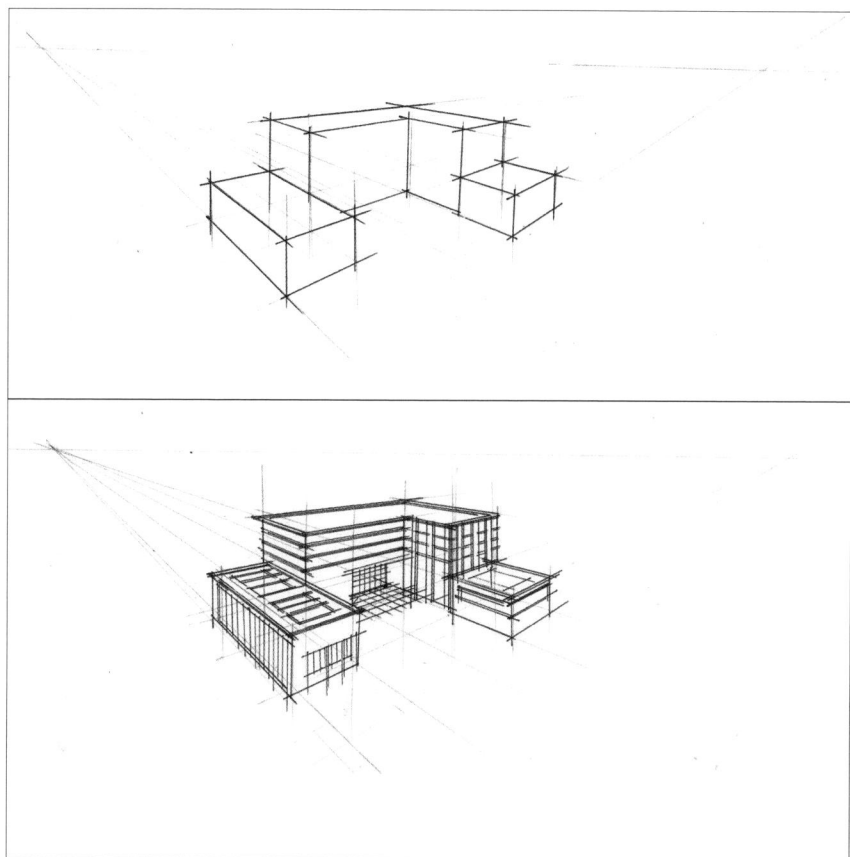

图4-3 鸟瞰图图解

2. 轴侧图

虽然现在众多院校在快题考试中不限透视图的表现方式（同济大学等除外），但轴测图是建筑学效果图表现方式中的基本方式。轴侧是一种用尺规进行三维投影来表现建筑空间的方法，它不具有透视产生的真实、自然的建筑场景，只是程式化地图解方案的三维空间关系。其优点就是制图简便，不需要感觉的评估就能动手完成。需要注意是：方案表现主要立面与地面线成30°夹角。之所以确定30°，是因为经常使用30°与60°的三角板画线，这样画轴侧会很方便，节省时间（图4-4）。

4.3 建筑快题设计中的马克笔的技法应用

马克笔在快题色彩表达中是最常见的，其他工具如彩色铅笔无论在表现效果，画图速度上都要逊色一些，但彩色铅笔等可以作为补充工具（如表达退晕效果、墙纹理等比较方便）。这里主要对马克笔的使用作详细介绍。

4.3.1 马克笔的选择

油性马克笔渗透性强，笔触不明显；水性马克笔笔触明确，力量感强。油性马克笔与水性马克笔没有绝对的好坏区分，主要根据自己平时训练时对这两种笔的性能的掌握和自己的爱好，现在使用油性马克笔较多，笔法容易掌握。

4.3.2 马克笔的色系选择

每种马克笔的色系从浅到深可选择3~5支。

（1）蓝色系：表现天空、水面、玻璃等；

（2）绿色系：表现树木、草地、绿化景观、玻璃等；

（3）灰色系：表现建筑及周边空间的黑白灰层次关系，刻画墙面质感；

（4）土黄、土红、赭石色系：表现墙体、建筑实体、木色或偏暖色材料等。

同一个建筑设计方案黑白稿可采用不同的色彩表达方案，比如建筑实体墙既可用灰色、也可用深蓝色，但相对应的建筑其他部位与灰色叠加方式，运用素描的方法处理好图面的明暗层次。

4.3.3 马克笔的笔触训练

（1）运笔：马克笔有自身的运笔特点，每个人要养成自己习惯的运笔方式，宽笔头可全部接触纸面，也可只用端部接触纸面，形成宽细不同的线，适合于不同的表现部位，加快速度。

（2）排笔上色：马克笔的使用关键就是排笔上色，在给大面积墙面或天空涂色时，排笔方法很重要，一般采用笔触平行并置，从左至右或从上至下，一笔笔排列，每笔之间应紧凑或稍加叠加，这样画面规整而不脏乱。为了改善平行排笔的强硬感，笔触之间有时特意留白，或者个别笔触方向稍有变化（不能太多），来增强画面的生动感。

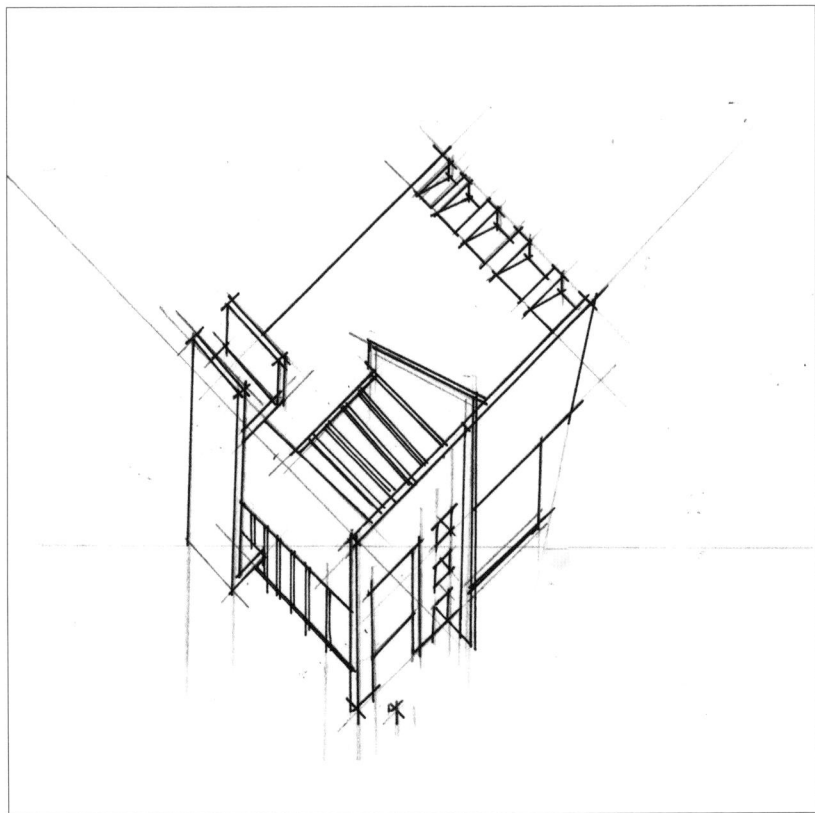

图4-4 轴侧图图解

如果运笔熟练时，也可以采用不规则的排笔方式，笔触方向不一，画面显得活泼有变化，但不太容易控制，处理不好画面会显得脏乱。

（3）边界控制：马克笔上色是一次成型，不容易修改，为了减少不必要的工作，要控制好涂色的边界，特别是建筑与环境的边界、建筑不同明暗面间的边界、材质明暗反差较大的相邻面的边界等。边界如果控制得好，画面清晰明快，层次感强；反过来若有彩色笔触明显超越界限，有可能会使画面严重受损，不容易补救。

4.3.4 马克笔的颜色表达

单色训练：马克笔表现开始训练阶段可进行单色表达训练，快题时间紧迫时也可以采取此方式，可用灰色系列，也可用彩色与灰色叠加方式，运用素描的方法处理好图面的明暗层次（图4-5）。

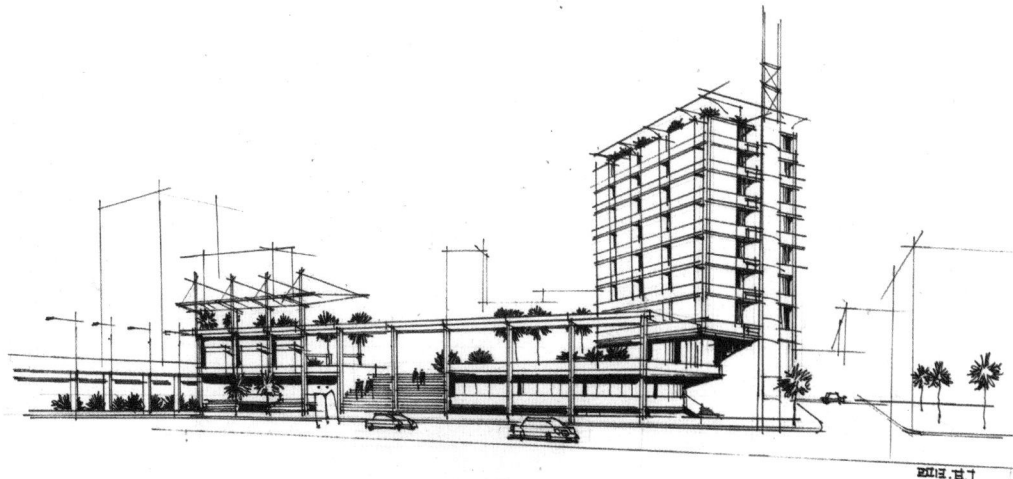

图4-5 线稿及单色效果图

多色搭配：一个画面中首先要确定画面的主色调，既可以在一个画面中运用互补色使其画面明快、对比感强，也可用相近色使画面协调丰富、融合之中体现层次感，选择自己擅长的方式（图4-6）。

图4-6 马克笔彩色效果图

　　色彩叠加：马克笔不像水彩可以任意调配出各种不同色相、不同明度、不同彩度的颜色，我们手中只有几支笔，色彩或明暗跨度较大，故可以根据需要叠加出许多中间的丰富的色彩效果。有时候可用叠加方法绘制出退晕效果（图4-7）。

　　画面深浅层次：就像水粉、水彩画一样，要注重画面整体的深浅层次，防止画面"太灰"，除了用同一色相深浅不同的颜色表达建筑的明暗关系层次外，一般用灰色系叠加其他色彩来控制画面整体深浅色调是最常用、最稳妥的做法，这样既能保证画面层次，还不至于画面"太艳"、彩度过高。

图4-7 彩色铅笔效果图

4.3.5 快题效果图的表现

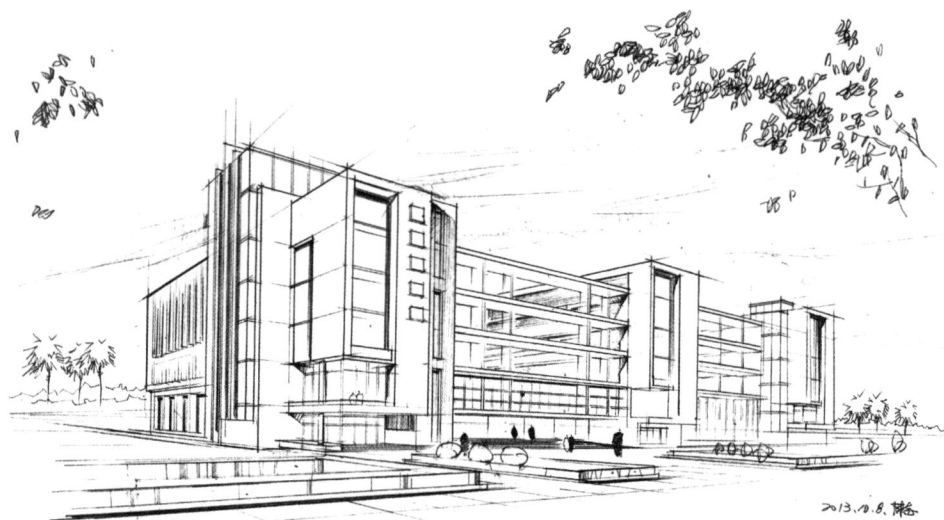

图4-8 教学楼建筑设计透视图

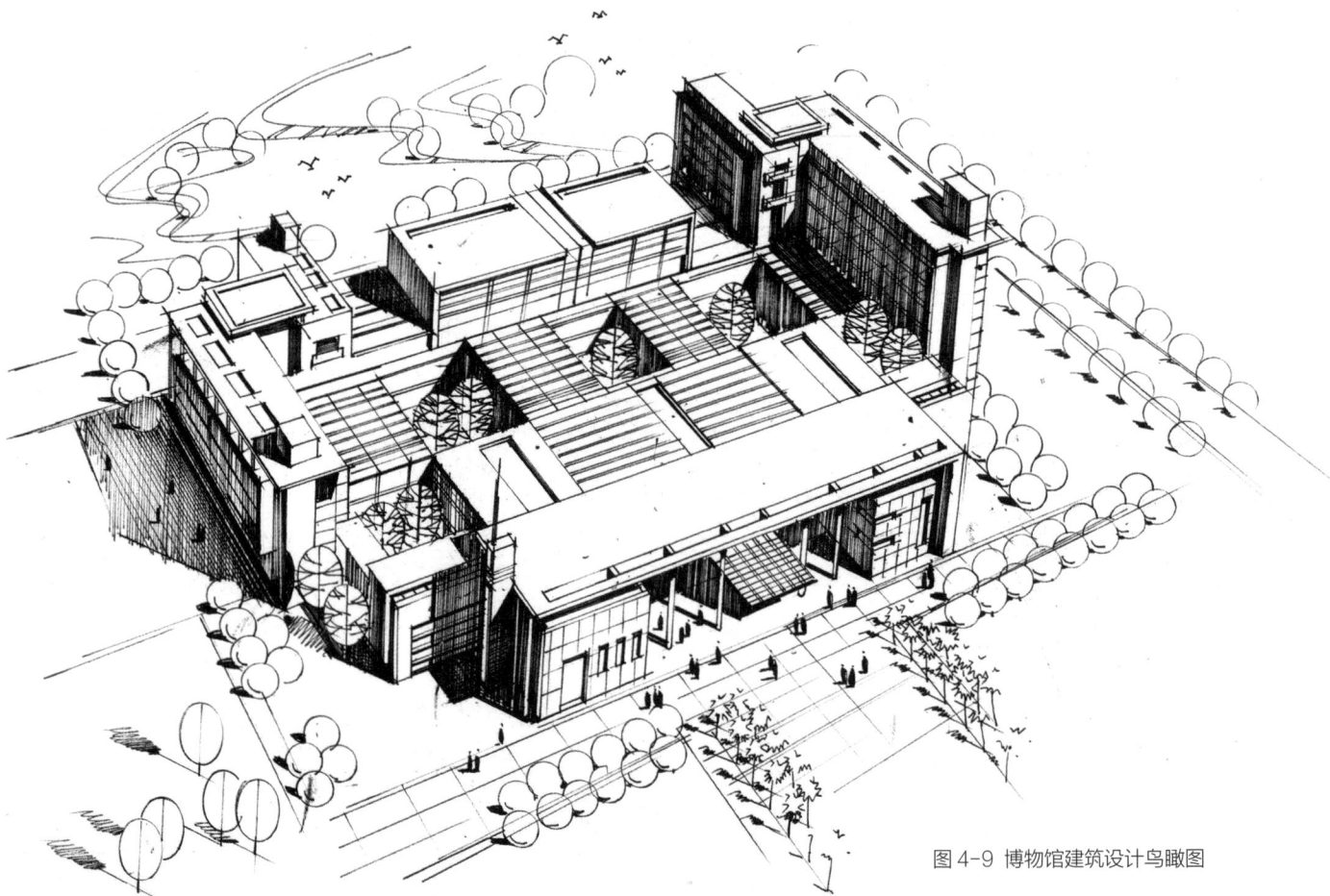

图4-9 博物馆建筑设计鸟瞰图

4.4 快题设计图纸解析
4.4.1 总平面图

　　总平面图的作业内容实际上就是画建筑物的屋顶图，并且将周围的环境画清楚。表现时主要还是靠线画形，辅以涂色突出建筑总体轮廓。因为总平面一般比例尺都较小，图幅也小，所以不必过分突出表现。但是总平面图每根线都有其代表含义，用地边界关系要清楚，红线要交圈，要求画出用地范围、机动车出入口、建筑的主次出入口、铺地和草地之间的线、建筑和台阶之间的线等，建筑屋顶外轮廓线建议画出阴影，不仅可以凸显建筑形体关系，而且使图面效果显得精神。停车位摆放也能体现考生的设计能力，要注意车道宽度、转弯半径、车子的停放方式（不要只能车进而不能车出）。指北针、比例尺都要标清楚（图4-10）。

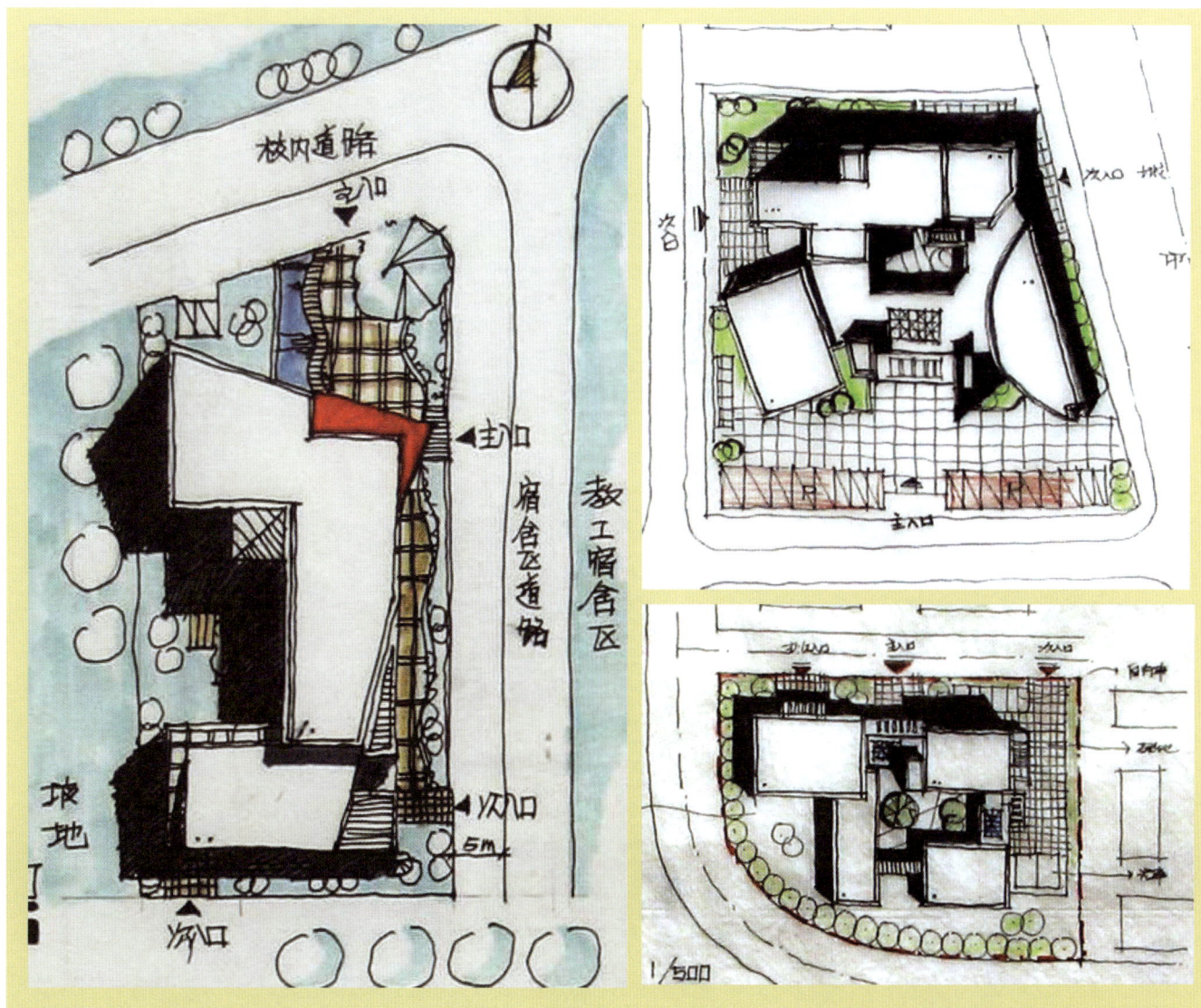

图4-10 总平面图

4.4.2 各层平面图

首层平面图要求画出各个房间，注明个房间名称，图纸比例正确，必要时可以标注一至两道尺寸表示开间和建筑总长度。高度变化包括室内外的高差处理、台阶、坡道、无障碍设计，有高差必须要求标高，应以平面标高为基准，首层一般以 ±0.000 为基准，注意"上、下"和箭头标注。节点处理如门厅，让人进入后知道该往哪里走，要给人明确的方向感。要求画出垂直交通空间、电梯的数量与位置。洗手间的位置既不能过深，也要相当隐蔽。平面图中还要将门窗的位置及大小绘制清楚，大窗户一般用于开敞性空间，小窗户一般用于办公室等重复性的小空间。如果要求布置家居，一定要按一定正确比例画。表达结构方式的原则是普通采用框架架构，大空间需要大跨度的结构形式，大空间上面不宜在做建筑 (图 4-11)(图 4-12)。

图 4-11 建筑平面图

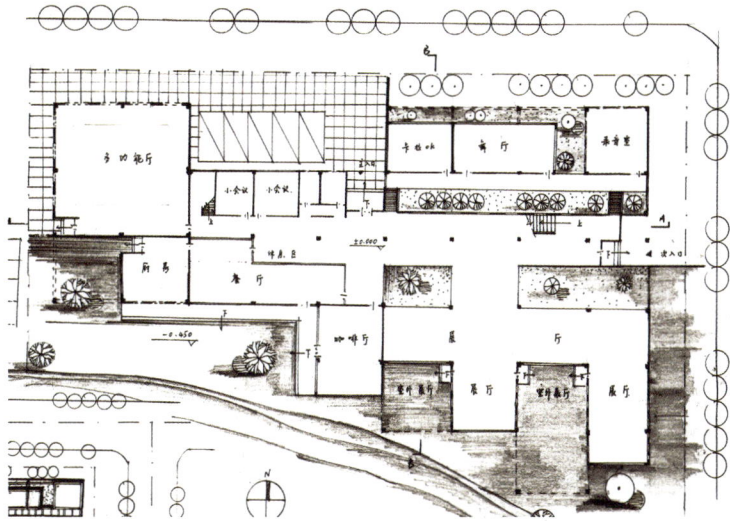

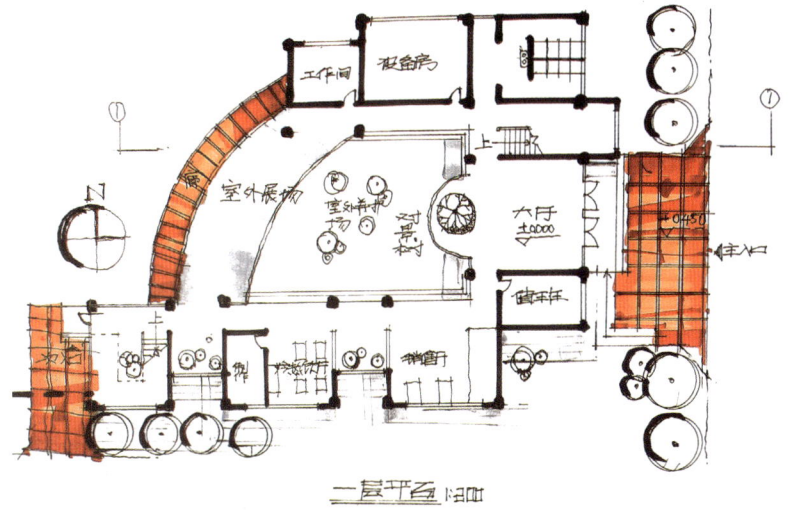

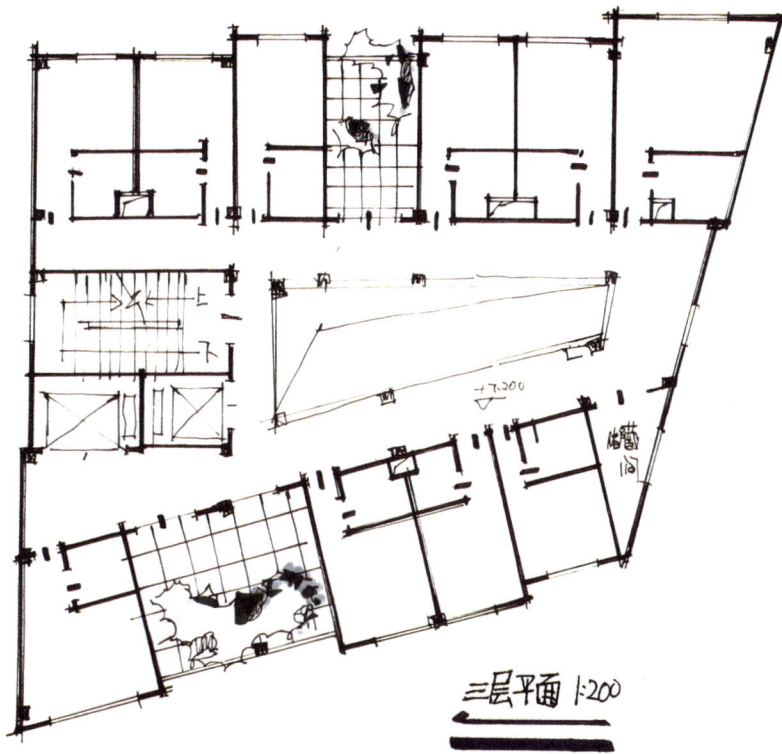

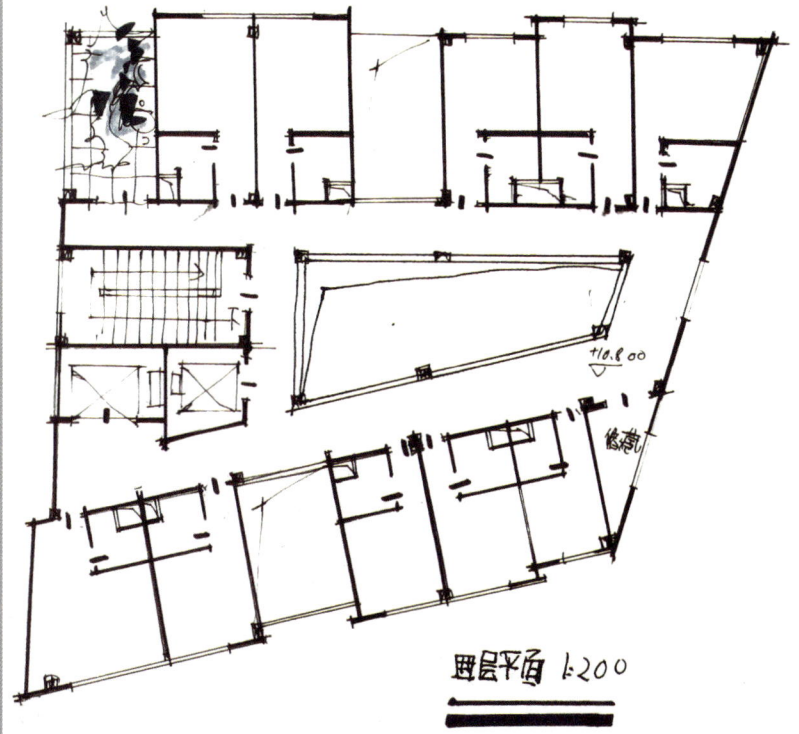

图 4-12 建筑平面图

4.4.3 分析图

功能区分析：主要用于表达建筑的功能分区，经常用不同色块表示。

交通流线分析：主要用于表达人流关系，比如公共建筑内的办公人员与外来人员的两种不同流线关系，多用带箭头虚线表示，如果是群体建筑，会加上人流车流这些关系。车流可分为内部车流和外部车流等。

建筑形态分析：分析建筑体块空间关系，常规做法也是填色块表示

日照分析：主要是分析建筑大寒日采光时间，用于考证建筑间距是否合理。

景观节点分析：表明主要景观节点，也可以是景观视线分析，人在建筑内部观察建筑外的景观，或者人在建筑外观把建筑当成景观来看。

总的来说分析图用来表达设计者的想法和思路，简言之就是设计是怎么来的。手绘分析图简练的效果很受欢迎。但需要强调的是，在建筑快题设计中需要构建理性分析和设计逻辑，同样在设计表达时也需要清晰的逻辑加以呈现。各种分析图用高度抽象、简洁明快的图示语言表达设计信息。全面展示了设计者如何将设计意图转化为结果的推演过程（图 4-13）。

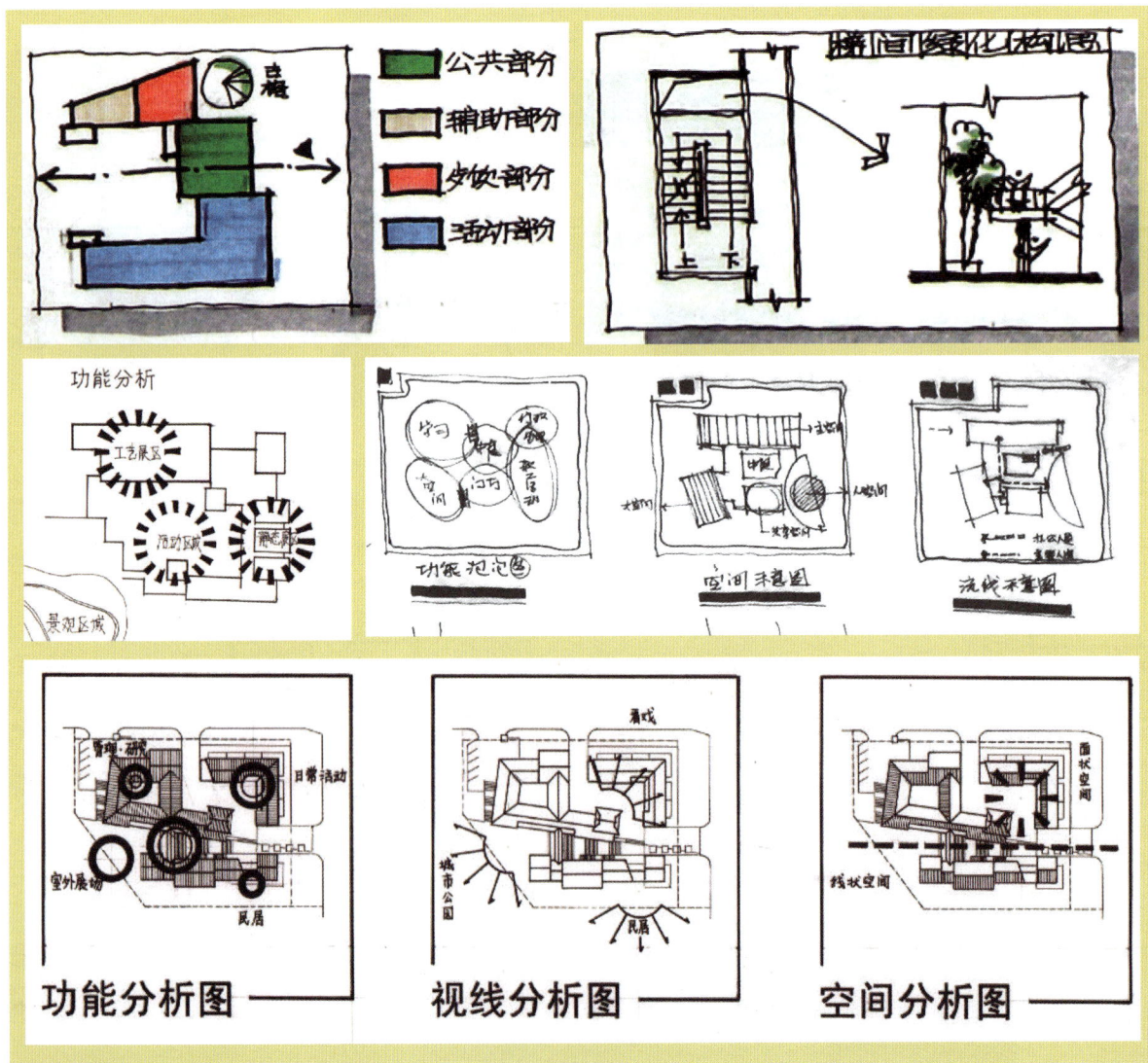

图 4-13 分析图

4.4.4 建筑快题设计中的配景

配景在建筑快题设计表达中起到了画龙点睛的作用。配景主要是为了多出几个层次来衬托建筑，并给定参照尺度，有时也起到生动画面的效果（图4-14）。配景分前、中、后三个层次，应该表达清楚，前景是常用模式，特别是近景树表现得好会为图面增色不少，而中景

图 4-14 建筑配景组合

丰富细致，远景概括（图 4-15）。配景多以绿色为主，辅以各种灰色系的调子调和，建筑设计细部色彩可以做点缀性的表达，是图面效果丰富而不是统一。前景人物可以使画面效果更生动（图 4-16）。立面配景还可以起到统一版面的效果。

图 4-15 植物配景

图 4-16 配景人物

4.4.5 文字说明

以文字表达突出你设计的构思、创意，即表达出你的设计特点。突出重点、简明扼要，还要将建筑功能布局、交通流线、景观分析等作文字化表达，文字要写得整齐，分成几个部分，每部分简要写几句说明要点即可，最好把设计说明打一个框更显整体。

经济技术指标也必须作说明，主要有：用地面积、总建筑面积、绿地率、容积率、建筑高度等，至少写明四点。经济技术指标概念要清晰，考试时基本准确即可，在平时应有意识地认真练习、熟悉计算，这样在考试时才能有效地控制尺度、节省时间。

设计标题几个大字往往在开始的时候就要想好写在什么地方，若写得不好对图面整体效果影响较大，多数考生对此不够重视。可用标题的字体很多，常用的是规规矩矩、简洁大方的美术字或工程制图字体，字体结构可以横细竖粗或横粗竖细。字体大小一般以图幅衡量，没有统一规定，但过大会喧宾夺主，过小又起不到作用，总之要图文协调。一般标题写在用铅笔打好的格子里面，尺寸控制在 4 ～ 6cm。虽然老师不会根据标题书写的好坏评分，但是丑陋甚至错误的字体肯定也会影响老师的判断（图 4-17）。

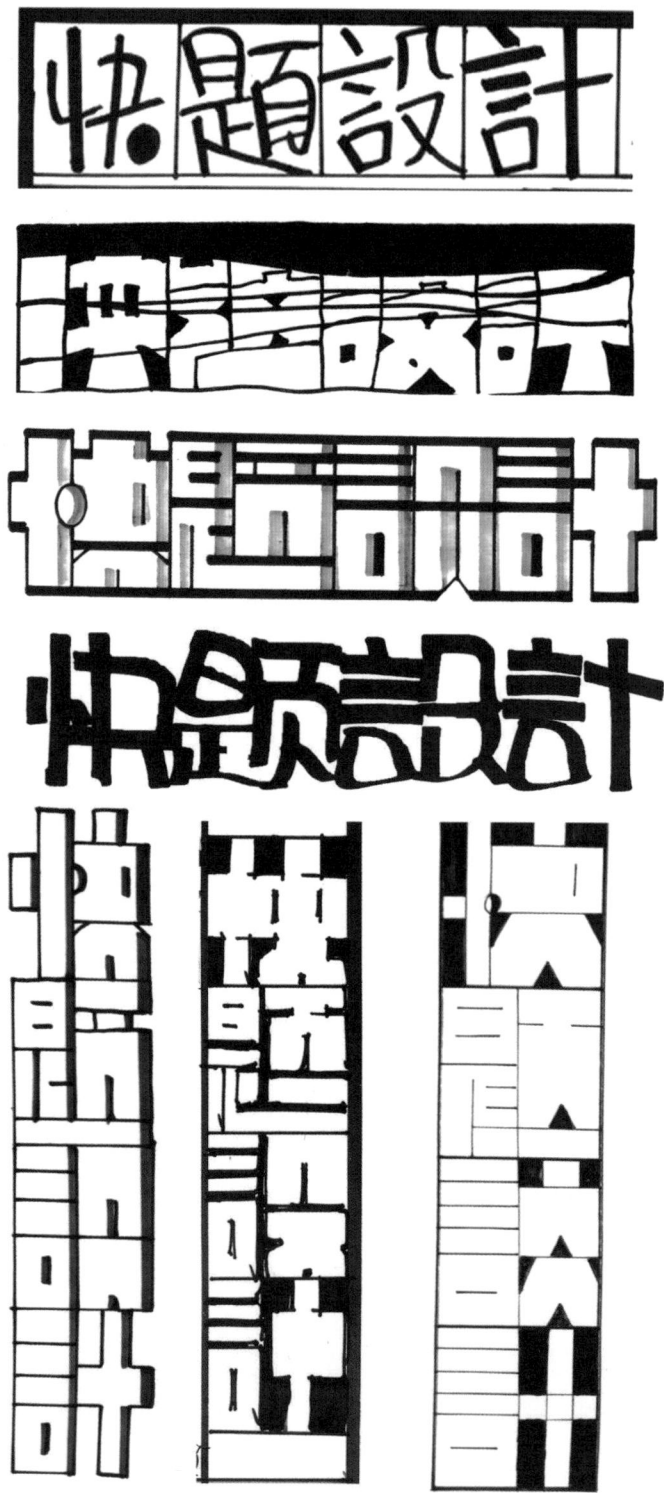

图 4-17 文字说明设计

第五章 建筑快题设计的常见类型与真题实例

5.1 博物馆、纪念馆建筑设计

5.1.1 总平面设计要点

（1）妥善选择馆区与城市道路衔接的主次入口位置，使之对外联系做到主入口能迎合观众主要人流方向，次要入口便于馆内人员和藏品的进出，且两者适当拉开距离，有利于建筑对外开放部分与馆内作业人员分量大功能区的布局。

（2）合理把握馆区用地的图（建筑）底（场地）关系，做到"图"的覆盖率不大于40%。建筑适当集中，且南北朝向为主。场地平面形状便于暗室内外功能分成若干区域，且有足够的馆前广场和停车场。

5.1.2 建筑方案设计要点

（1）根据用地出入口位置和总平面的图底关系是馆的展览陈列区、观众服务区、学术研究区、收藏保管区、行政管理区、设备后勤区六大部分的功能分区合理，是观众参观路线与藏品运送路线互不交叉。

（2）陈列室是博物馆、纪念馆的核心部分，主要解决好流线、光线、视线的设计问题。对于考试来说，重点是如何处理好陈列室的流线设计问题，这涉及陈列区与陈列厅的布置形式，主要有：串联式、放射式、大厅式（图5-1）。

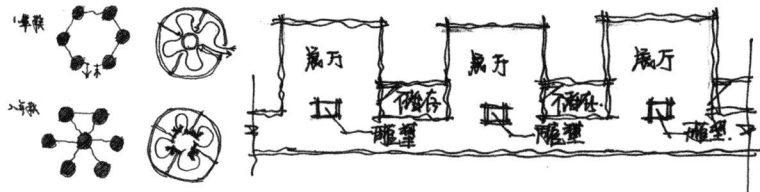

图 5-1 展览类建筑流线组织

（3）上述各陈列方式其人流组织要合理、路线要简洁，防止逆行和阻塞，并安排好观众休息场所（图5-2）。

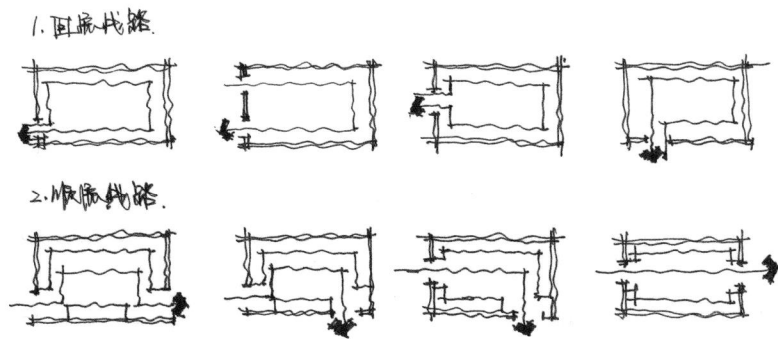

图 5-2 陈列室入口及人流组织

（4）陈列室开间不小于7m，跨度当陈列室为单线陈列时不应小于7m，当双向陈列时不应小于10m。陈列室一般净高4～6m（图5-3）。

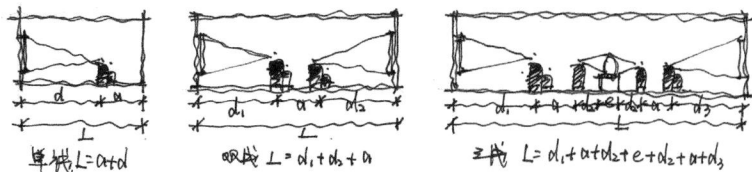

图 5-3 陈列室视线分析图

（5）藏品库区内不应设置其他房间，每间藏品库房面积不宜小于50m²，单独设门（图5-4）。

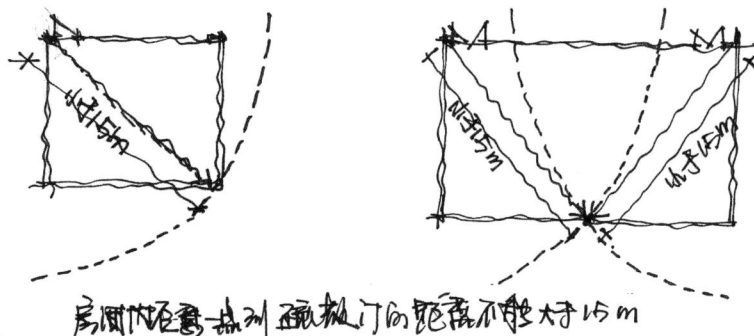

图 5-4 藏品库区面积分析图

（6）藏品库房尽量少开窗，以免阳光射入和温湿度变化较大（图5-5）。

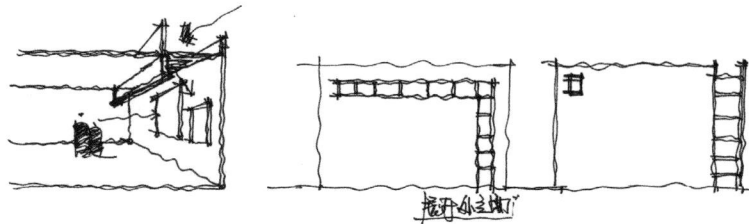

图 5-5 展厅采光分析图

（7）藏品库房应接近陈列室布置。

（8）垂直交通设施的布置应便于观众的连续性和顺序性。

（9）博物馆、纪念馆建筑应符合城镇文化的设计要求，并反映所在地区建筑艺术、科学和文化发展的先进水平，要全面体现设计新意。

5.1.3 真题实例分析

城市博物馆

1. 场地条件

长江中下游某滨水区，形成于 19 世纪 20 世纪初。根据该区历史形成的风貌特点，结合该城市发展的需求，此区最终被规划部门确立为商业及文化休闲区，以提供市民及外来游者休闲、观光、购物之场所。城市博物馆建设场地参见"用地红线图"，建筑后退红线距离可以根据城市景观、场地交通及相关规范的一般要求自行控制。

2. 建筑主要功能

城市博物馆主要为市民及来访者提供展示改城市历史文化、民俗风情、著名人物及历史事件等场所。

内容包括：

陈列区：基本陈列室、专题陈列室、临时展室、室外展场、进厅、报告厅、接待室、管理办公室、观众休息处、厕所等。藏品库区：库房、暂存库房、缓冲间、制作及设备保管室、管理办公室。技术和办公用房：鉴定编目室、摄影室、消毒室、修复室、文物复制室、研究阅览室、管理办公室、行政库房。观众服务设施：纪念品销售及小卖部、小件寄存所、售票房、停车场、厕所等。

总建筑面积：为 $4000m^2$ （ $\pm 100m^2$ ）

3. 成果要求

总平面图：1:500，附必要的说明文字或注释。

各层平面图：1:200，应注轴线尺寸及总尺寸，各层面积。附必要的说明文字或注释。

主要立面图：1:200，两个以上，应注关键位置标高，附必要的说明文字或注释。

剖面图：1:200，应注关键位置标高，附必要的说明文字或注释。

外景透视图：不小于 A4 大小。

8. 用地范围内建筑退红线各边均为 10 米。

图幅及用纸：A2 拷贝纸。

图纸绘制：徒手或工具线条，表现方法不限。

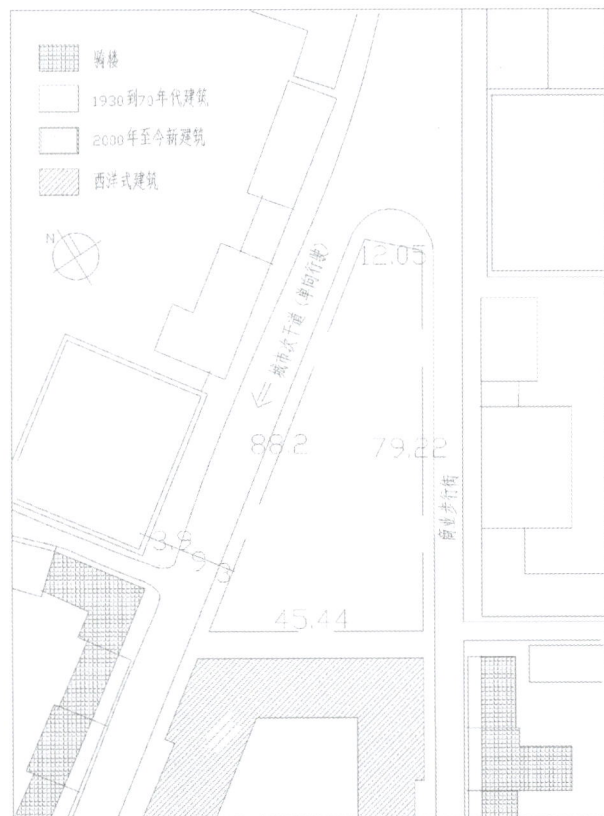

城市博物馆

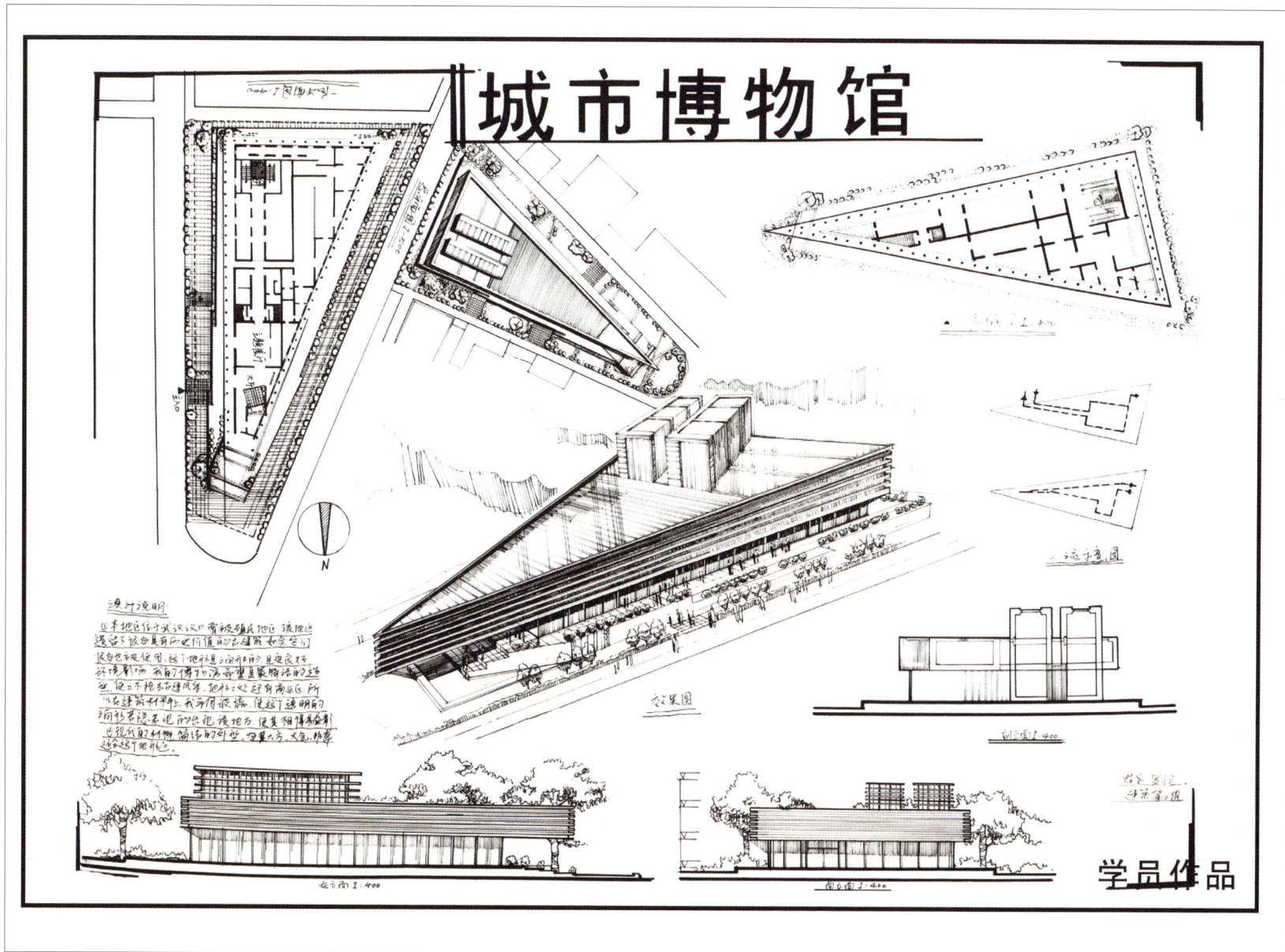

学员作品

实例5.1.3-1

作　者	罗珍
学　校	华中科技大学
作业时间	6小时
图纸尺寸	1号图纸
学习时间	2012绘世界暑期

设计评析

　　该方案平面布局顺应地形及周边环境条件。建筑内部空间丰富，流线基本合理。但图中没有文字标注各个房间名称，表达不清，试卷考试一大忌。建筑造型追求简洁大方，但南北跨度过长，北面造型过于尖锐，内部空间浪费过多。主入口广场太小，应适当扩大。版面不够紧凑有序，稍显凌乱，可以三角形为元素进行构成设计，这样建筑与版面融为一体。立面和透视图表现严禁，通过灰色马克笔线条快速表现投影，空间关系表达清楚。设计说明和标题缺乏设计感。

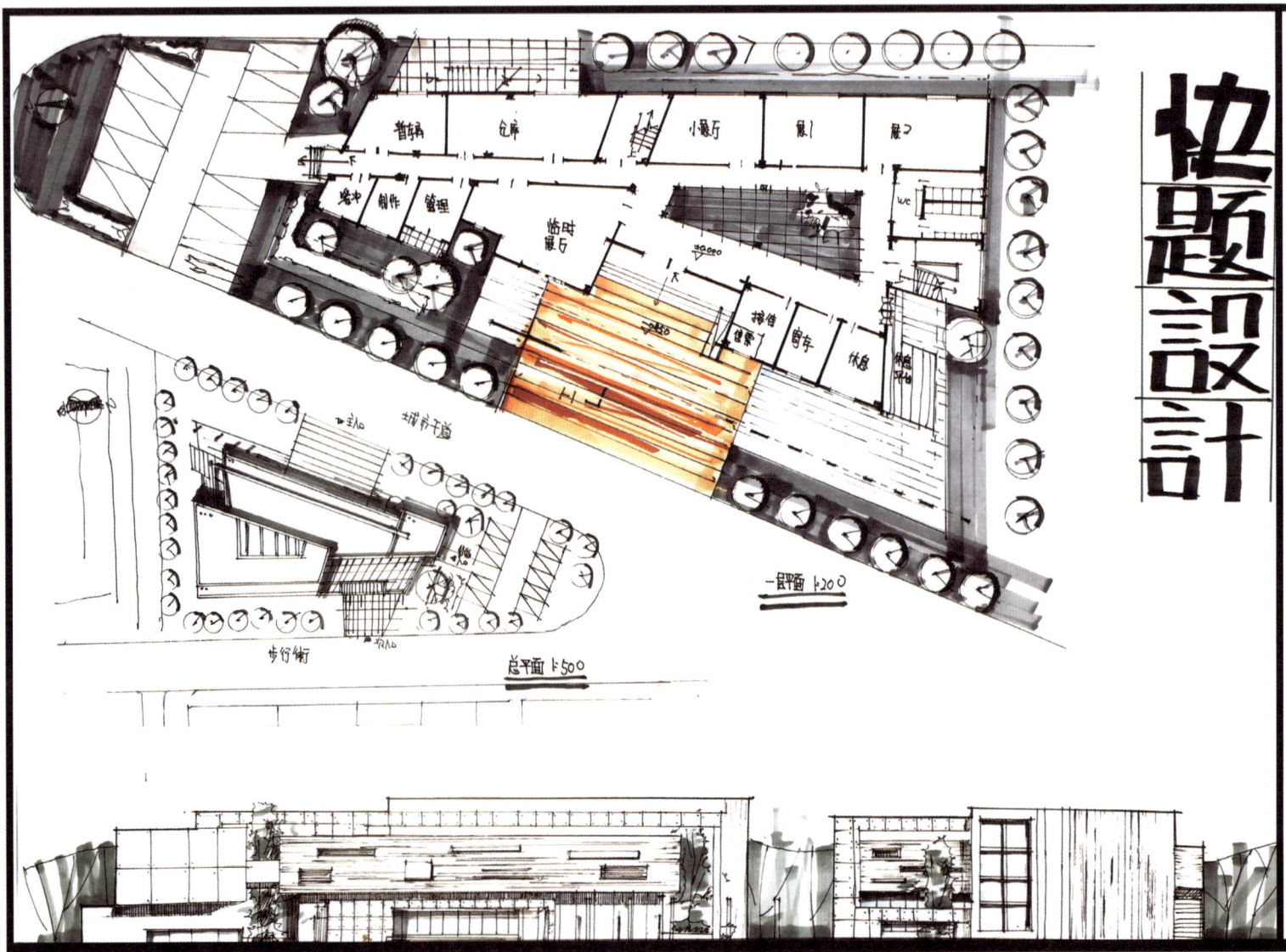

协题设计

一层平面 1：200

总平面 1：500

实例5.1.3-2

作　　者	时楠
学　　校	东南大学（原华中科技大学）
作业时间	6小时
图纸尺寸	1号图纸
学习时间	2012绘世界暑期

设计评析

该方案较为出彩，总平面顺应场地布局，功能分区尚可，但展览的功能和流线设计上尚存在一些不足之处，例如：展厅分一二层设计，但交通没有跟上，特别是楼梯的分布欠妥，两步楼梯均不和门厅有直接联系，对二楼的参观流线引导性不强；二层没有藏品库房和库房专用货梯，不便于布展；首层缓冲间应与藏品库房紧邻。图面表达清晰完整，立面设计也符合博物馆性格，并做了材质却分，效果图远中近景表现到位。

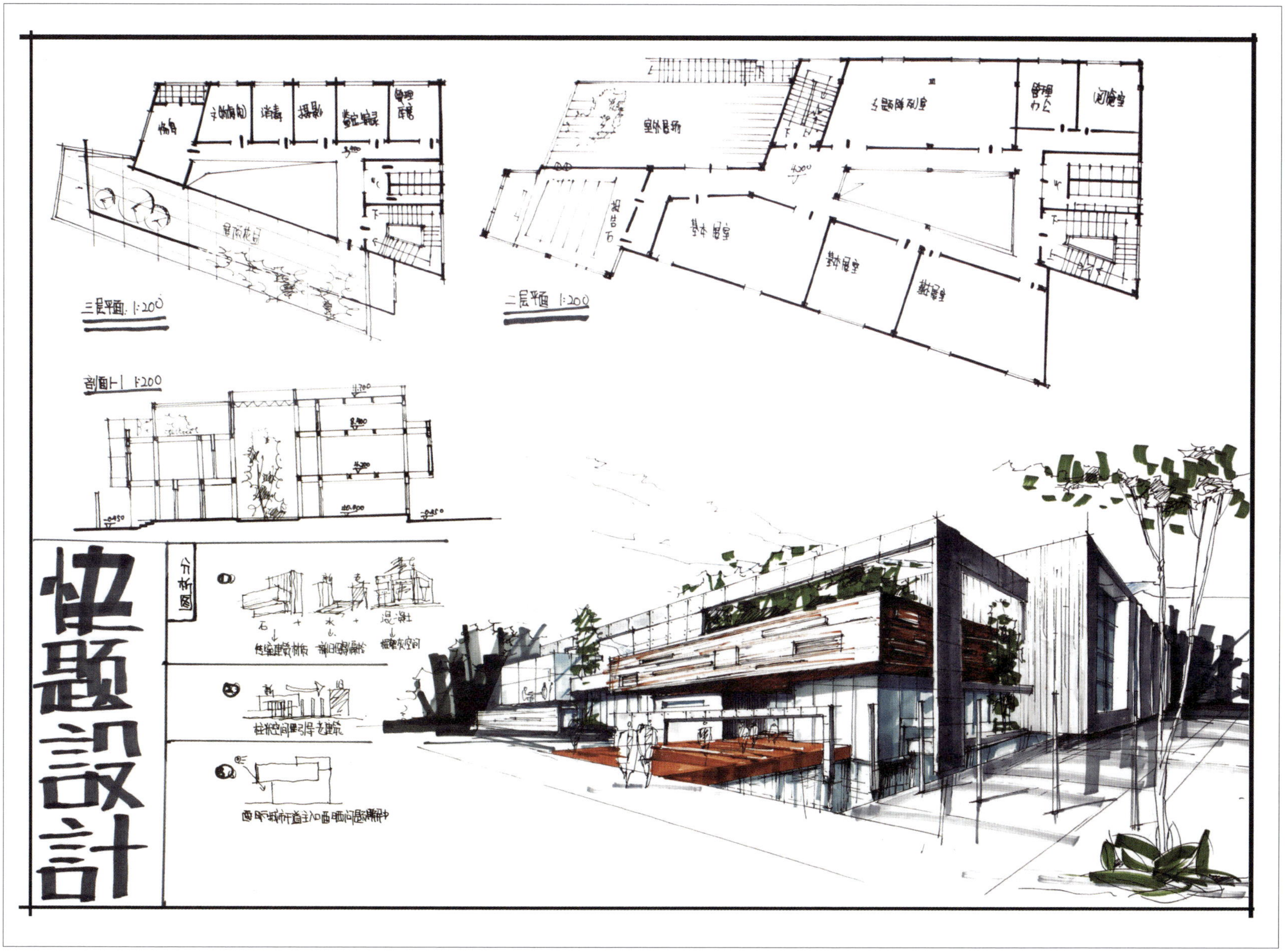

三层平面 1:200

二层平面 1:200

剖面1 1:200

专题设计

实例5.1.3-2

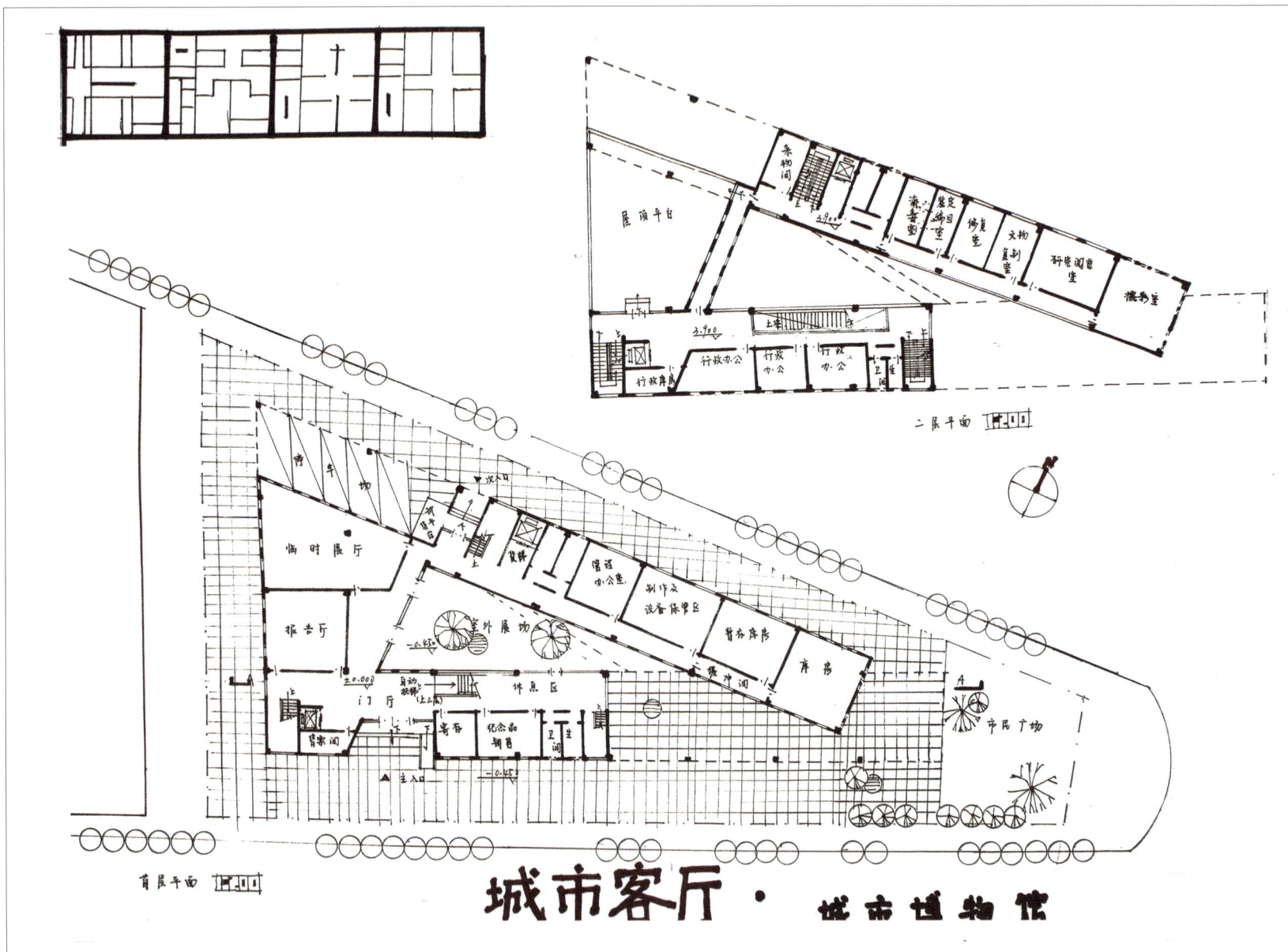

标 题 设 计

二层平面

首层平面

城市客厅· 城市博物馆

实例5.1.3-3

作　　者	肖路
学　　校	天津大学
作业时间	6小时
图纸尺寸	1号图纸
学习时间	2012绘世界暑期

设计评析

　　本快题用铅笔黑白表现，处理到位，可以让阅卷老师眼前一亮，如果能再加强图面黑白关系的对比更佳。图面清晰，细节标注详尽。设计方面中规中矩，功能流线较合理，但需要注意一些狭长走道应尽量避免。货梯与库房流线太长，应处理两者之间距离问题，二层应形成环形流线便于疏散，外立面建筑效果图造设计和表达有一定的可取之处,外立面虚实对比强烈，主入口留下了虚面，有利于强调入口空间的引导性。

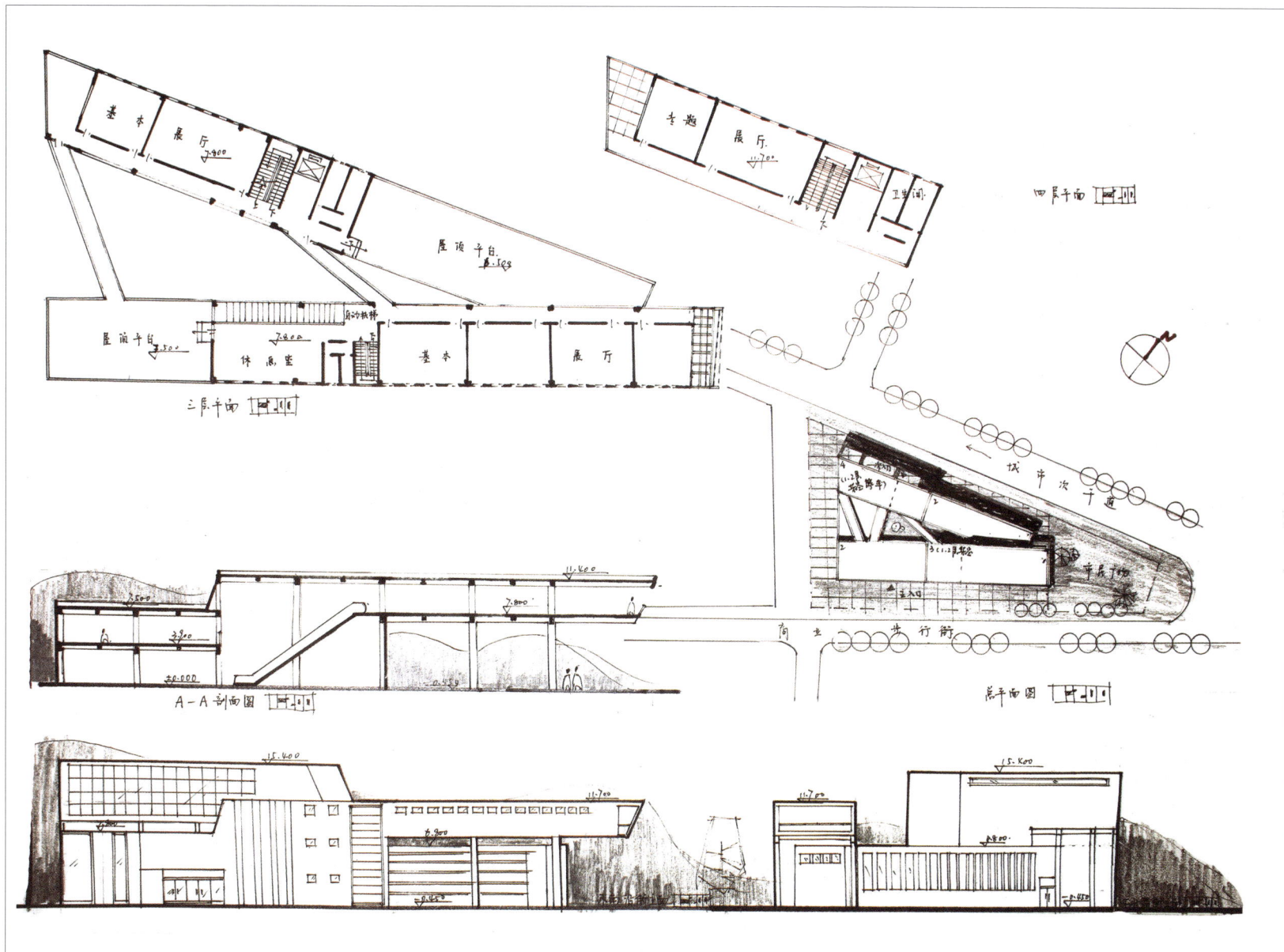

实例5.1.3-3

作 者	**肖路**
学 校	天津大学
作业时间	6小时
图纸尺寸	1号图纸
学习时间	2012绘世界暑期

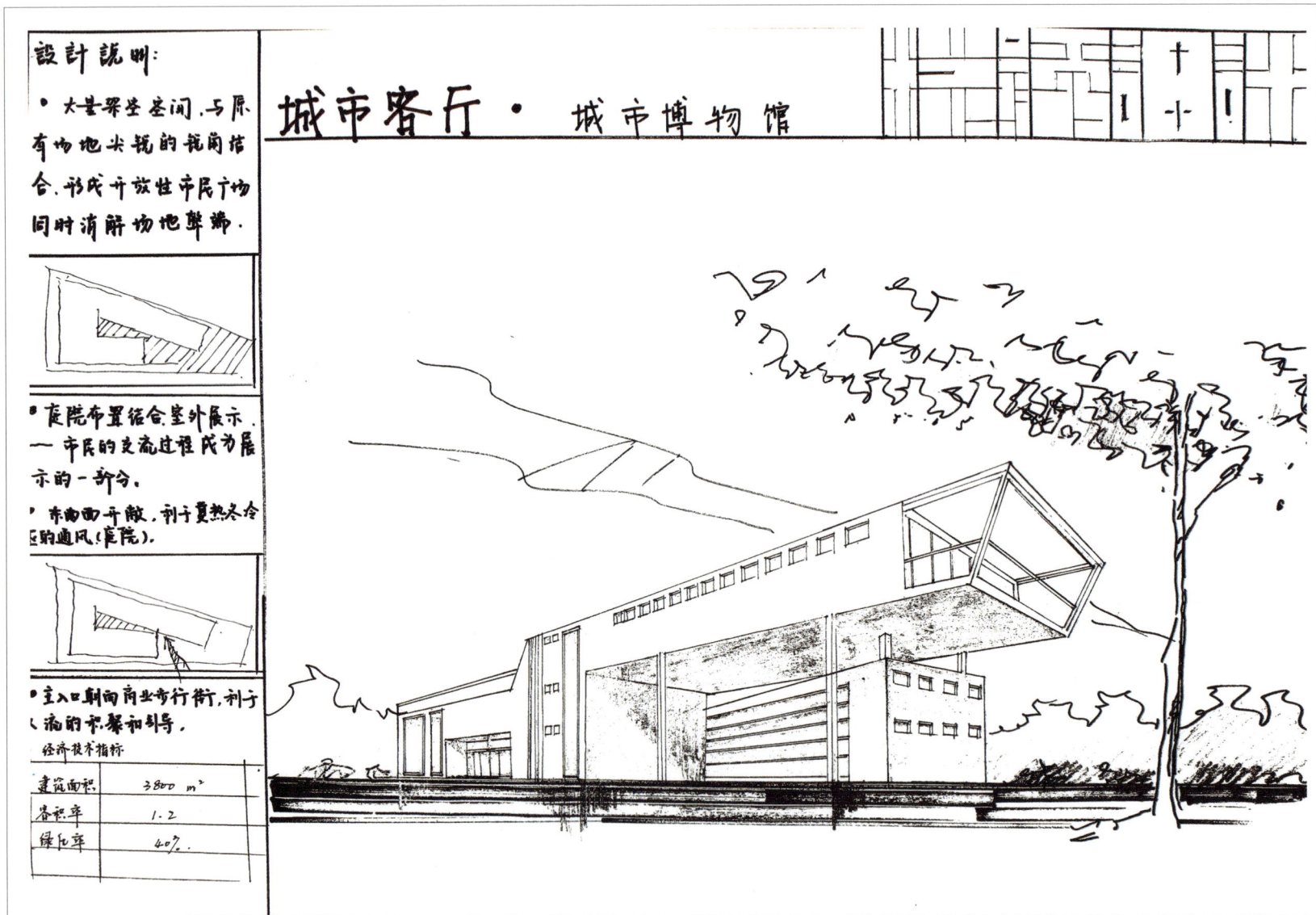

设计说明：

• 大量架空空间，与原有场地尖锐的锐角结合，形成开放性市民广场同时消解场地弊端。

• 庭院布置结合室外展示，市民的交流过程成为展示的一部分。

• 东南面开敞，利于夏热冬冷区的通风（庭院）。

• 主入口朝向商业步行街，利于人流的东聚和引导。

经济技术指标

建筑面积	3800 m²
容积率	1.2
绿化率	40%

城市客厅 · 城市博物馆

实例5.1.3-3　　　**设计评析**

　　本快题用铅笔黑白表现，处理到位，可以让阅卷老师眼前一亮，如果能再加强图面黑白关系的对比更佳。图面清晰，细节标注详尽。设计方面中规中矩，功能流线较合理，但需要注意一些狭长走道应尽量避免。货梯与库房流线太长，应处理两者之间距离问题，二层应形成环形流线便于疏散，外立面建筑效果图造设计和表达有一定的可取之处，外立面虚实对比强烈，主入口留下了虚面，有利于强调入口空间的引导性。

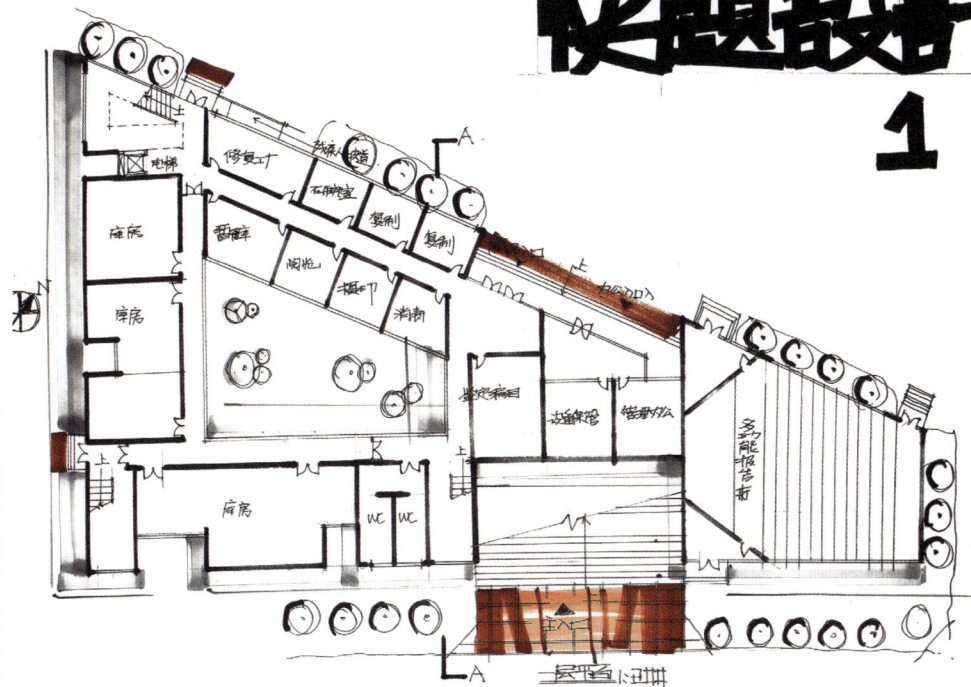

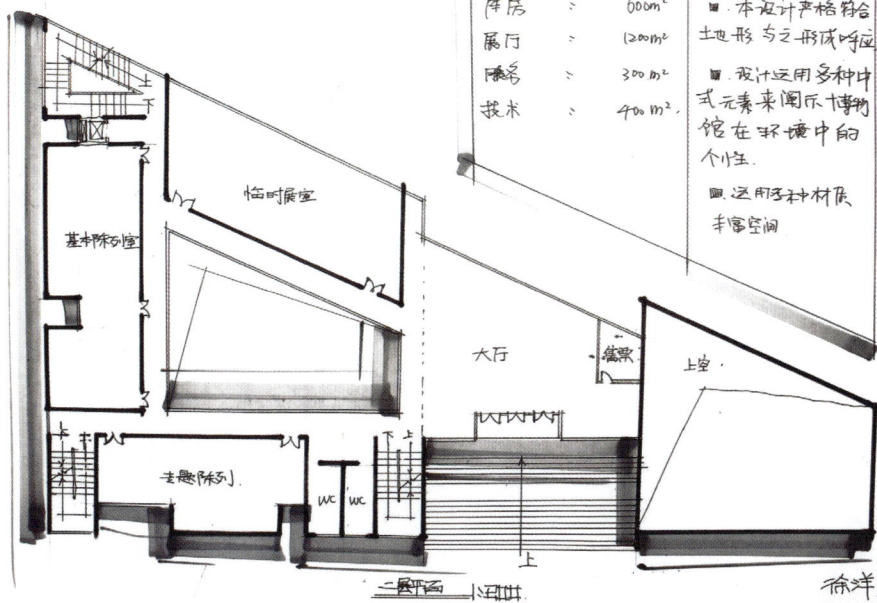

实例5.1.3-4

作　者 徐洋
学　校 武汉工业学院
作业时间 6小时
图纸尺寸 1号图纸
学习时间 2012绘世界暑期

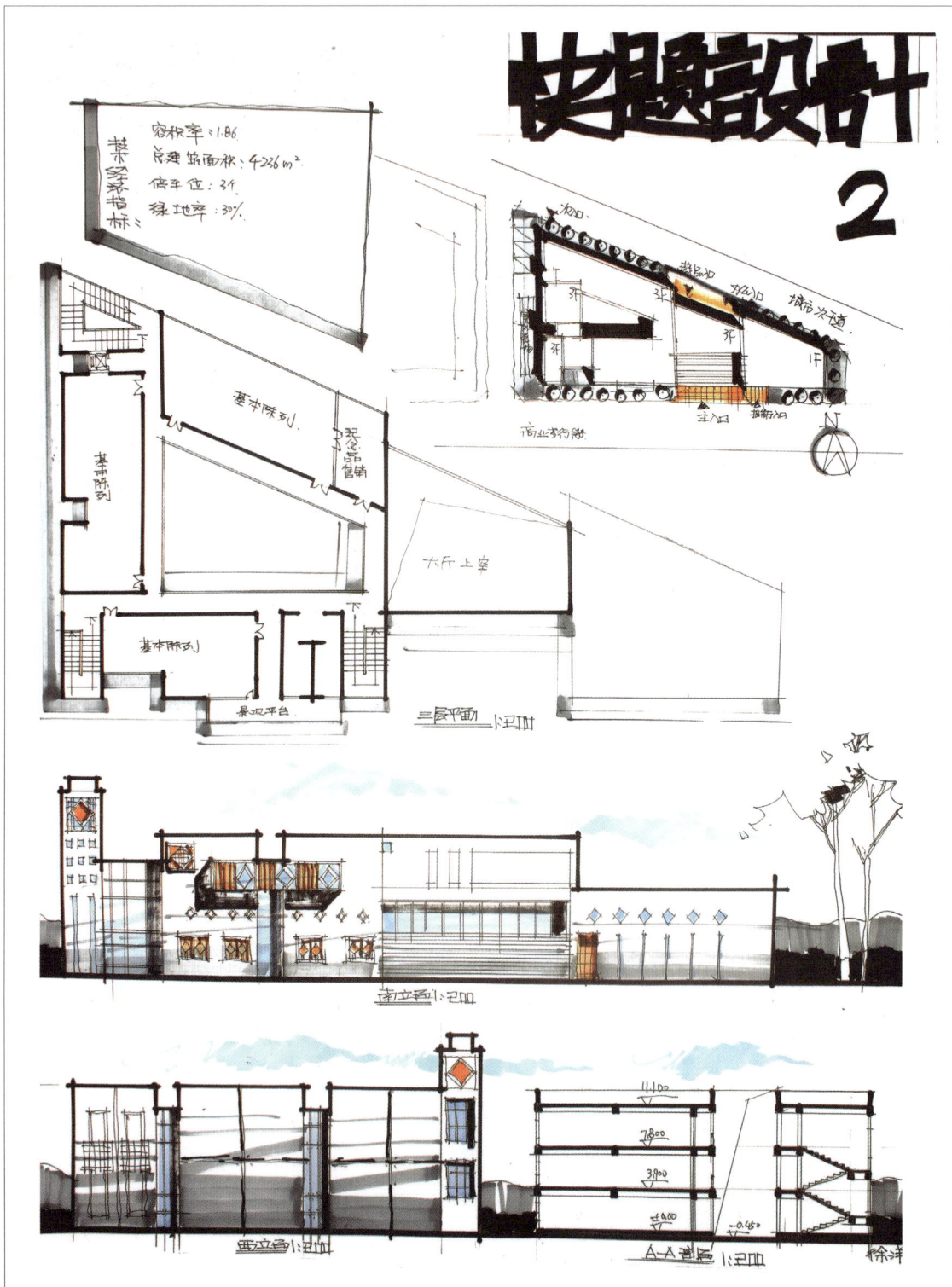

快题设计 2

容积率：1.86
总建筑面积：4266 m²
停车位：3个
绿地率：30%

主要经济指标

基本陈列

纪念品售销

基本陈列

大厅上空

基本陈列

景观平台

三层平面 1:200

商业街

加工 裁剪 加工 加工 城市步道

库

死 死 1F

主入口 搬运入口

N

实例5.1.3-4

南立面 1:200

西立面 1:200

11.100
7.800
3.900
±0.00
-0.450

A-A剖面 1:200

徐洋

设计评析

评析：本设计讲藏品流线和参观流线做了明确有序的区分，也考虑到了藏品在楼层间垂直运输的问题，值得称道。多功能厅、管理办公、藏品库房三者缺乏必要的联系。多功能厅的不规则扇形平面不够合理，有待调整。图面很规整，但是缺乏更有机的整合，尤其图三留白过多，可以通过填充分析图等解决。表现技法成熟，自成一格，立面设计也有趣味性。

实例5.1.3-4

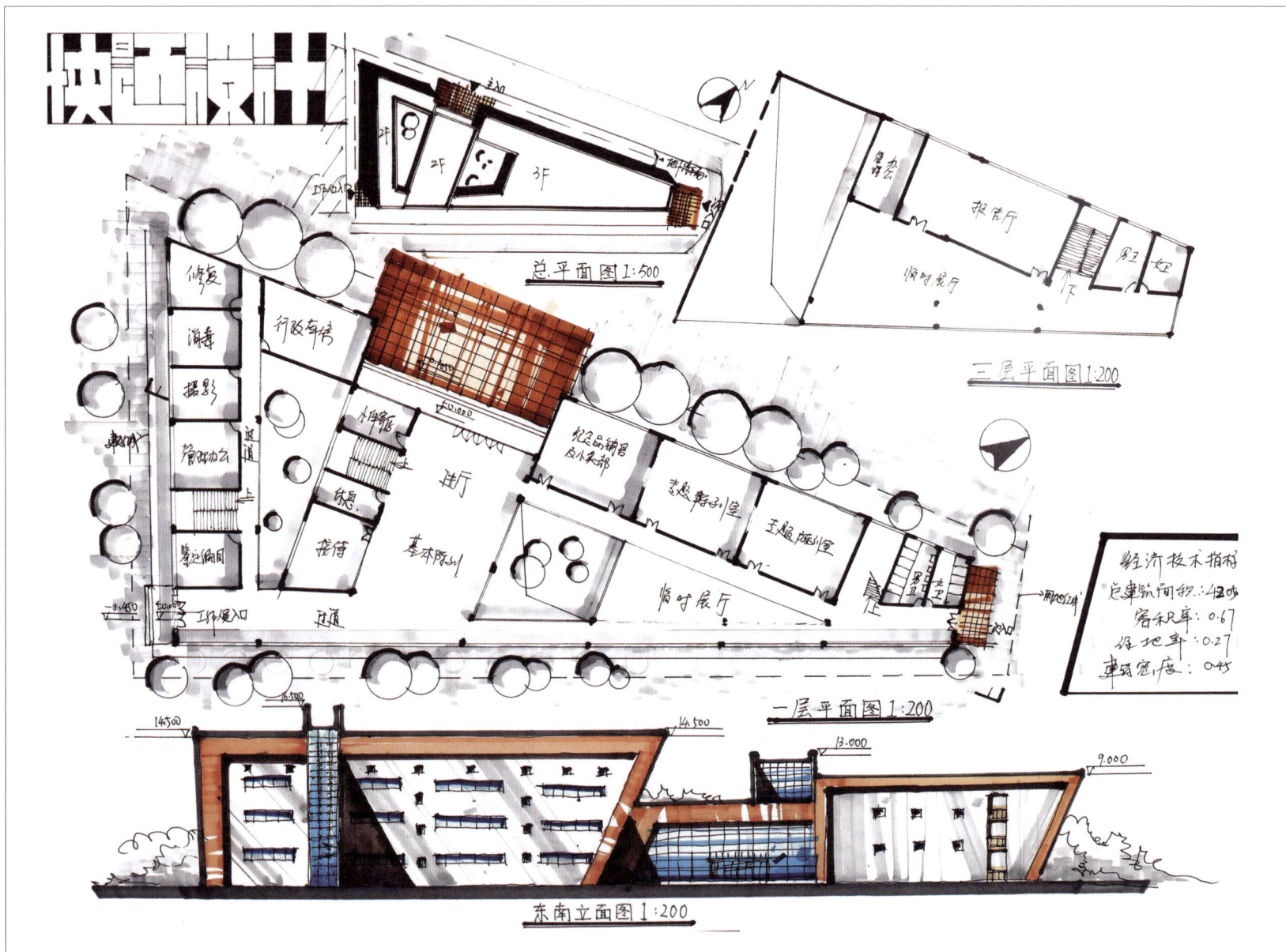

总平面图 1:500

三层平面图 1:200

一层平面图 1:200

东南立面图 1:200

经济技术指标
总建筑面积：43㎡
容积率：0.67
绿地率：0.27
建筑密度：0.45

实例5.1.3-5

设计评析

作　者	张力文
学　校	湖南理工学院
作业时间	6小时
图纸尺寸	1号图纸
学习时间	2012绘世界暑期

本设计有效的利用了地块，但没有充分考虑场地的容积率及绿化率，出现一些如：没有停车场，入口集散空间拥挤等问题。交通流线虽然考虑到了行人的流线，但对藏品的编目，修复，入库，布展等流线没有考虑周全，尤其是没有设置有效的藏品库。临时展厅设计为开放的通过式空间不妥。

整个建筑造型统一，立面处理较为新颖。效果图透视不够准确。

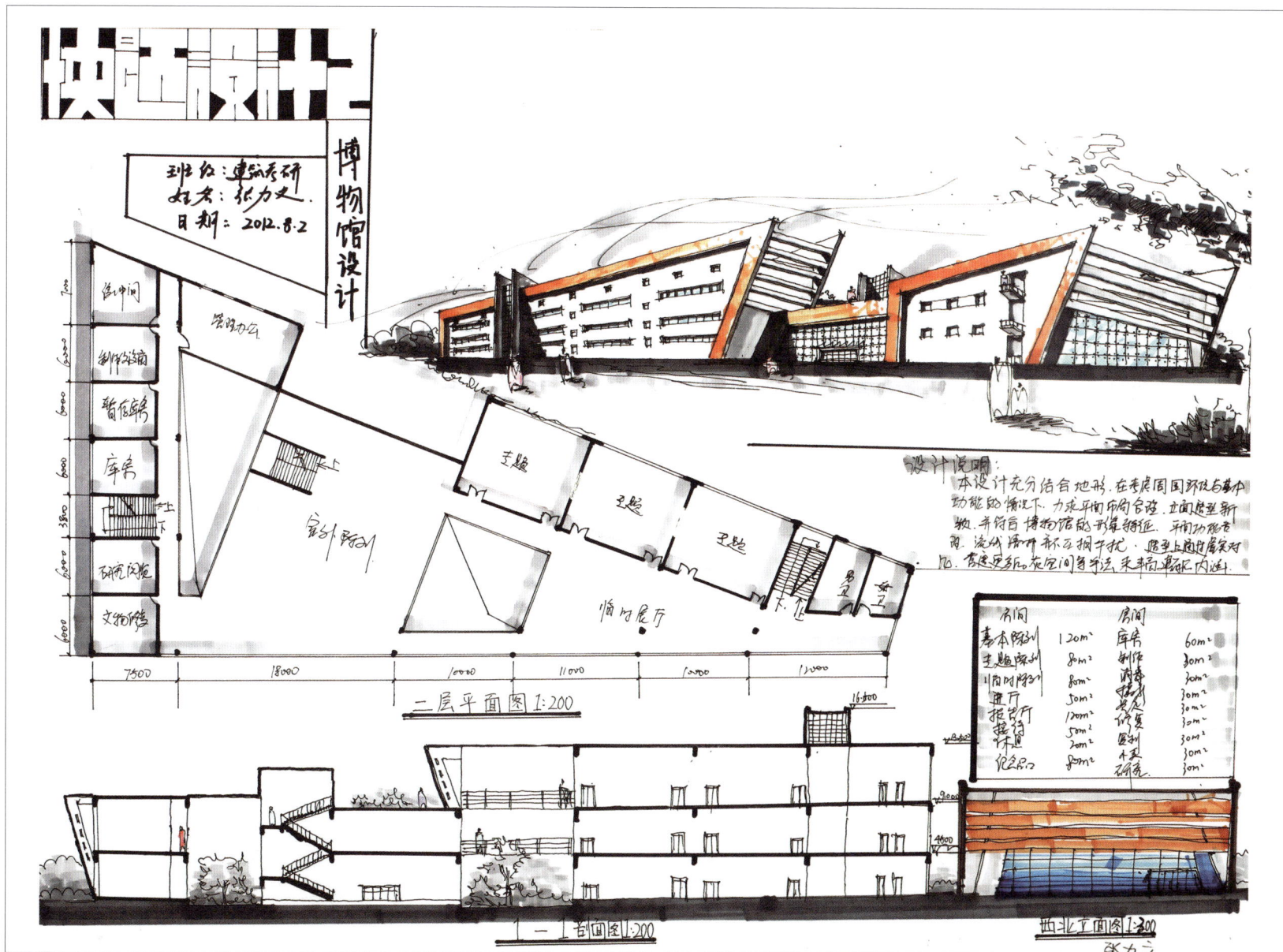

班级：建筑考研
姓名：张力文
日期：2012.8.2

博物馆设计

二层平面图1:200

设计说明：
本设计充分结合地形,在考虑周围环境与整体功能的情况下,力求平面功能合理,立面造型新颖,并符合博物馆的形象特征,平面功能合理,流线清晰并不互相干扰,楼梯上顶开层疏对流,高度更灵活,充分利用平送,来丰富、取优内透。

房间		房间	
基本陈列	120m²	库房	60m²
主题陈列	80m²	制作	30m²
临时陈列	80m²	消毒	30m²
门厅	50m²	技术人员	30m²
接待厅	120m²	设计室	30m²
接待室	50m²	图书室	20m²
讲座	20m²	科学研究	30m²
纪念品	80m²		

1—1剖面图1:200

西北立面图1:300
张力文

实例5.1.3-5

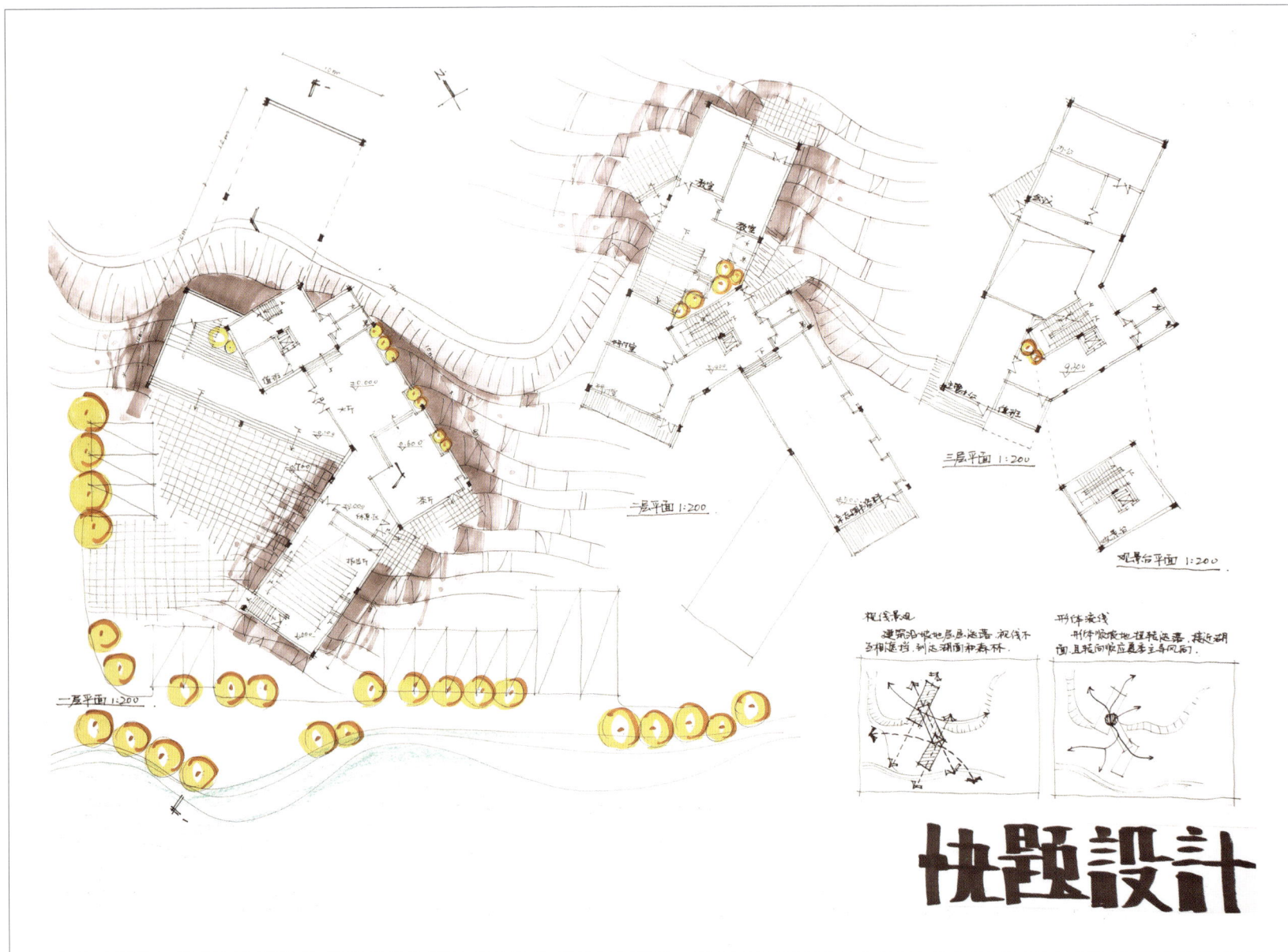

二层平面 1:200

一层平面 1:200

三层平面 1:200

观景台平面 1:200

视线景观

形体流线

快题设计

实例5.1.3-6

作　　者　张琳琦
学　　校　同济大学
作业时间　6小时
图纸尺寸　1号图纸
学习时间　2012绘世界暑期

设计评析

　　本作品设计新颖，体块空间穿插感强烈，建筑内部空间丰富，但也导致了部分交通流线不够清晰的问题。总平面设计基本合理，但规划尚欠细致，室外停车场不够集中，不便管理，车行入口不明确。

　　图面表达较整体，表现方面大胆的用了较亮的黄色，风格独特，但因为处理手法不够娴熟使图面有些不稳重。

设计说明

　　充分利用临湖的坡地,建筑形体依地形而顺面退落,且形体转扭顺应夏季东南风,建筑材质使用玻璃,与旧城区建筑材质相呼应。

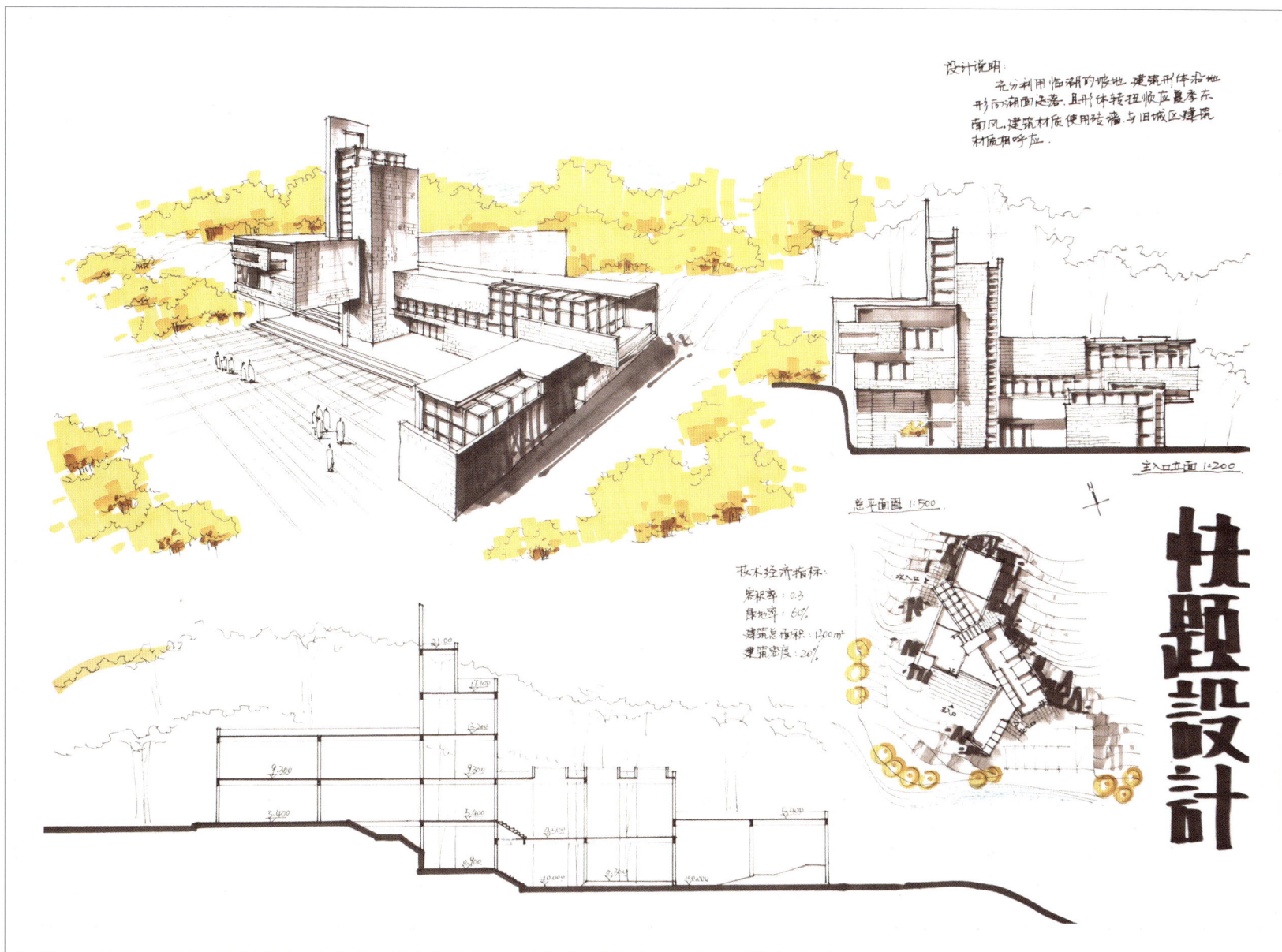

主入口立面 1:200

总平面图 1:500

技术经济指标:
容积率:0.3
绿地率:60%
建筑总面积:1200m²
建筑密度:20%

快题设计

实例5.1.3-6

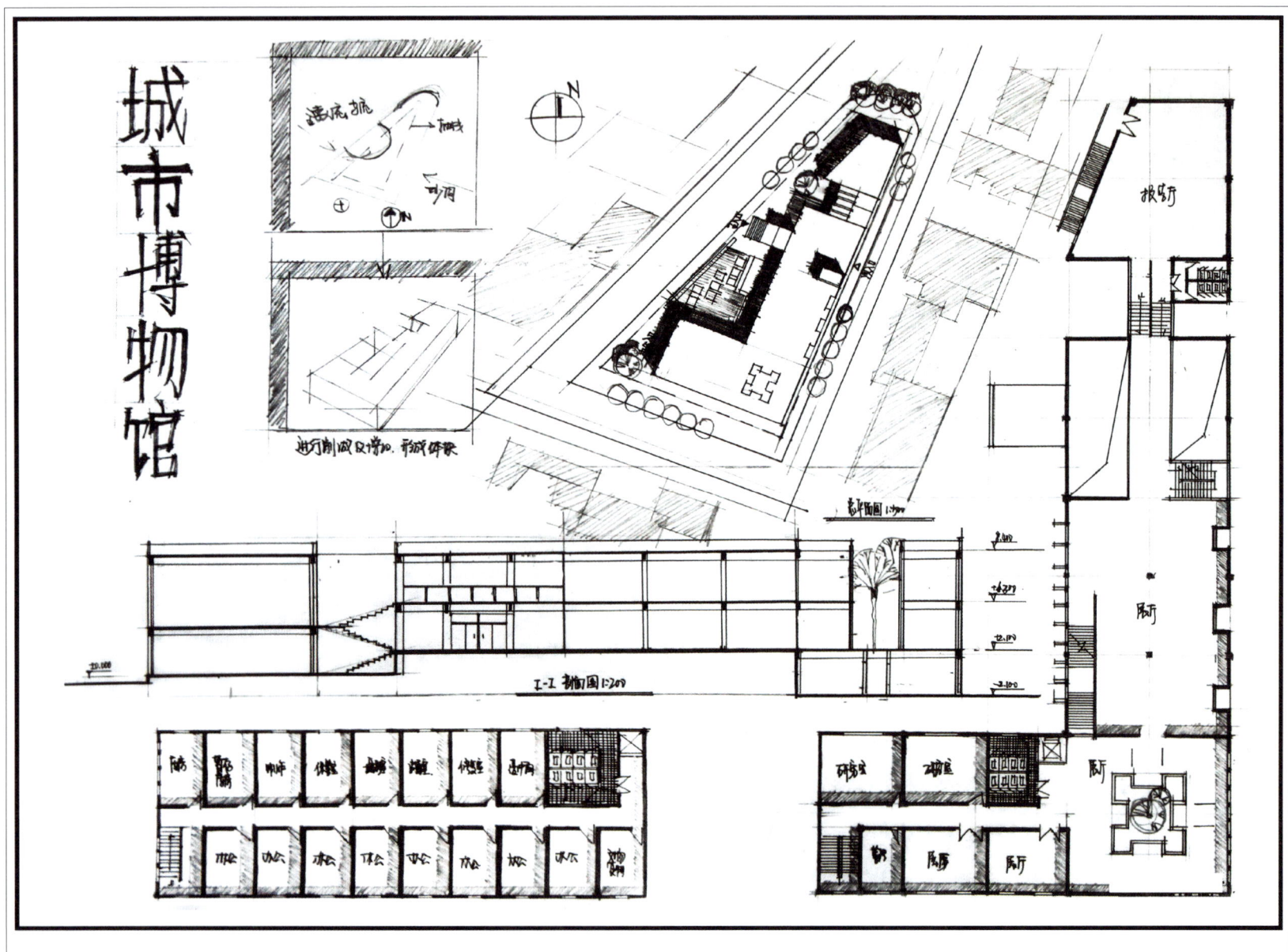

城市博物馆

实例5.1.3-7

作　　者 李次树
学　　校 内蒙古科技大学
作业时间 6小时
图纸尺寸 1号图纸
学习时间 2010绘世界暑期

设计评析

平面布局能顺应三角形特殊地形。功能布局合理，内部空间丰富，交通流线明确。展厅、办公、报告厅等主要空间的出入口明显。首层报告厅疏散口向外开启便于疏散。报告厅属于无中柱大空间，所以二层不应设置其他房间。办公流线太长，空间单一。男卫生间应设计小便斗。

版面构图匀称。采用单色素描表现，图面黑、白、灰关系明确，层次表达丰富。透视效果图采用局部表现，立体感强，但未能主入口关系。

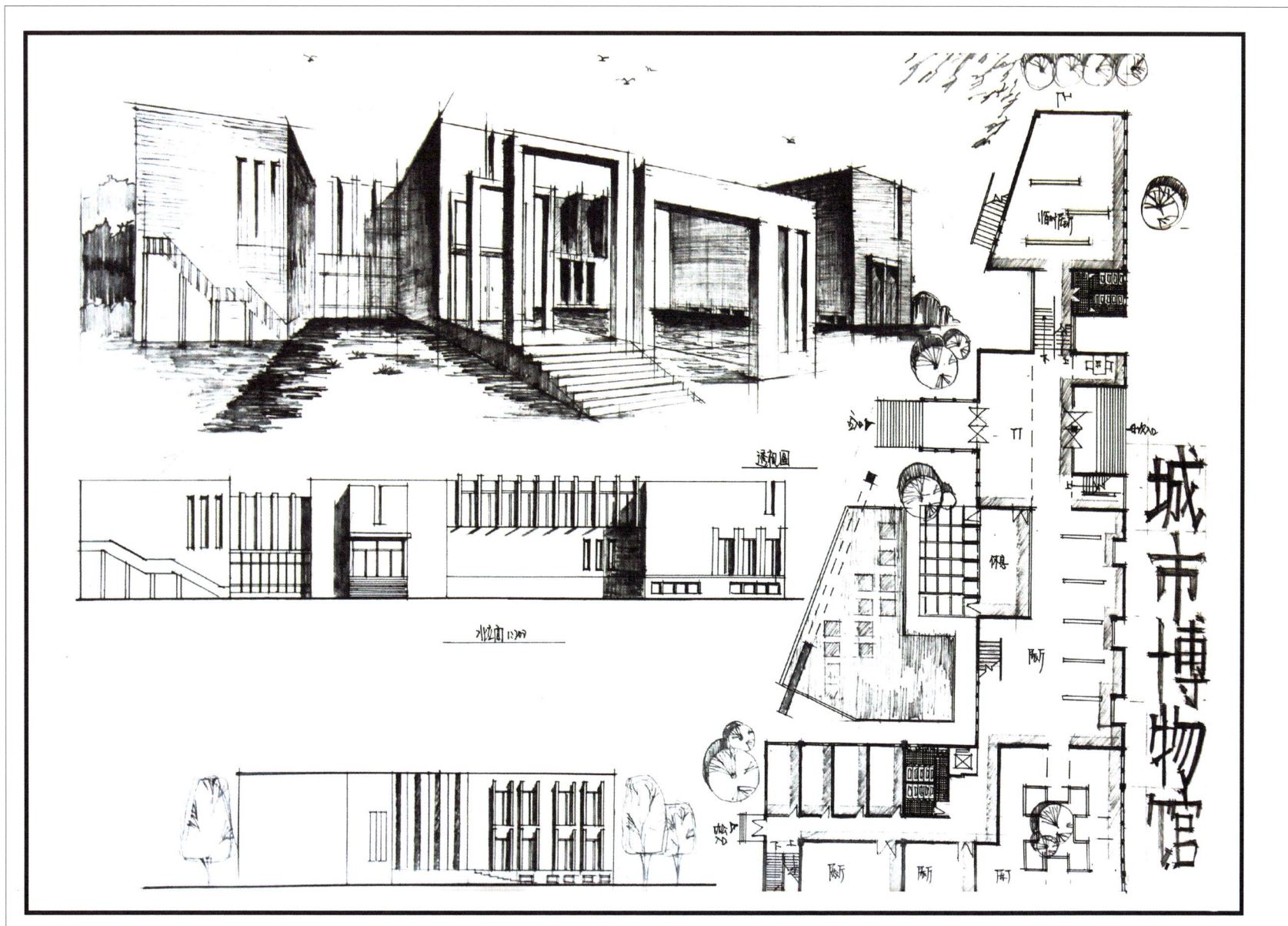

城市博物馆

实例5.1.3-7

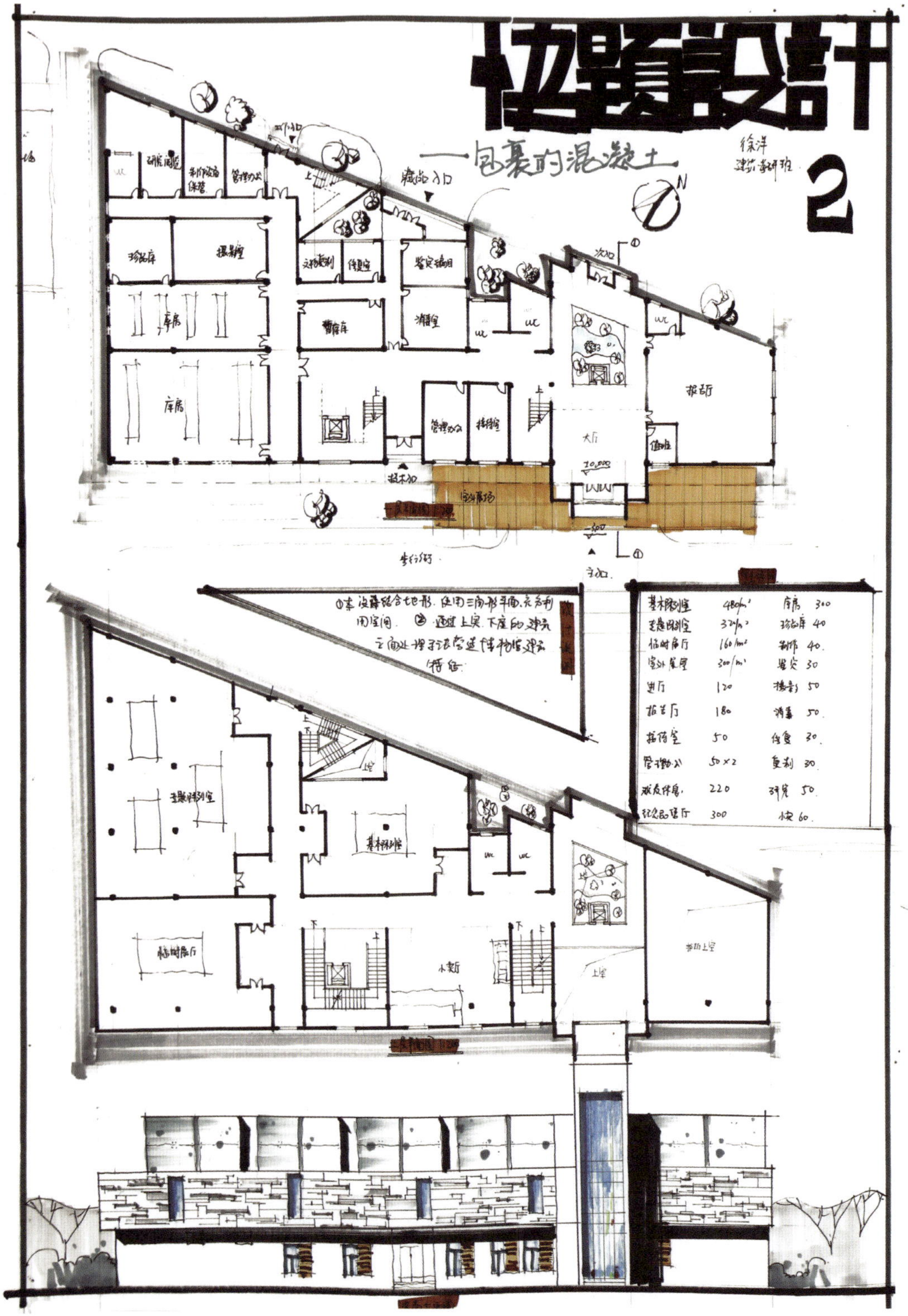

实例5.1.3-8

作　　者 徐洋
学　　校 武汉工业学院
作业时间 6小时
图纸尺寸 1号图纸
学习时间 2011绘世界暑假

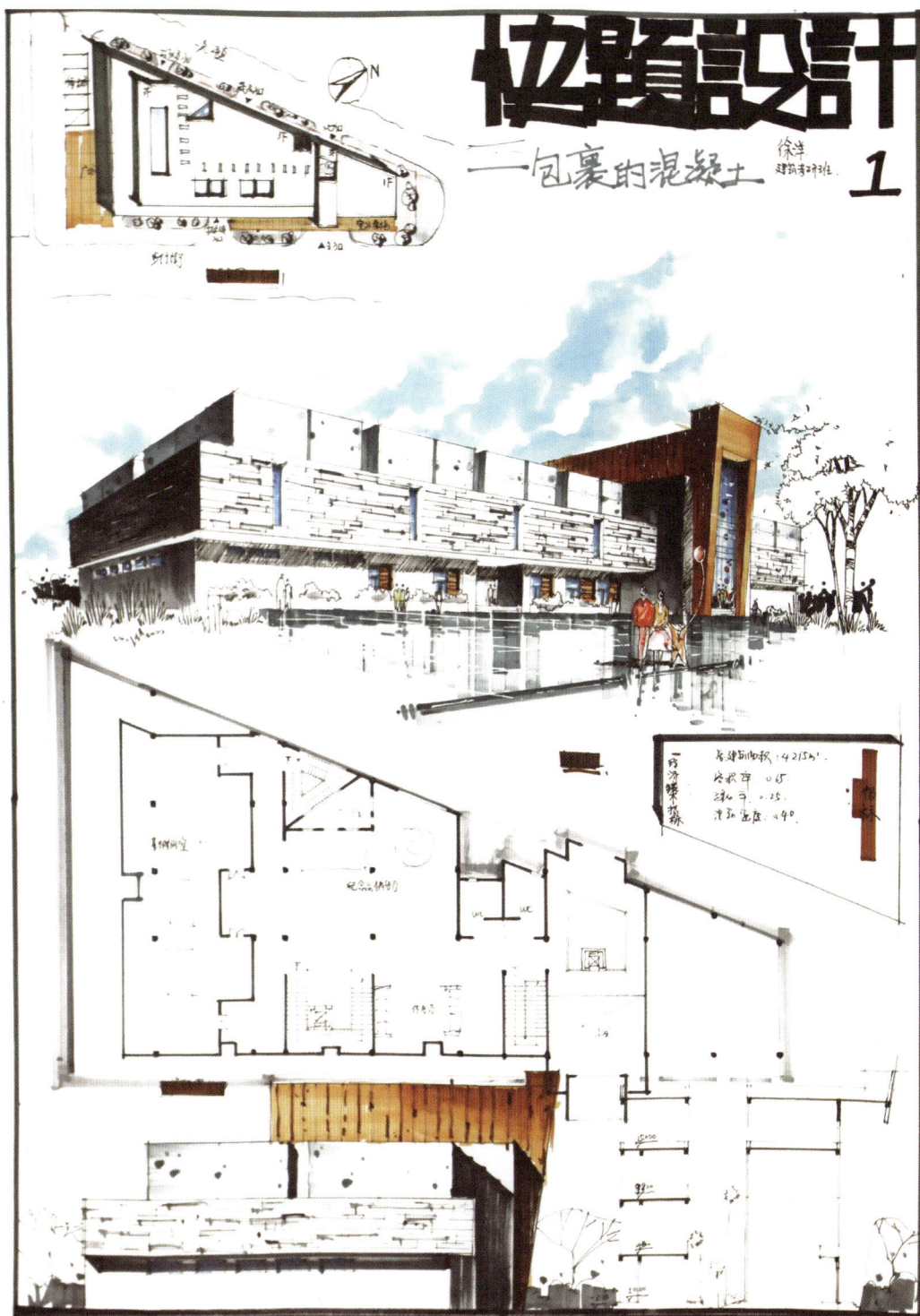

快题设计

一包裹的混凝土

徐洋
建筑考研班

1

设计评析：

总平面设计充分考虑到地形高差问题，建筑布局主要采用两个南北单体，以廊连接组成资讯中心不仅消化高差而且功能分区明确。但连廊形式过于曲折复杂反而破坏了建筑完整性。主入口广场向西迎合主要人流方向，次入口面湖水向南流线设计合理，两个停车场应合为一个便于管理。报告厅距离出入口流线过长，应设置在入口附近，有利于单独对外使用。建筑整体采用坡屋顶造型，地方特色明显，形体组合错落有致。

表现方面色调统一，徒手线条熟练，层次丰富，但背景植物表现草率。

5.1.4 真题实例分析
宋玉纪念馆设计

一、设计题目

宋玉纪念馆

二、设计条件

1. 场地条件：本项目位于湖北襄樊宜城旧城区某处，北面紧邻城市规划道路，周围多为低层与多层混杂的居住建筑。场地中发掘出古井一口，井口直径1200mm，低于旁边自然地面标高1000mm。场地详情见地形图(附图一)。

2. 建筑总体要求：宋玉为战国时期楚国著名诗人，其文赋几可以与屈原并肩，建筑不要求为仿古建筑，但要求反映一定的古韵及宋玉辞赋一定的意境特色。建筑结合市民活动功能，并作为旅游参观景点使用。

3. 规划要求：建筑后退城市规划道路红线3m以上；容积率控制在0.5以下；建筑密度控制在50%以下；绿地率控制在40%以上。机动车停车位10个，自行车车位30个。

4. 功能与面积要求：场地中设置宋玉抽象雕塑一尊，宋玉辞赋(六篇)铭刻墙一面(或多面)。总建筑面积控制在1000-1500m² 。其中书店一间，100m²左右；茶室一间，200m²左右(营业面积)；报刊杂志阅览室一个，100m²左右(储藏室面积自定)；多功能报告与演奏厅一个，200 m²左右；办公室一间，20m²左右；卫生间50m²左右。其它相关功能自定。其它相关面积自定，室外活动场地自定。

三、设计成果要求

2号图纸一张，要求完成：总平面图、平面图、立面图、剖面图、室外透视图及设计说明，比例不限，表现方法不限。

四、时间要求

6小时内完成

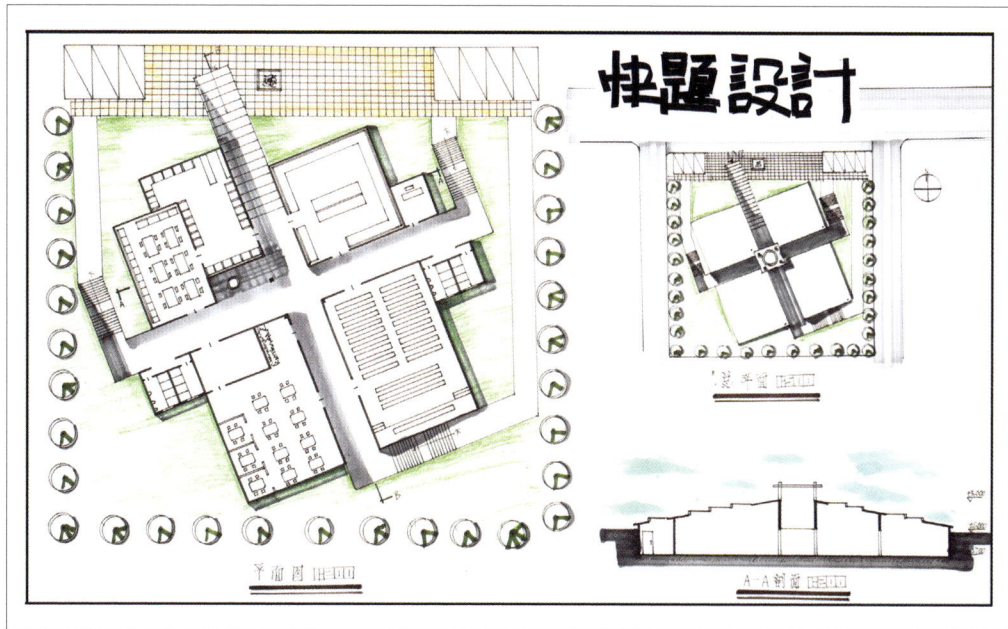

快题设计

实例5.1.4-1

作　　者	陈东东
学　　校	中原工学院
作业时间	6小时
图纸尺寸	1号图纸
学习时间	2012绘世界暑期

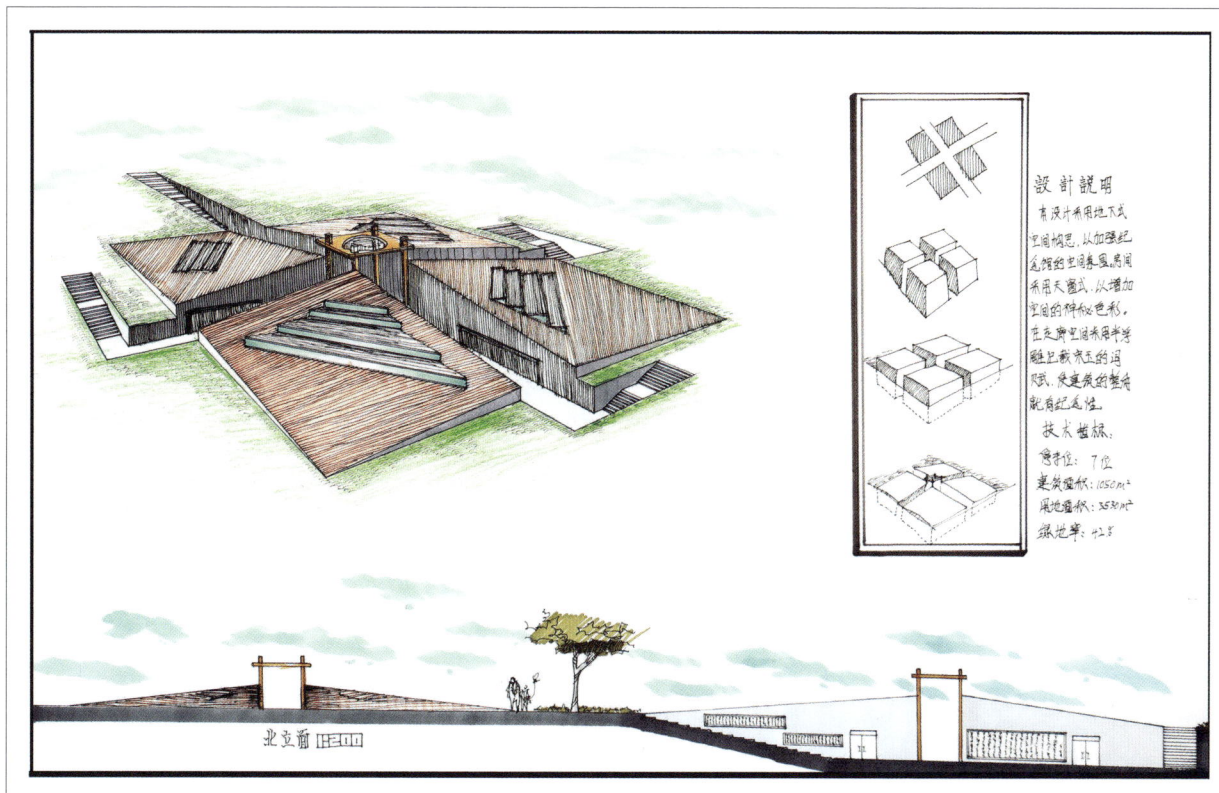

设计评析

　　这套快题方案采用下沉式设计，造型别致。十字形平面交通顺畅，功能也很明确，半开敞的通道在营造很好的灰空间同时也带来的问题：各使用空间直接面对室外空间，缺乏有效的缓冲，也需要更多的考虑如室内防止外雨水的流入等问题。本同学花了很大的精力去做精致各个图，但整体图面还是显得较为苍白。

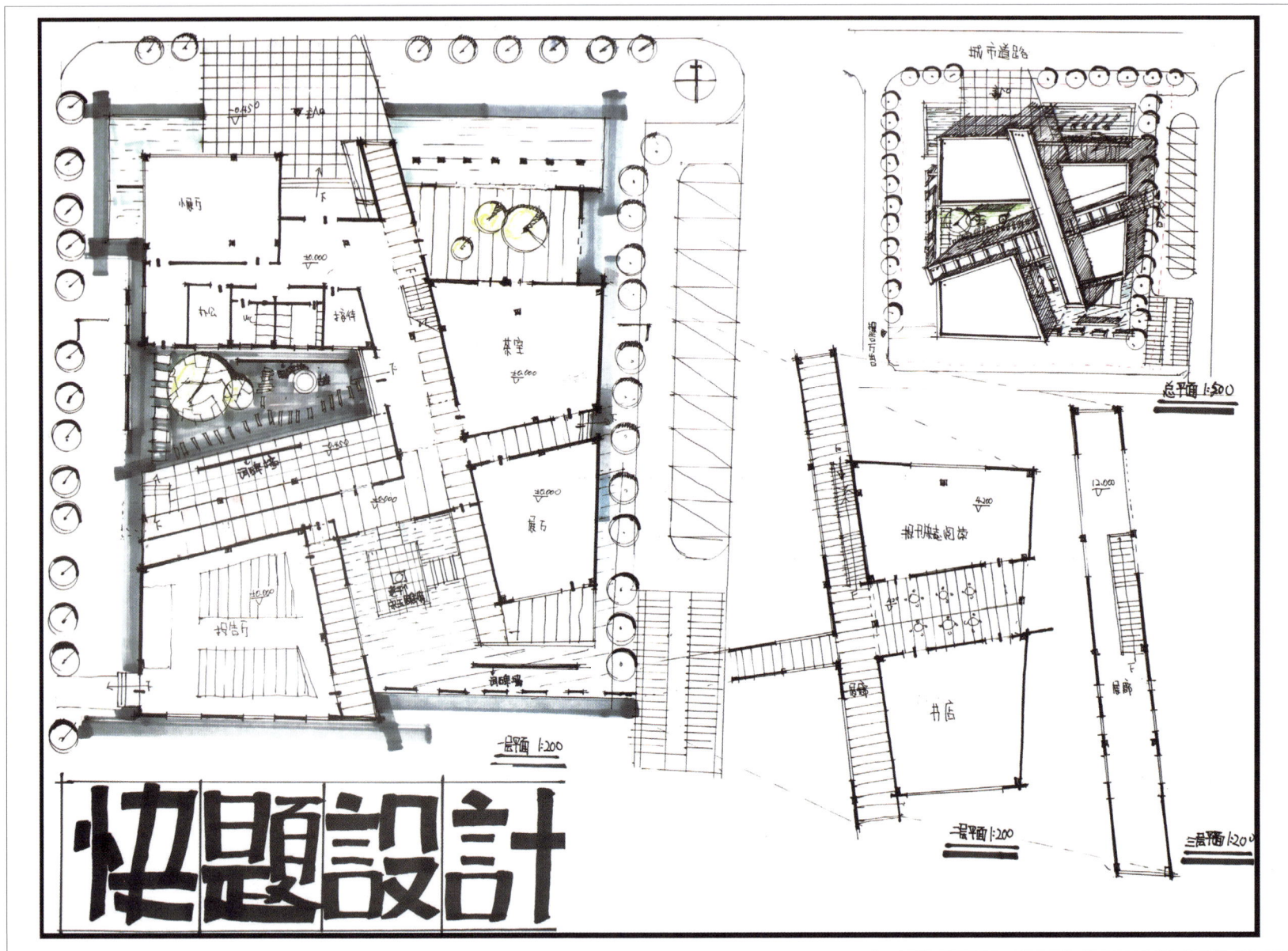

一层平面 1:200

总平面 1:500

二层平面 1:200

三层平面 1:200

实例5.1.4-2

设计评析

作　　者	时楠
学　　校	东南大学
作业时间	6小时
图纸尺寸	1号图纸
学习时间	2012绘世界暑期

　　该方案通过倾斜交叉的通道对建筑体块进行了十字分割，围合出以保留古井为主的景观，极大的丰富了建筑室内外空间。应将北部展厅与东部茶室位置互换使功能分区更明确。建筑造型尚好，结构概念基本清晰合理整体图面排版合理，效果图处理到位。

快题设计

效果图

剖面图 1:200

实例5.1.4-2

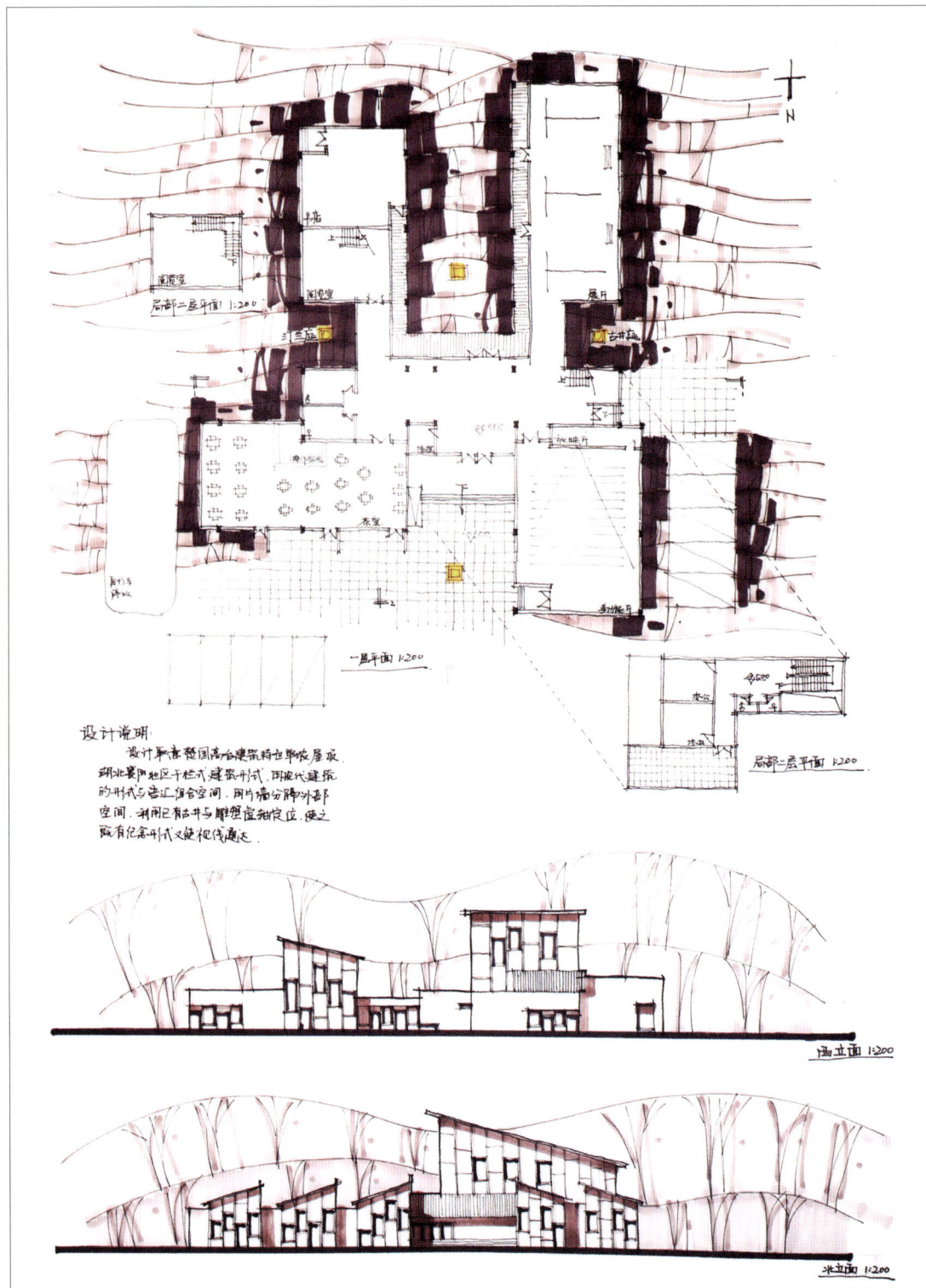

一层平面 1:200

局部二层平面 1:200

设计说明

南立面 1:200

北立面 1:200

实例5.1.4-3

作　者	张琳琦
学　校	同济大学（原华中科技大学）
作业时间	6小时
图纸尺寸	1号图纸
学习时间	2012绘世界暑期

设计评析

　　该方案用现代建筑的方式有机的融入了传统元素，平面方案合理，交通流线简单明了，导向型强。采用轴线方式布局结合环境和活动场地设计，充分表达出了建筑特有纪念性质。剖面图基本表达建筑结构与空间层次。

　　建筑体块分散，效果图应采用鸟瞰图来表达。

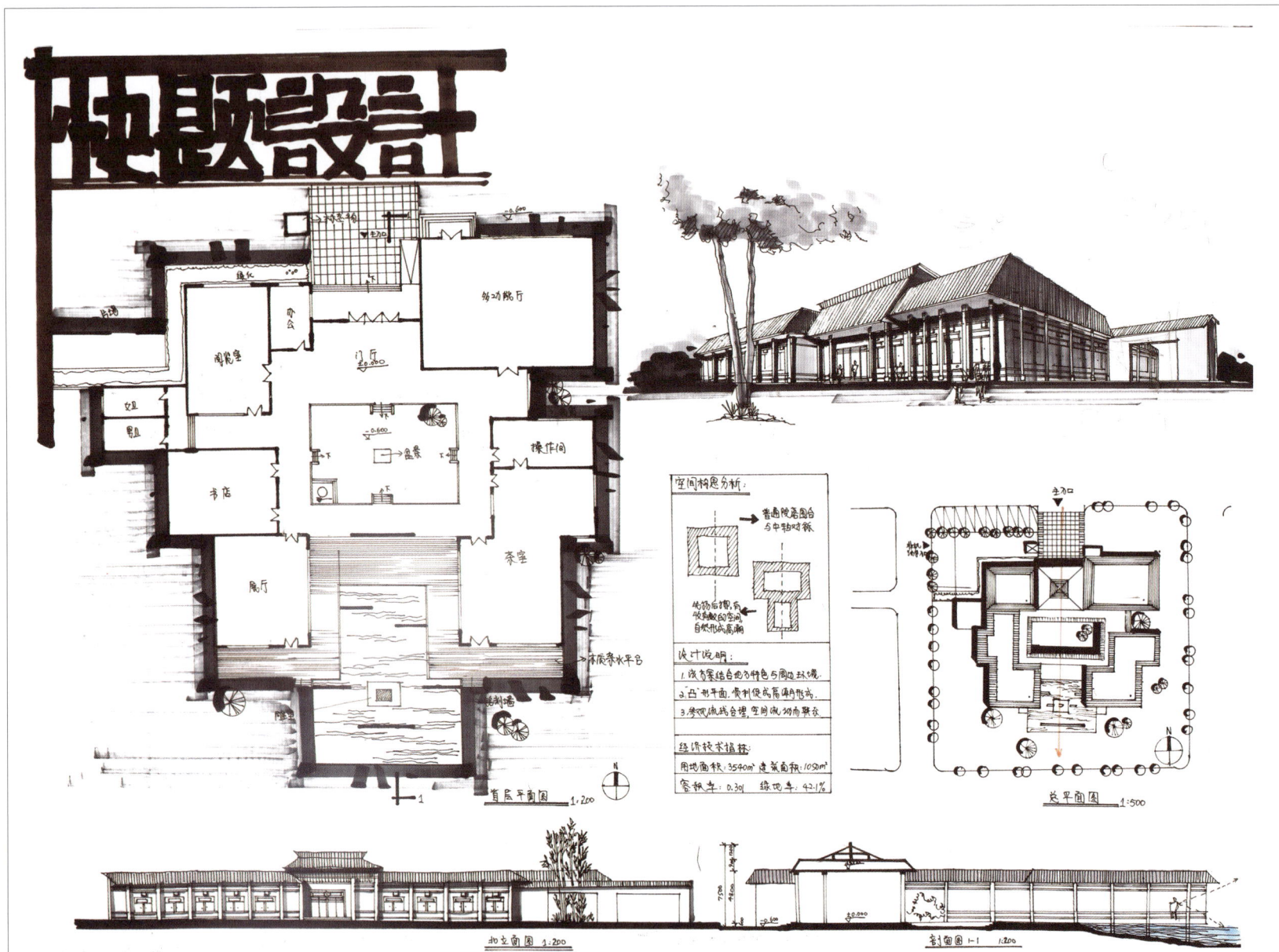

实例5.1.4-4

作　　者	刘晓玲
学　　校	武昌理工学院
作业时间	6小时
图纸尺寸	1号图纸
学习时间	2012绘世界暑期

设计评析

　　此方案最大的特点就是内部刻意营造传统庭院的空间，并与南部水景、雕塑形成对景。建筑造型淡雅朴实，富有传统韵味。但方案也存在若干问题：停车场距离东路太近没有隔离区，建筑缺少与周围广场互动。

　　图面简洁大方，虽然没有着色，但黑白关系，图底关系都处理比较到位。效果图透视正确，细节构建清晰，表现得当。

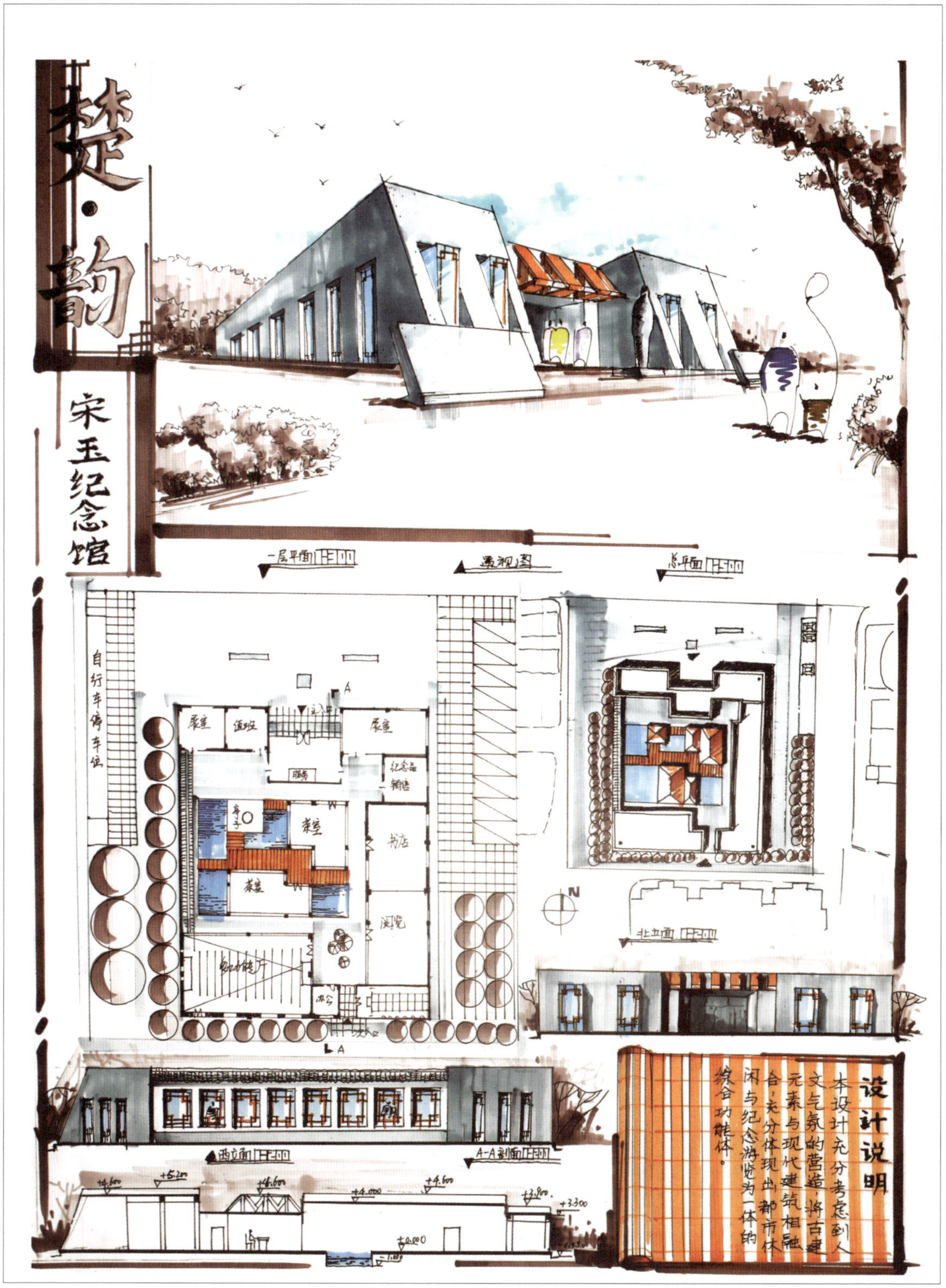

楚·韵
宋玉纪念馆

实例5.1.4-4

作　者　刘晓玲
学　校　武昌理工学院
作业时间　6小时
图纸尺寸　1号图纸
学习时间　2012绘世界暑期

设计评析

本方案围合的平面形式对题目起到了很好的呼应作用，并且在立面设计上也融入来人中国传统建筑的元素，不足之处是有些流线有所交叉。图面排版调理又很丰富，成体感强，但一些过于繁琐的边饰有喧宾夺主之嫌。

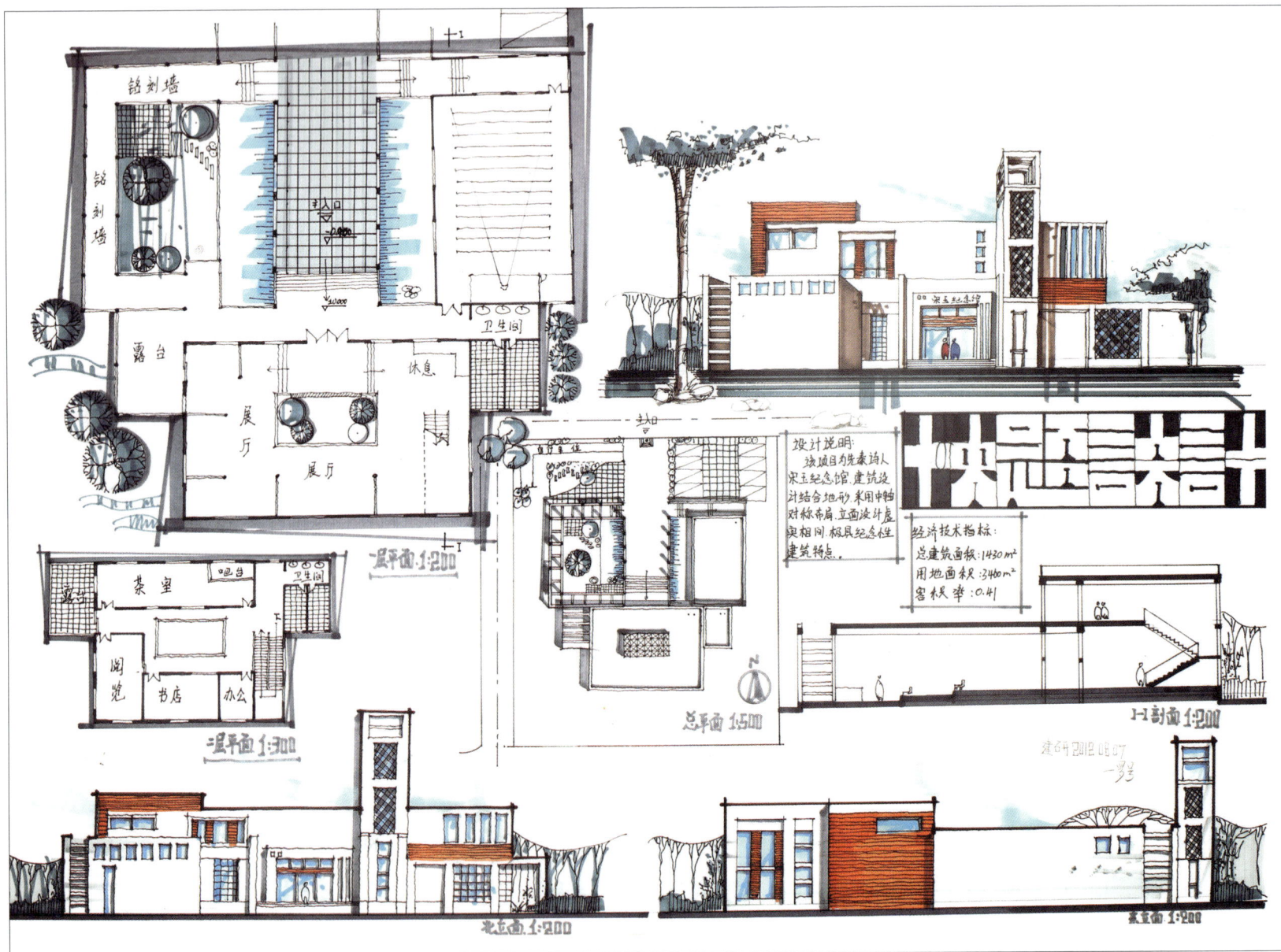

铭刻墙

铭刻墙

露台

展厅

展厅

休息

卫生间

展平面1:200

茶室

吧台

卫生间

阅览

书店

办公

层平面1:300

设计说明:
该项目为先秦诗人
宋玉纪念馆,建筑设
计结合地形,采用中轴
对称布局,立面设计虚
实相同,极具纪念性
建筑特点。

经济技术指标:
总建筑面板:1430㎡
用地面积尺:3400㎡
容积率:0.41

总平面1:500

I-I剖面1:200

快题设计

建研 2012 06 07 一罗号

北立面1:200

东立面1:200

实例5.1.4-6

作　　者	罗号
学　　校	湖北工程学院
作业时间	6小时
图纸尺寸	1号图纸
学习时间	2012绘世界暑期

设计评析

此方案采用中轴线对称布局,建筑成"凹"字平面,形成了开阔并具有强烈引导性的前区空间。西翼为铭记墙庭院,东翼为多功能厅,南侧为展览区。

建筑布局合理,建筑有一定造型,立面处理虚实对比强烈,材质区分明显。

方案的主要缺点是场地和交通规划欠缺,设计深度不够。

5.2 旅馆建筑设计

5.2.1 总平面设计要点

1. 合理确定旅馆用地与城市道路的衔接，注意旅客主要入口的位置宜面向城市道路，以引导客人进入。主要机动车入口位置距城市干道交叉口应大于70m。后勤供应出入口宜在于用地相邻的次要干道上。

2. 正确把握用地的图底关系。当用地较宽松时，"图"的部分及旅馆个功能部分可按使用性质进行合理分区、组合，但建筑布局需紧凑、道路和管线不宜太长。当用地较紧张时，"图"的部分宜集中布局，以尽量争取室外场地面积。

3. 结合总平面场地规划合理确定旅馆各功能部分的单独对外出入口。道路用地需要考虑环形消防车道。

4. 地面停车场。地面的机动车停车数量保证面积。一辆大客车停车尺寸为3.5m×13m，小轿车停车位尺寸为2.75×6.0m。要保证停车场内行车通常，每辆车均能单独出入车位。

5. 争取良好景观、朝向，提高环境质量。

5.2.2 建筑方案设计要点

1. 标准间的设计符合功能使用要求，客房标准间符合常规设计尺寸。标准间是由客房、卫生间、壁柜、小走道、管井5个主次不等的空间构成。这样的平面模式可以在一个框架结构体系中，每开间可安两个标准单元。由此可确定标准层的框架尺寸，板式客房楼为：7.8—8.0m×（4.60 + 7.20 + 4.60）m。客房入门处宜后退0.3m，一方面可使内走廊空间有变化，另外方面客人在门口处暂停留减少对走廊交通的影响。卫生间洁具布置以大便器居中，浴缸靠走廊，洗脸盆靠卧室为宜。卫生间门开启方向应使浴缸在门扇背后。壁橱深度保持在0.55—0.6m之内。管井净宽不应小于0.6m。

2. 标准层的设计要做到功能布局合理，符合消防安全。疏散楼梯的布置有利于客人双向疏散，且靠近外墙布置，以便排烟、防火。高层旅馆的客房层，其电梯、楼梯应设消防前室，其面积防烟楼梯前室为6m^2，消防电梯防烟楼梯合用前室为10m^2。

3. 走廊两侧客房布局宜使房门错开，以减少相互干扰，并增加客房的私密性。

4. 电梯厅应布置在适中位置。电梯的排列与厅的宽度以面积紧凑使用方便为原则。若电梯数量在4台以下时，宜一字形排列，可垂直走廊或面向走廊与其平行排列。若电梯数量在4台以上时，宜呈相对排列，并组成电梯厅。厅的宽度一般为3.5—4.5m。

5. 公共部分的设计要做好底层部分空间的竖向功能分区，合理组织客人的各种流线。

6. 当客房层为高层时，其底边至少有一个长边或周边长度的1/4且不小于一个长边度，不应布置高度大于5.0m、进深大于4.0m的裙房，且在此范围内必须设有直通室外的楼梯或直通楼梯间的出口。

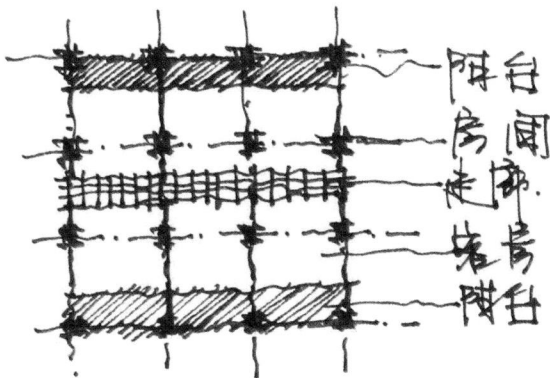
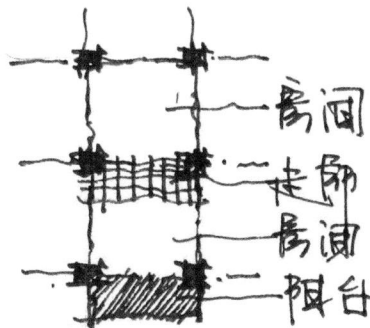
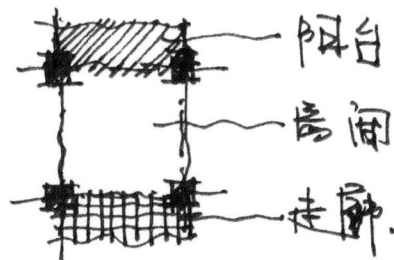

5.2.3 真题实例分析

某大学留学生楼设计

一、项目名称

某大学留学生楼。

二、建造地点

南京某大学校园内。

三、项目概况

南京某大学需建留学生楼一幢，用以为外国来校的中短期访问学者及留学生提供生活服。其住宿部分均为双人间带独立卫生间的标准客房，标准可参照涉外三星级宾馆客房。要求方案能合理利用土地，提供良好的室内外环境，建筑造型新颖。

四、用地情况

所选地块总面积 2600m²。东面靠宁海路（城市道路，拓宽后为24m)，西北两面临校园，南面未拆迁（远期为公园绿地），该地块南低北高，南北高差约 1.lm。用地北面有古樟树一棵，尽量保留，必要时亦可就近移栽（地形图见附图）。

五、规划要求

本地块内可建多层或低层建筑。规划建筑退让东面道路红线（用地控制线)6m，退让南面用地控制线 6m，西面与教学楼间匀距≥l5m，北面与美术楼之间按消防间距 7m 考虑。规划要求该建筑主出入口应设在校园内，场地内应考虑 4-6 个机动车停车位（库）。规划建筑应注意沿城市道路的景观组织，重点做好沿街立面设计。

六、主要技术条件

1. 气象：南方地区最热月平均气温 28.0℃最冷月平局气渴 2.0 ℃，极端最高温 40.7℃，极端最低温 –14.0 ℃，常年主导风向为东南风。

2. 环境：基地西面为 4~5 层教学楼，其入口在内转角处。基地北面为美术楼，其入口在北端，其南面山墙上无门窗。以上两幢楼均为浅白色平屋顶建筑，无明显特征，基地南面远期为公园。

主要人流来自西面，可在美术楼与教学楼之间设通往校园的道路（两幢楼之问的平房可拆）。

3. 其他：该楼设分体式空调（VRV 系统），主机可统一考虑在房项。设一台客运电梯（井道尺寸 2100mm×2100mm），热水由学校内锅炉房通过管道供给，厨房用管道煤气.

七、建筑规模及组成

1. 总建筑面积 2600 m²，上下浮动幅度为 8%（200 m²）

2. 客房部分：1150~1350 m²

客房单元均为双人间，共 45~48 间（包括卫生间、衣柜、小走道等，卫生间内设浴缸、洗脸盆、坐便器三件，并需考虑管道井及通风井位置）。每层设服务间（作储物及打扫卫生用，不设楼层服务台）。提示：若算上电梯及走廊等全部面积，整个客房层可按 40 m²/ 间控制。

3. 公共部分：210 m²

门厅、休息厅面积酌定，门厅内设前台服务（如登记、问讯、存放、结账、邮电等值班室 15 m²，寄存库房 15 m²，门厅酒吧 25 m²（含服务），小卖部 15 m²。公共卫生间：男 12 m²，女 8 m²。健身房 40 m²。

4. 餐饮部分：170 m²

餐厅 90 m²，厨房 80 m²（含备餐、洗碗消毒、粗加工、库房、单人卫生间、更衣室等）

5. 后勤服务部分：75 m²

办公 2 间（15m²×2），库房 2 间（15m²×2），配电 15m²。

6. 交通面积酌定

八、图纸要求

1. 采用 1 号不透明绘图纸绘制，透视图另列时，其图幅不限制。

2. 线条图须按比例用墨线绘制（可徒手，可用彩色线条）。

3. 建议在底层或二层平面图上沿两个方向标注一道轴线尺寸。

4. 剖面图标注层高标高，立面图标注控制点标高。

5. 透视表现方法不限。

九、完成内容

1. 简要说明，技术指标〔总用地面积、总建筑面积、容积率、绿地率）；

2. 总平面图 1:500

3. 各层平面图 1:200；

4. 主要立面图 2 个 1:200；

5. 剖面图 1~2 个 1:200

6. 透视图。

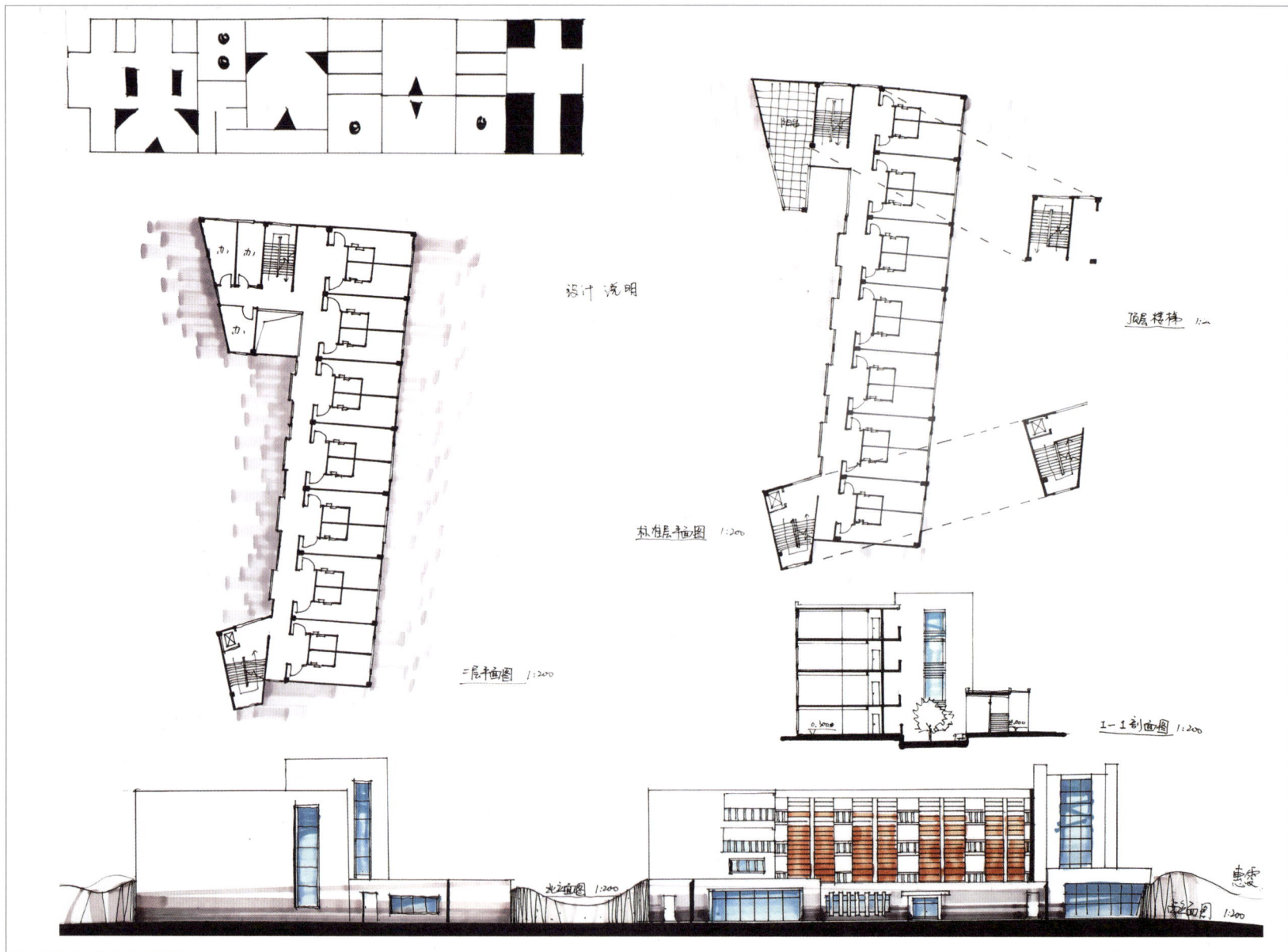

设计说明

顶层楼梯

标准层平面图 1:200

二层平面图 1:200

I—I剖面图 1:200

北立面图 1:200

惠雯

南立面图 1:200

实例5.2.3-1

设计评析

作　者 惠雯
学　校 长江大学
作业时间 6小时
图纸尺寸 1号图纸
学习时间 2012绘世界暑期

　　总平面布局顺应地形及周边环境条件，建筑由住宿区、餐饮区、公共区、办公区围合出庭院空间。功能分区明确，联系方便。住宿房间朝向不佳，外廊设计未能较好的解决西晒问题，停车位应与建筑有一定距离。

　　建筑立面处理得当，统一的开窗形式反应出建筑性质。版面布局不均匀，画面苍白，效果图表象生动活泼。

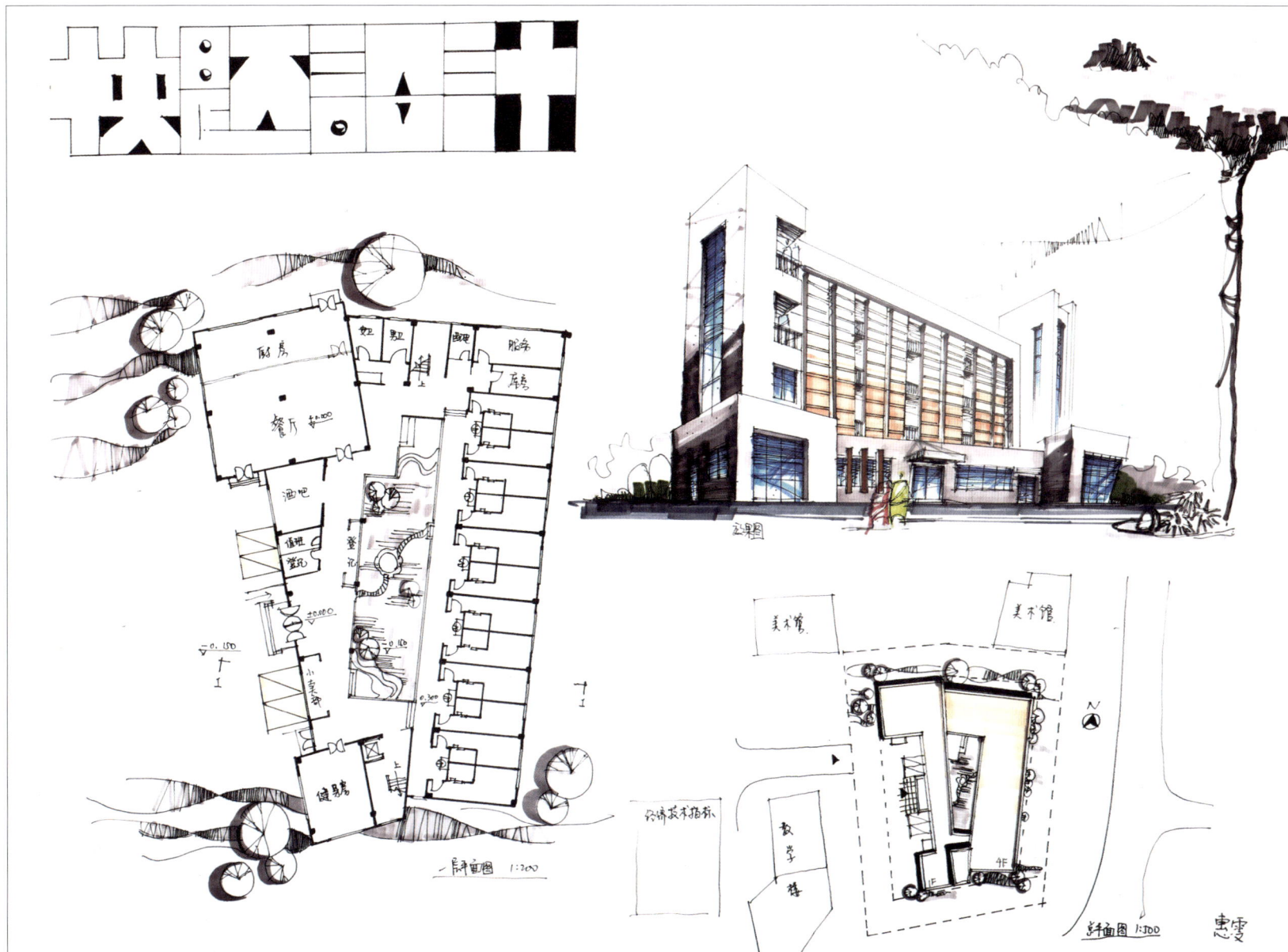

厨房

餐厅

酒吧

值班

登记

小卖部

健身

一层平面图 1:300

效果图

美术馆

美术馆

经济技术指标

教学楼

总平面图 1:500

惠雯

实例5.2.3-1

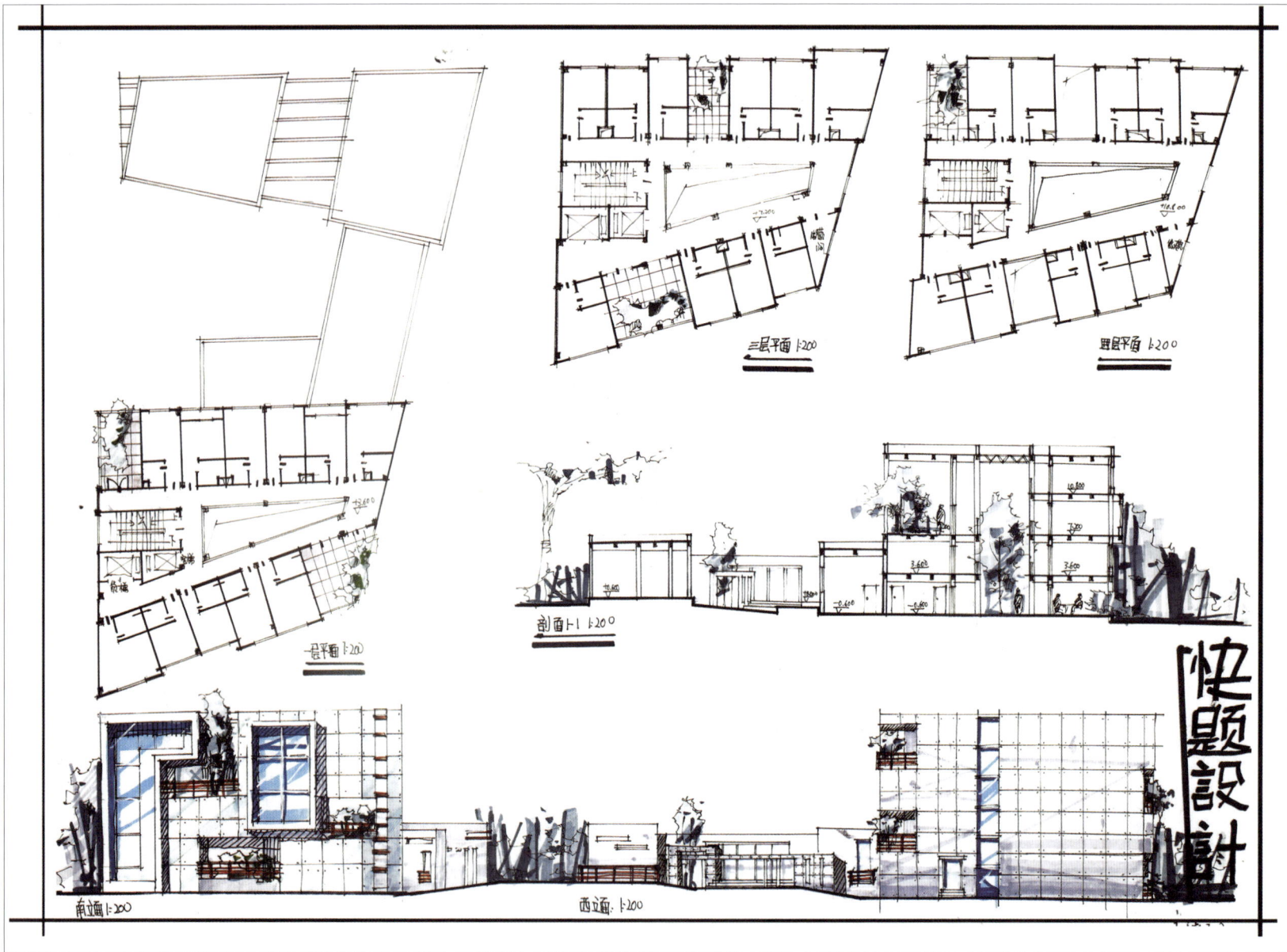

快题设计

实例5.2.3-2

设计评析

作　　者	时楠
学　　校	东南大学（原华中科技大学）
作业时间	6小时
图纸尺寸	2号图纸
学习时间	2012绘世界暑期

建筑总体布局合理，分区良好，交通便捷，建筑造型新颖，空间体块感强。把景观引入建筑内部，较好地组织自然通风、采光。酒吧与餐厅放在一起，后勤共用便于管理。

该方案最大亮点是住宿区，每层布置一些较小尺度室外空间，用于交流休闲，这种布局方式不仅符合题目要求，而且较大提升了建筑空间品质。图面布置匀称，表现技法熟练，效果图表达潇洒。

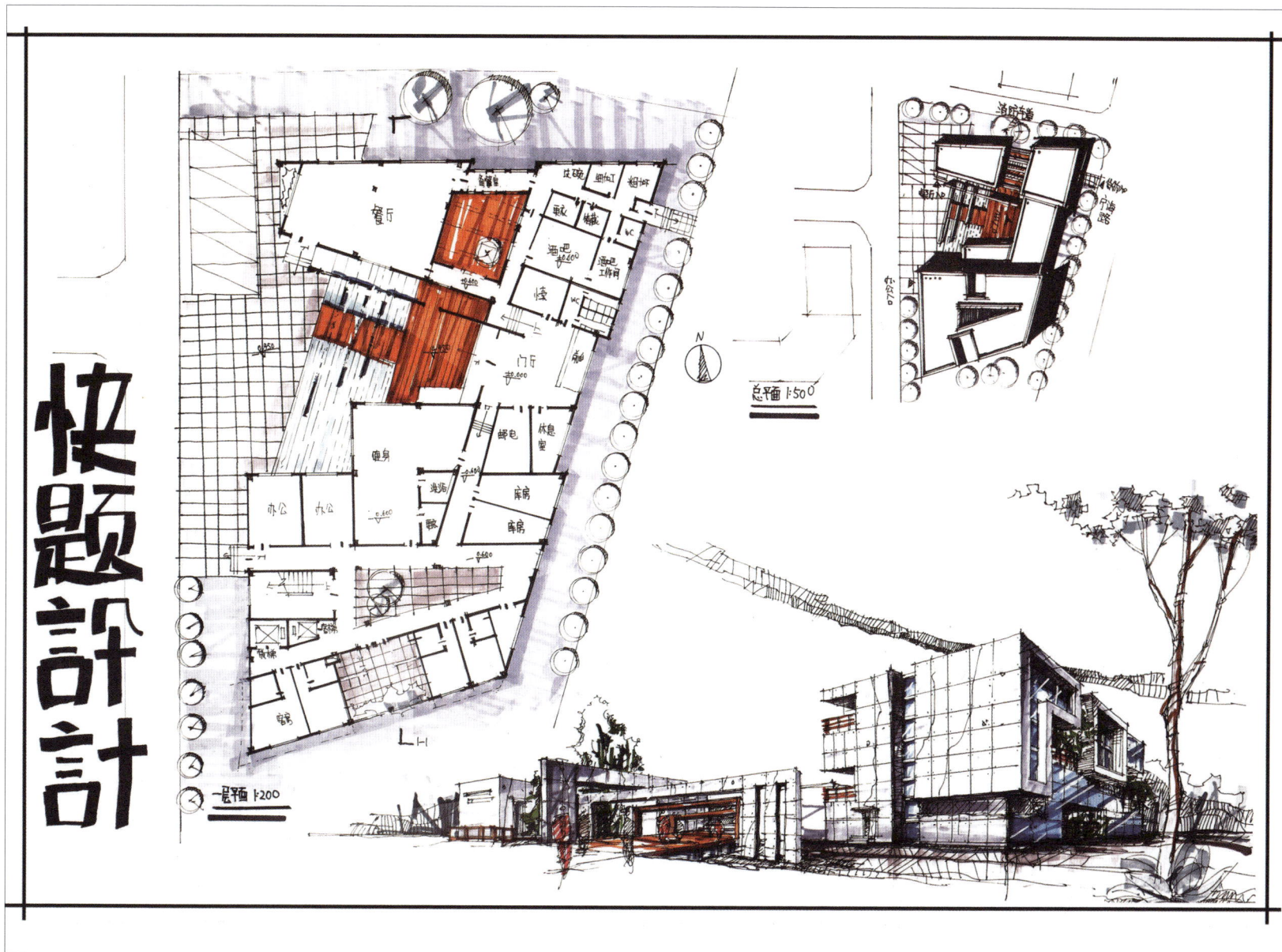

快题设计

一层平面 1:200

总平面 1:500

实例5.2.3-2

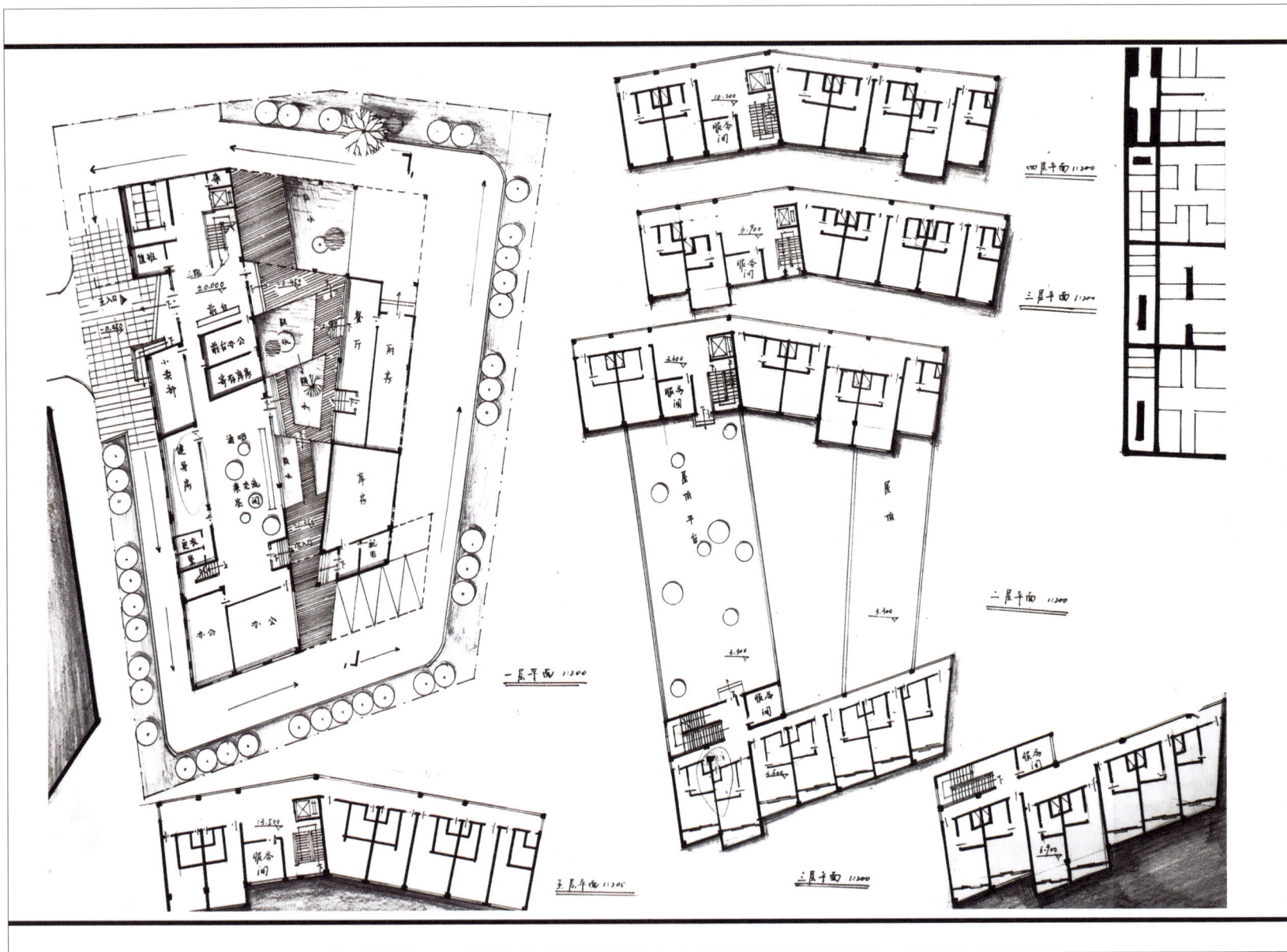

实例5.2.3-3

作　　者	肖路
学　　校	天津大学（原华中科技大学）
作业时间	6小时
图纸尺寸	2号图纸
学习时间	2012绘世界暑期

设计评析

　　功能分区合理，方案基本能理解地形，并结合地形变化进行设计，形成内向型庭院，将交流活动引入建筑。利用小高差，形成庭院跌水景观，与原有建筑相呼应。

　　结合任务书中该基地为夏季东南风，通过局部架空的方式打开风口，为内部庭院提供良好的通风环境。所有宿舍都以南向开窗，立面内凹开窗形式可以起到遮阳作用。但建筑大悬挑时应该考虑结构，是否需要加柱子。图面布置匀称，铅笔表现技法熟练，运笔工整而不呆板。

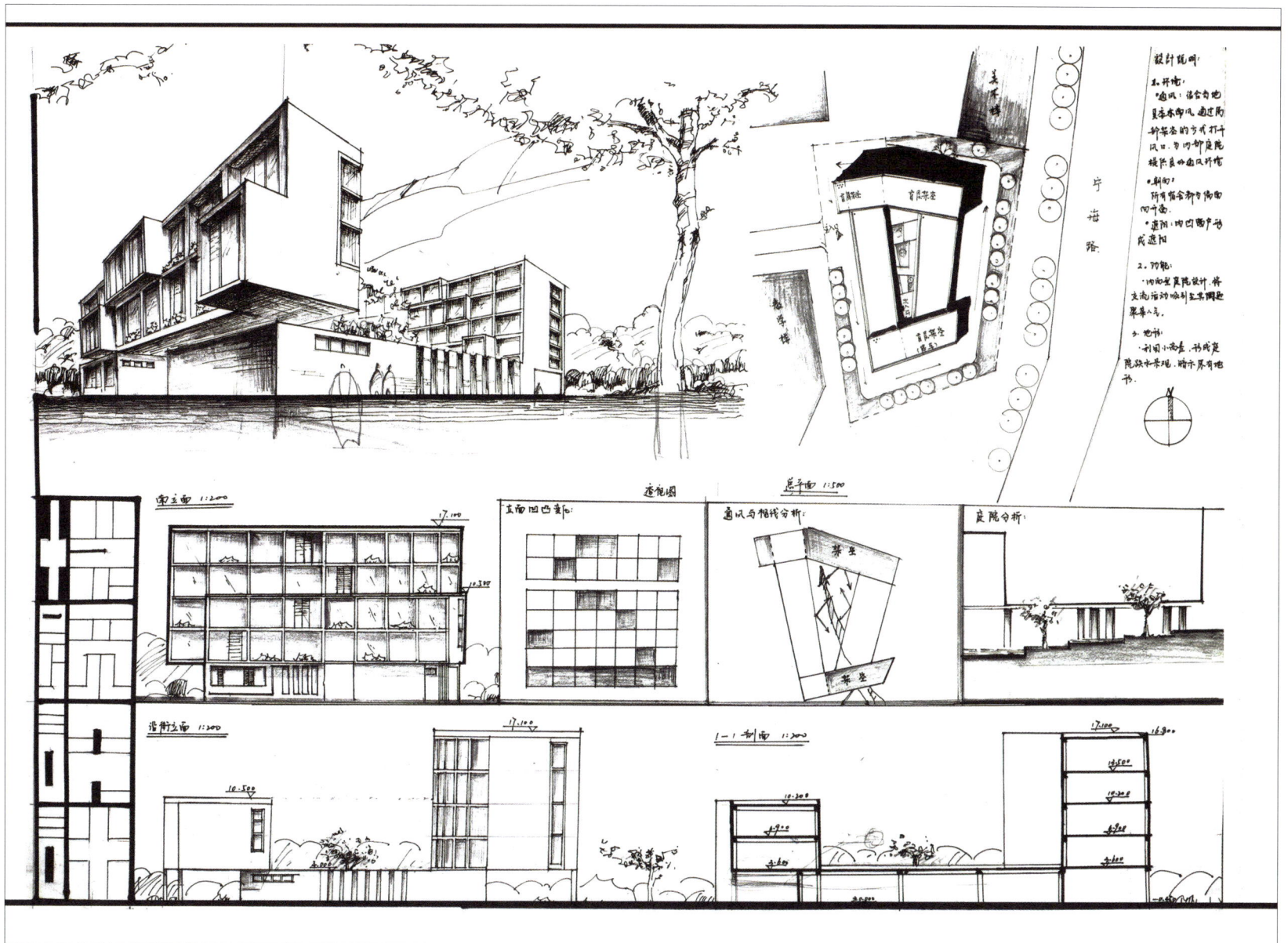

实例5.2.3-3

一层平面图 1:200

二层平面图 1:200

剖面图 1-1 1:200

设计说明

这是一个留学生楼，将住宿、休闲娱乐（健身、酒吧等）、餐饮等为一体，功能完善，能满足留学生各项需求。同时公共区域、后勤区、住宿区做好分区，且有机联系在一起。功能分区明研，职动清晰，整个建筑体型依托地形地貌状态而变化。同时考虑对太阳光资源的利用，使住宿区全部都南面采光，保证条件的良好，同时可以观看南面公园美景，视野开阔景观优美。

技术经济指标

建筑面积：2600 m²
用地面积：2600 m²
容积率：1
绿地率：33%

建筑快题 2012.7.28

实例5.2.3-4

作　者　皱嘉琛
学　校　华中科技大学
作业时间　6小时
图纸尺寸　1号图纸
学习时间　2012绘世界暑期

设计评析

该方案平面组织紧凑，功能分区基本合理。体型组合手法熟练，建筑造型中庸，但符合旅馆类建筑特点。厨房与餐厅缺少必要的联系，可通过备餐间连接两功能区。住宿区南向开窗，不仅满足了良好采光，还有良好的景观视野。

此方案在为尺规作图，线条硬朗，结合灰色调子，使画面建筑感增强。外立面设计简洁大方，虽没有材质表达，但紧扣题意符合建筑性质。

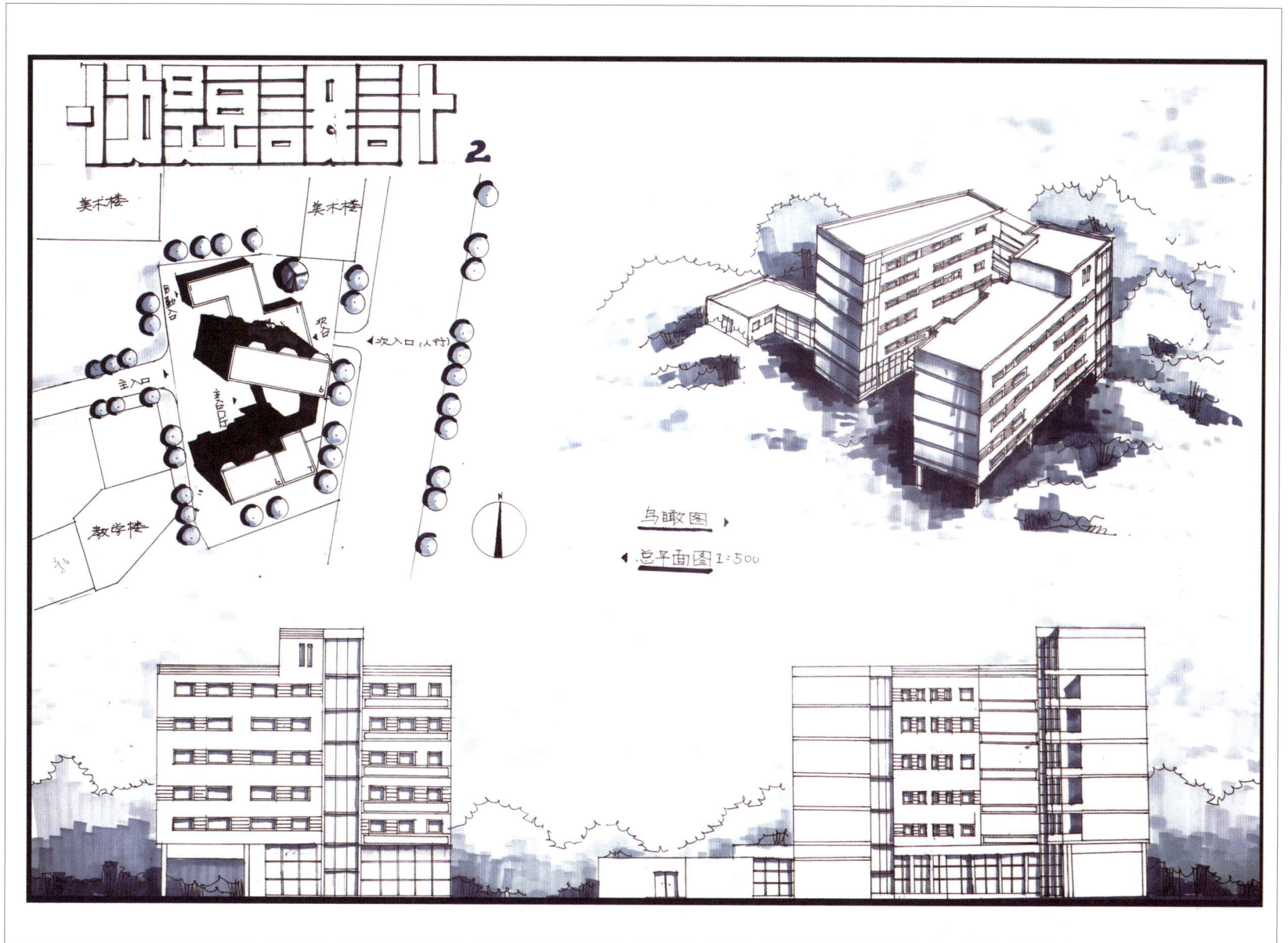

快题設計 2

美术楼

美术楼

次入口(人行)

主入口

教学楼

N

鸟瞰图 ▶

◀ 总平面图1:500

实例5.2.3-4

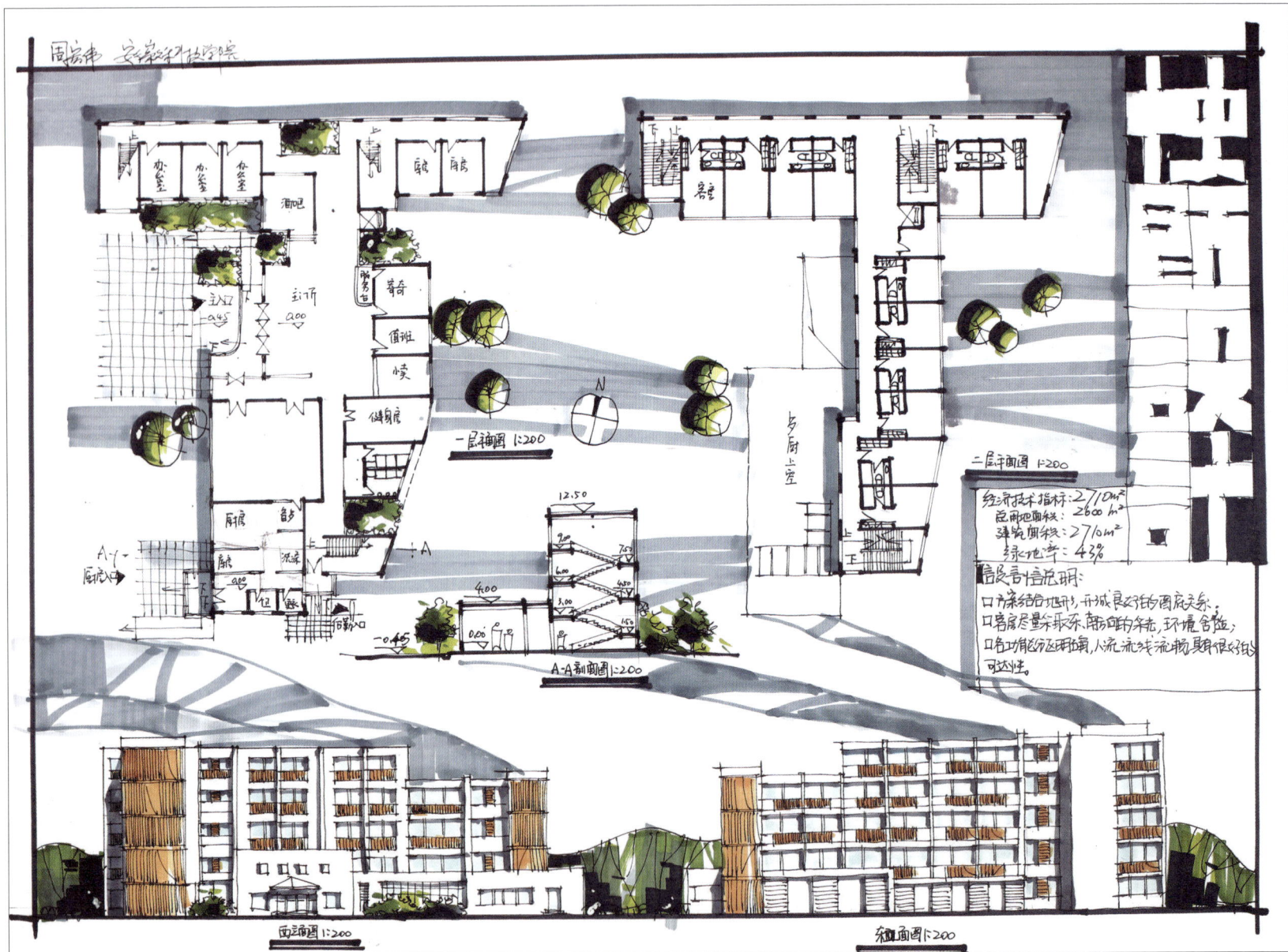

周宏伟　安徽科技学院

一层平面图 1:200

二层平面图 1:200

12.50

A-A剖面图 1:200

经济技术指标：2710m²
占地面积：2600 m²
建筑面积：2710 m²
绿地率：43%

设计构思说明：
口布局结合地形，形成良好的围合关系；
口客房尽量采东、南向的布光，环境舒适；
口各功能分区明确；人流流线流畅，具有很好的可达性。

西立面图 1:200

剖面图 1:200

实例5.2.3-5

作　者 周宏伟
学　校 安徽科技学院
作业时间 6小时
图纸尺寸 1号图纸
学习时间 2013绘世界寒假

设计评析

　　本方案以一个适合旅馆客房的丁字形式外廊式平面为基础发展而来。总体与环境和地形条件的关系基本合理。方案采取了安分层分区的方法，存在一定的缺点。有一半客房不能南向，面向主要道路，受道路影响较大；其次楼梯分布不合理，三部楼梯虽满足疏散，但均没有和门厅有直接联系，对二楼以上学生使用性叫差。办公区首层外廊西面应结合楼梯间设置直接对外出口。

　　该方案构图完整，马克笔表现技法熟练，色彩明亮，光感较好，但图底马克笔灰色笔刷是画面稍显杂乱。

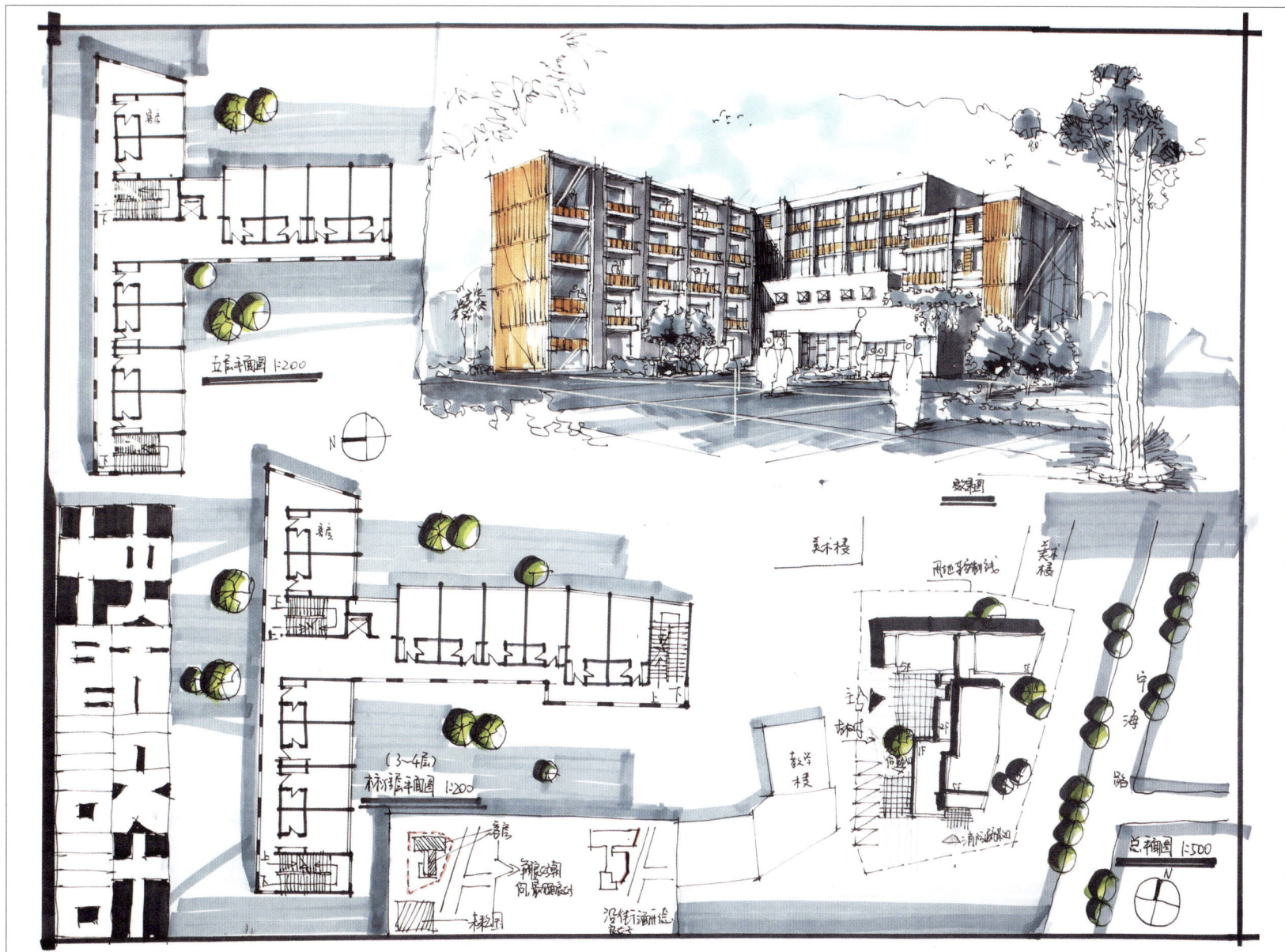

实例5.2.3-5

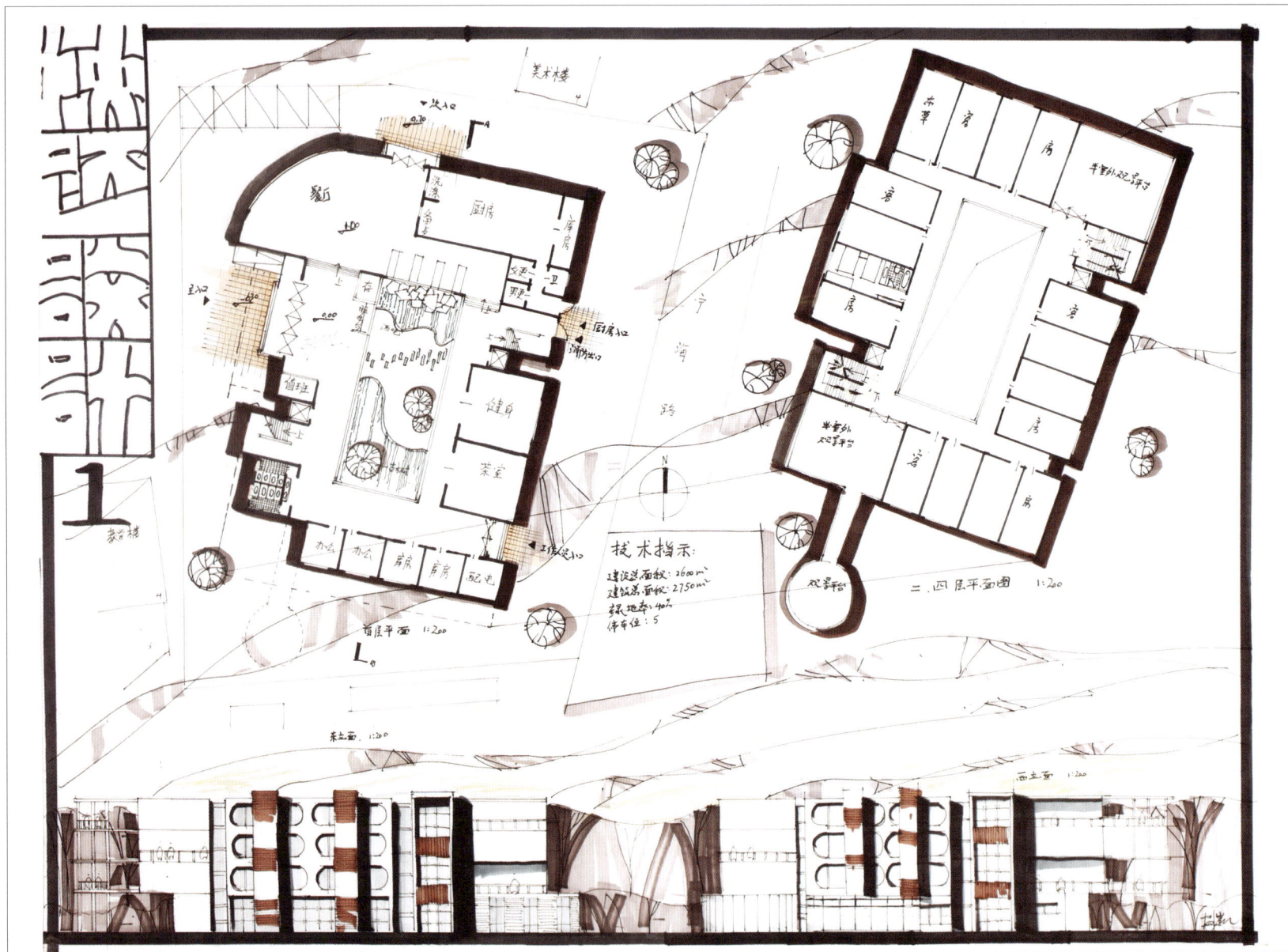

实例5.2.3-6

作　者	博凯
学　校	安徽科技学院
作业时间	6小时
图纸尺寸	1号图纸
学习时间	2012绘世界暑期

设计评析

　　首层功能分区尚属合理，内庭院组织简朴而又变化，建筑形体组合尚好，但茶室与健身房不应放在一起，需要闹静分区。首层用房大小不同，如餐厅与办公用房不应采用相同层高，建筑造型较一般。设计亮点在于每层均设计了一个观景平台，争取了更好景观朝向，但造型有待推敲。

　　图面表达技巧尚较熟练，但首层平面室外环境表现凌乱，效果图表达水准不高，关键是构图和配景。

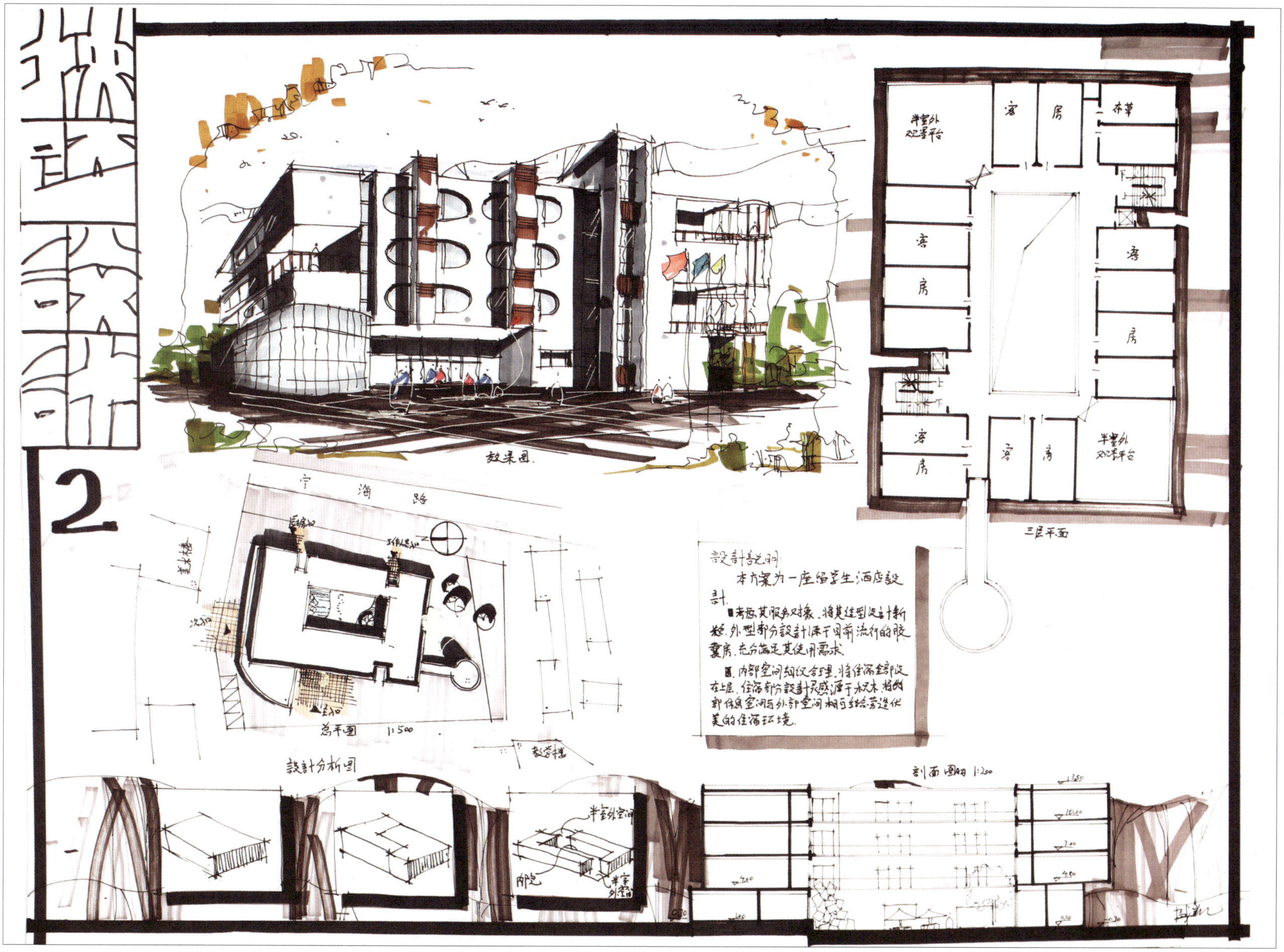

设计说明

本方案为一座留学生酒店设计。考虑其服务对象，将其建造到这十斩新的外型部分设计像于目前流行的胶囊房，先分满足其使用需求。

内部空间规划仪合理，将住涌金部设在坛。住宿部部叙事灵感源于水木相前部使具室涌与外部室涌相引结给营进优美的住涌环境。

效果图

宁海路

总平图 1:500

设计分析图

半室外空间

内院

半室外空间

剖面图 1:200

三层平面

客房

客房

客房

客房

客房

半室外观景台

半室外观景台

本草

实例5.2.3-6

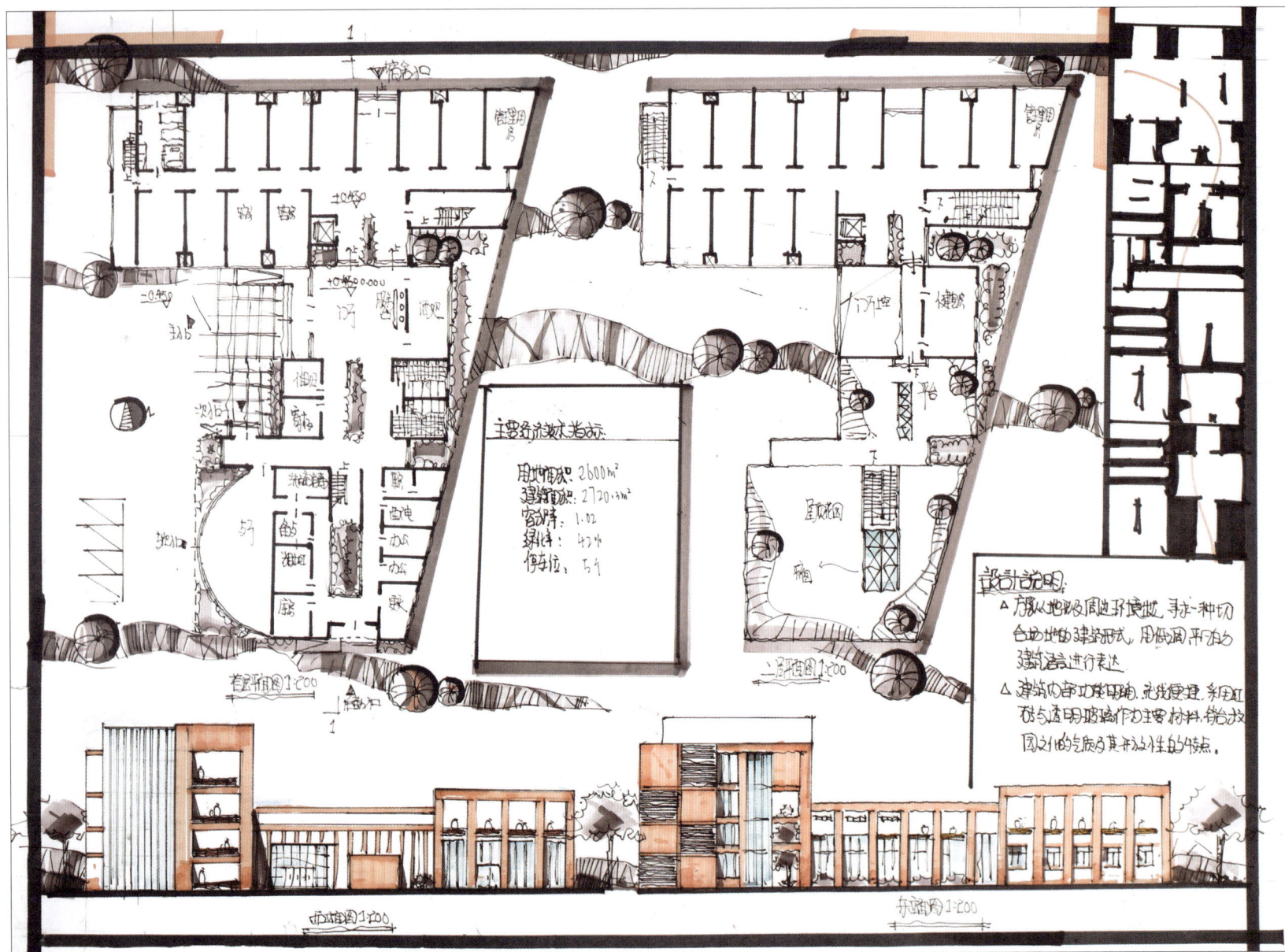

实例5.2.3-7

设计评析

作　　者　陈兵
学　　校　安徽科技学院（原城规专业）
作业时间　6小时
图纸尺寸　1号图纸
学习时间　2012绘世界寒假

　　建筑总体布局合理，顺应地形，分区良好，交通便捷，建筑内外空间良好，环境表达细致，建筑造型简朴、大方且富有校园建筑气息。

　　不足之处是宿舍管道应靠内廊边设计，便于维修。从图面可见该生有良好的综合素质，有娴熟的绘图技巧，全套图纸均采用徒手墨线，暖灰色调，效果图表达准确，因而画面充实、严紧、生动、活泼。

实例5.2.3-7

5.3 文化馆建筑设计

5.3.1 总平面设计要点

1. 室外场地应有明确的功能分区。群众活动场地与内部工作人员和货物出入场地明确分开。主入口前广场与观演厅、舞厅单独对外出入前场地及既分隔又有联系。

2. 组织好场地内人流与车流的交通。

3. 应有利于创造优美的城市空间环境。总平面设计时，注意图底关系的布局，并考虑与相邻建筑所形成的城市空间形态有利于加强馆前广场和建筑自身形象艺术表现力。

4. 应使建筑室内外活动空间的功能相联系。如健身房宜与室外运动场地有方便联系；少儿活动适宜与室外儿童游艺场有直接而方便的联系；演艺部分的后台用房宜与露天剧场紧密结合等等。

5. 注意节约用地，并留有发展余地。

6. 应注意避免馆内活动噪声对邻近建筑产生不良影响。

5.3.2 建筑方案设计要点

1. 功能分区应合理。做到闹、动、静三区自成体系。

2. 活动流线应简洁。根据各功能区人流活动特点，组织相应流线。

3. 空间形式要有较大的适应性和灵活性，为此宜采用框架结构、灵活隔断形式和空间多用途综合利用方式。

4. 建筑一般应由群众活动部分、学习辅导部分、专业辅导部分、专业工作部分及行政管理部分组成。各类用房根据不同规定和使用要求可增减或合并。

5. 五层及层以上设有群众活动、学习辅导用房的文化馆建筑应设置电梯。

6. 观演用房包括门厅、观演厅、舞台和放映室等，规模一般不宜大于500座。当观演厅为300座以下时，可做成平地面的综合活动厅，舞台的空间高度可与观众厅同高。

7. 游艺用房应根据活动内容和实际需要设置供若干活动项目使用的大、中、小游艺室，并附设管理及贮藏间等。当规模较大时，宜分别设置儿童游艺室及老年人游艺室。儿童游艺室室外宜附设儿童活动场地。游艺室的使用面积不应小于下列规定：大游

艺室65m²；中游艺室45m²；小游艺室25m²。

8. 交谊用房包括舞厅、茶座、管理间及小卖部等。舞厅应设存衣间、吸烟室及贮藏间等。舞厅的活动面积每人按2m²计算，应具有单独开放的条件及直接对外的出入口。

9. 展览用房包括展览厅或展览廊、贮藏间等。每个展览厅的使用面积不宜小于65m²。展览厅内的参观路线应通顺，并设置可供灵活布置的展版和照明设施。展览厅应以自然采光为主，并应避免眩光及直射光。

10. 阅览用房应设于馆内较安静的部位。包括阅览室、资料室、书报贮存间等。阅览室应光线充足，照度均匀，避免眩光及直射光。采光窗宜设遮光设施。规模较大时，宜分设儿童阅览室。

11. 学习辅导部分由综合排练室、普通教室、大教室及美术书法教室等组成。其位置除综合排练室外，均应布置在馆内安静区。综合排练室的位置应考虑噪声对毗邻用房的影响。室内应附设卫生间、器械贮藏间，有条件者可设淋浴间。须根据使用要求合理地确定净高，并不应低于3.6m，使用面积每人按6m²计算。普通教室每室人数可按40人设计，大教室以80人为宜。教室使用面积每人不小于1.40m²。美术书法教室宜为北向侧窗或天窗采光。使用面积每人不小于2.80m²，每室不宜超过30人。

12. 专业工作部分一般由文艺、美术书法、音乐、舞蹈、戏曲、摄影、录音等工作室，站室指导部，少年儿童指导部，群众文化研究部等组成。美术书法工作室宜为北向采光，使用面积不宜小于24m²。摄影工作室应附设摄影室及洗印暗室，每小间暗室不小于4m²。录音工作室包括工作室、录音室及控制室；其位置应布置在馆内安静部位。

5.3.3 真题实例分析

花艺休闲馆快题设计

一、基本状况

拟在南方某城市公园内建造一座供游人参观欣赏、花卉销售及休闲的场所。

用地面积 2250 m²（见地形图）。

二、设计要求

1. 为游人提供花卉欣赏、销售及休息地；

2. 满足花卉展示使用功能的要求；

3. 建筑应具有地域性特点，注意空间组织与交通流线，注意与周边环境和地形的结合；

4. 建筑层数；两层以内；

5. 总建筑面积：700 m²（±10%）。

三、设计内容

1. 室内展馆：90 m²（可分设几间）

2. 室外展场

3. 销售厅 25 m²

4. 冷热饮厅：20 座（附设制作与贮藏间）

5. 办公室：50 m²

6. 值班室：10 m²

7. 设备房：40 m²

8. 室外养护场地（附设工作间 20 m²）

9. 门厅、廊道等交通空间及洗手间等配置

10. 公共停车场：3-5 个小车位

四、图纸内容与要求

1. 总平面（含环境设计）1:500；

2. 各层平面图1:200；

3. 立面图1:200；

4. 剖面图1:200；

5. 彩色透视图，表现方法自选

6. 主要技术经济指标和简要文字说明；

五、备注

1. 考生需准备徒手绘图或工具绘图所需用品，包括尺子、彩色及绘图纸等。

2. 本考试所需时间为3个小时。

3. 本题目未叙及之条件及要求，由考生自行斟酌解决，无须答疑。

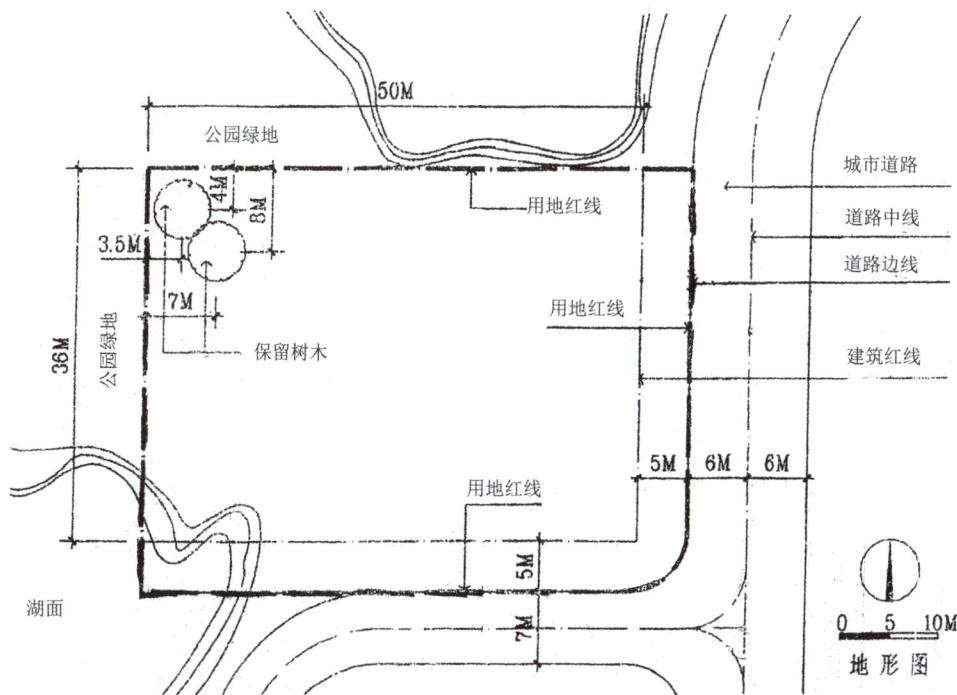

地形图

快题設計一

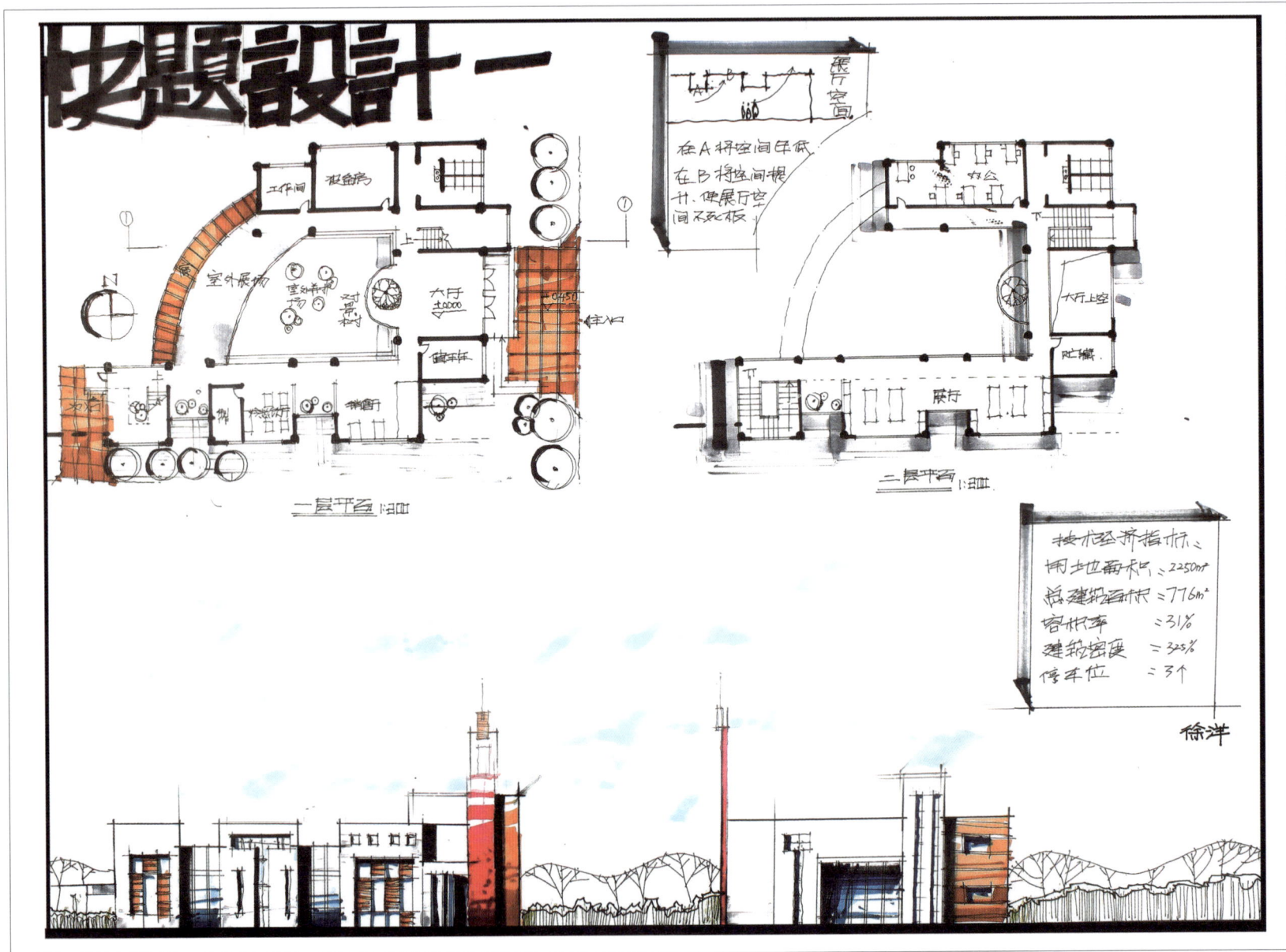

一层平面

二层平面

在A将空间降低
在B将空间抬升
使展厅空间不死板

技术经济指标
用地面积 ≈2250m²
总建筑面积 ≈776m²
容积率 ≈31%
建筑密度 ≈32.5%
停车位 ≈3个

徐洋

实例5.3.3-1

作　者 徐洋
学　校 武汉工业学院
作业时间 6小时
图纸尺寸 2号图纸
学习时间 2012绘世界暑期

设计评析

　　园林建筑主次入口合理地设置在城市道路一侧。建筑朝向良好，内部管理用房和辅助用房设置在城市道路边，有效地降低了城市道路噪音对展览空间的负面影响。游客使用的室内展馆和冷热饮厅置于环境较好处。建筑造型简洁，有一定特点。室外养户场地不应放在庭院中，欠考虑。

　　尺规作图，图面表现线条流畅，色彩相对丰富，与建筑性质吻合。

快题设计十二

徐洋

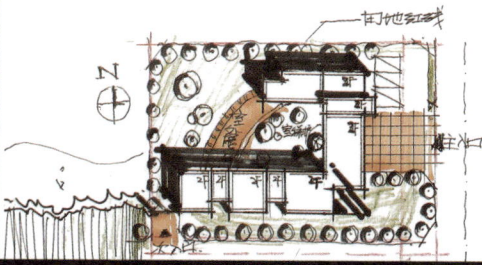

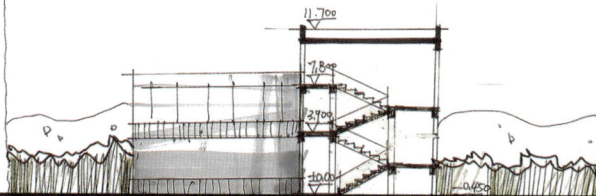

实例5.3.3-1

花藝休閒館

室外展场

内展Ⅰ

WE

值班

冷热饮

內展Ⅱ

工作间

办公 办公 办公

零售

设备

室外展场

室外展场

室外养护场地

平面图 1:200

效果图

东立面 1:200

南立面 1:200

A-A 剖面 1:200

总平面 1:500

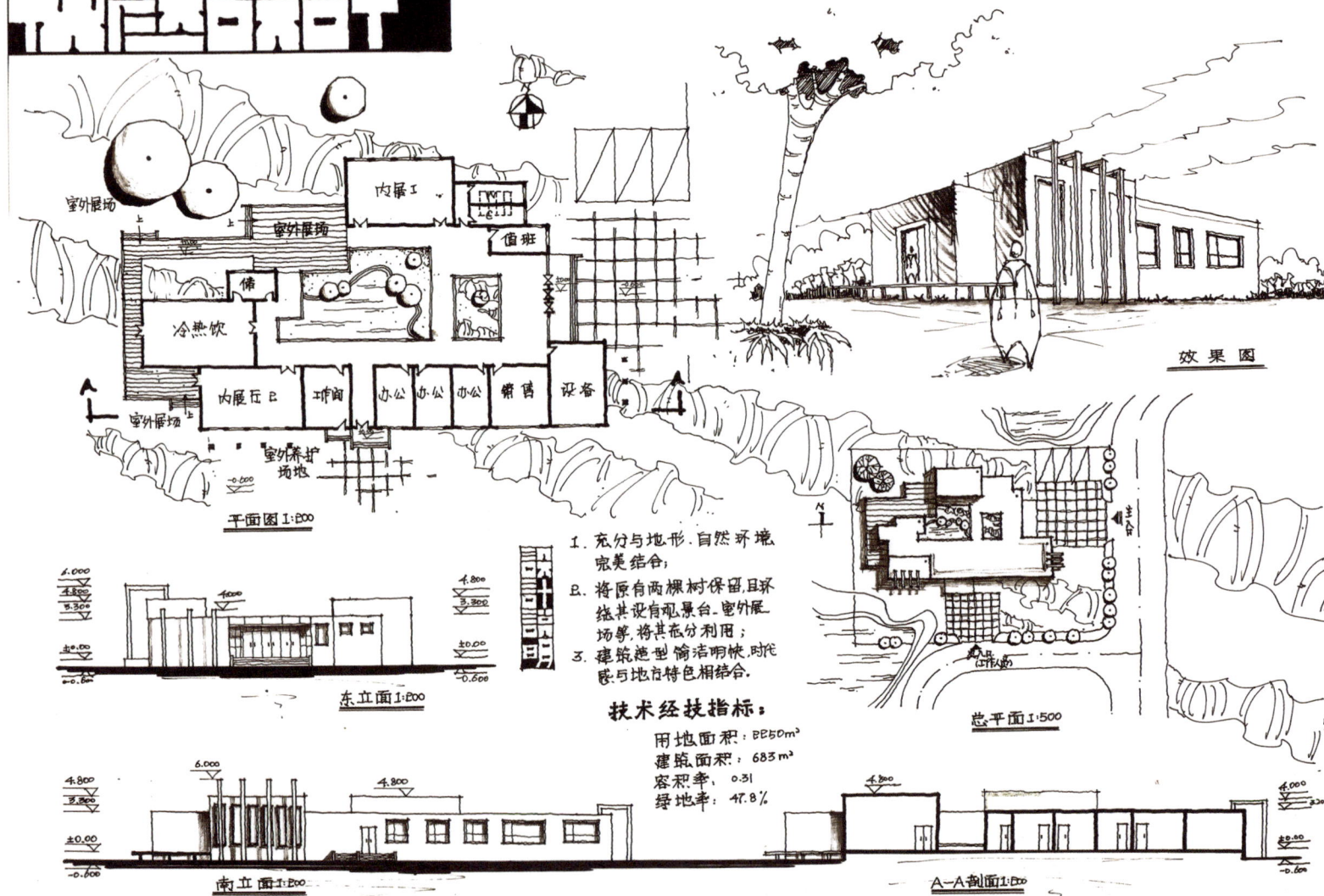

1. 充分与地形.自然环境完美结合.
2. 将原有两棵树保留.且环绕其设有观景台.室外展场等.将其充分利用;
3. 建筑造型愉洁明快.时代感与地方特色相结合.

技术经技指标:

用地面积: 2250m³
建筑面积: 683 m²
容积率: 0.31
绿地率: 47.8%

实例5.3.3-2

作　　者	高麒翔
学　　校	华中科技大学文华学院
作业时间	6小时
图纸尺寸	1号图纸
学习时间	2012绘世界暑期

设计评析

　　建筑功能分区良好，布局基本合理，内院组织有一定特点室外展场结合保留古树设计，并设观景平台，两者形成对景。不足之处两室内展厅流线过长，不便统一管理。

　　排版均衡，版面组织良好，线条基本功尚可。建筑造型略显简单，大大削弱了形象之表达。

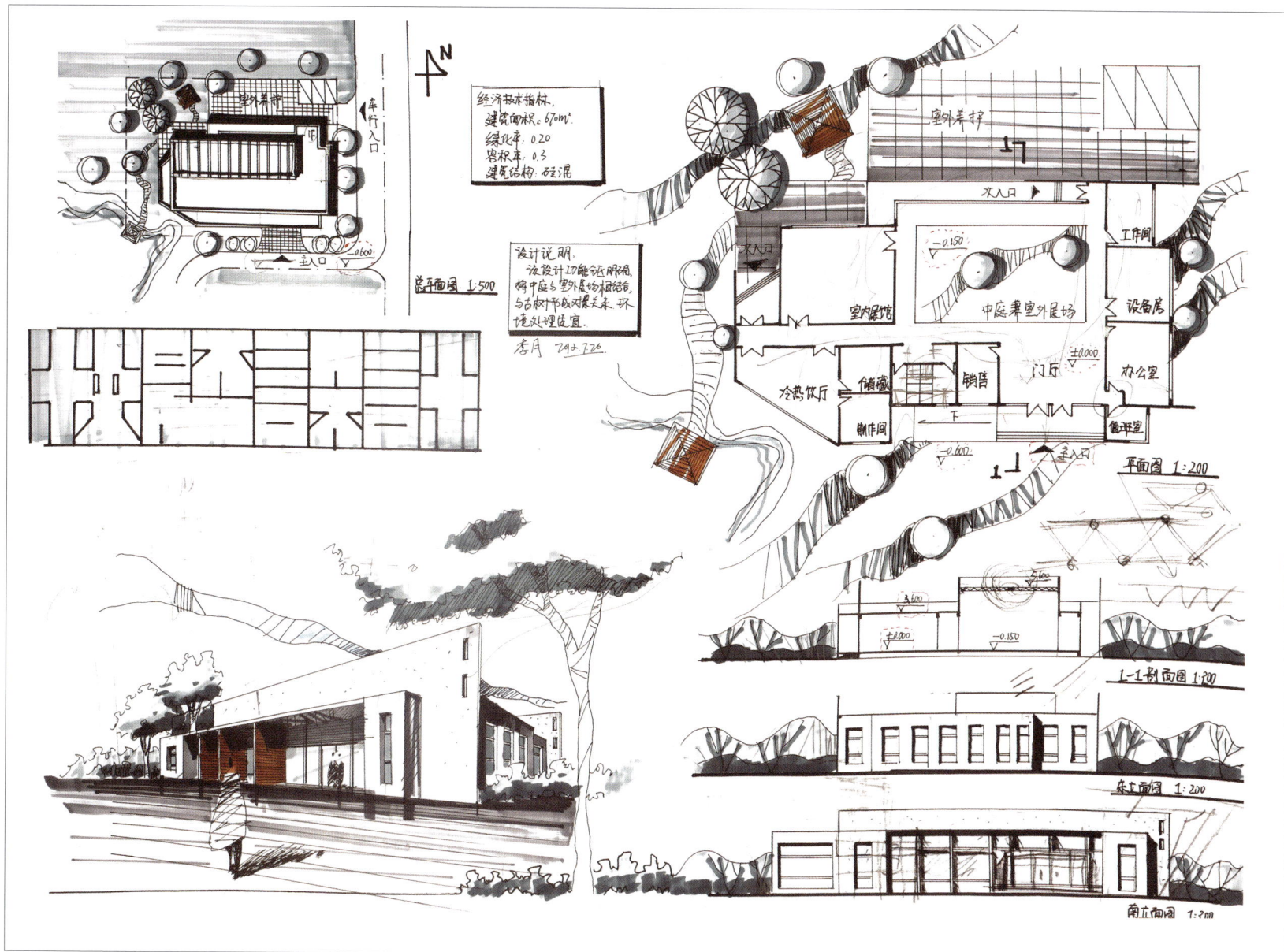

经济技术指标：
建筑面积 670m²
绿化率 0.20
容积率 0.3
建筑结构 砖混

设计说明：
该设计力求能说明馆，将中庭与室外展场相结合，与古树形成对景关系，环境处理适宜。
李月 792726

总平面图 1:500

平面图 1:200

1-1剖面图 1:200

东立面图 1:200

南立面图 1:200

实例5.3.3-3

作　　者 李月
学　　校 湖北工业大学
作业时间 6小时
图纸尺寸 1号图纸
学习时间 2012绘世界暑期

设计评析

　　分区明确，交通便捷，展览和冷热饮位于场地西南区，给予最好的景观朝向。建筑西面应设计较为明显的入口，便于公园方向游人参观，属审题不清。本案属于展览类建筑，只有一个室内展厅，不经没有满足展览空间需求，也导致参观流线单一。

建筑造型有一定特点。图面表达线条较流畅。

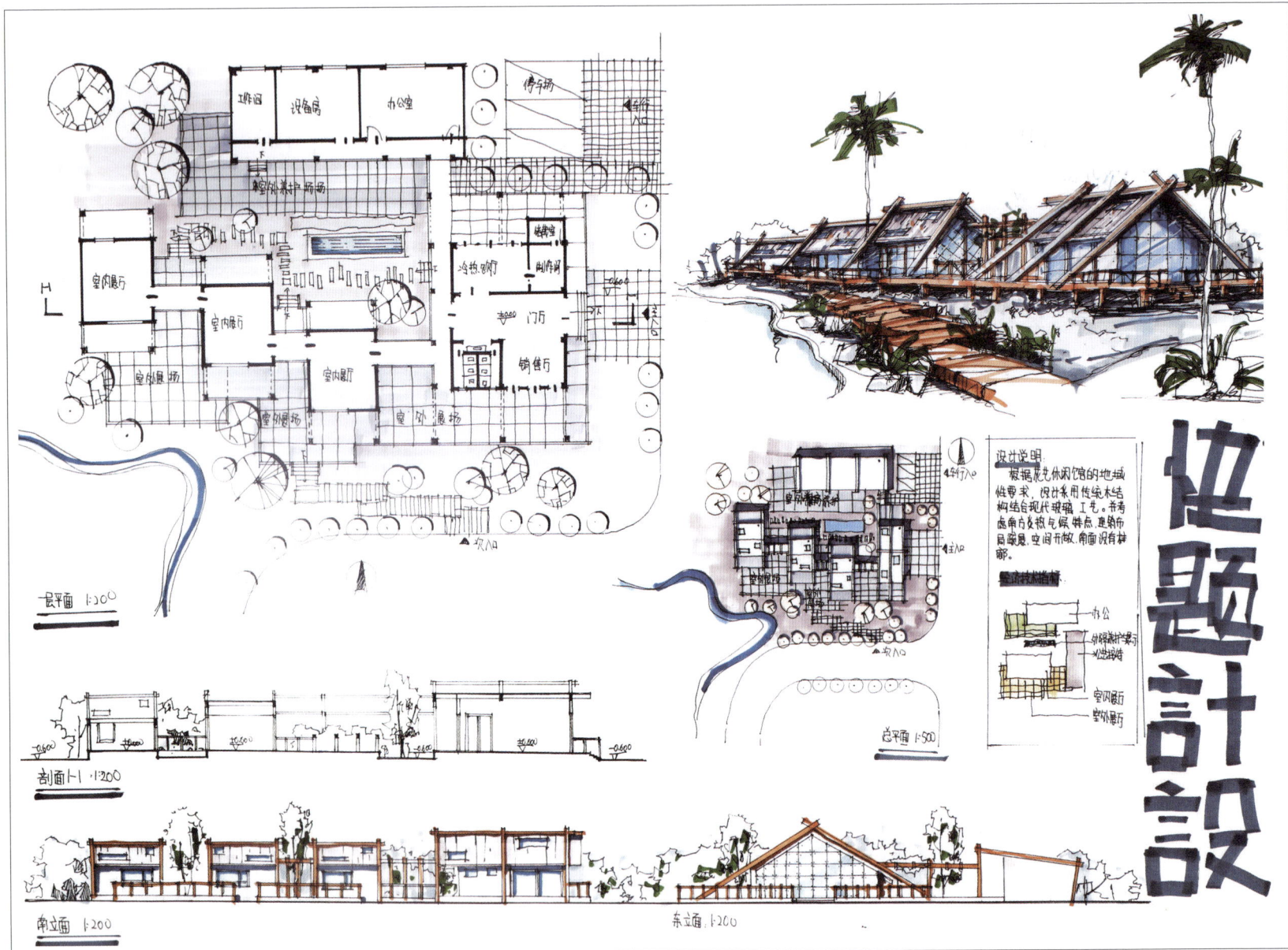

设计说明

整体技术结构

一层平面 1:300

剖面1-1 1:200

总平面 1:500

南立面 1:200

东立面 1:200

快题设计

实例5.3.3-4

作　者 时楠
学　校 东南大学
作业时间 6小时
图纸尺寸 1号图纸
学习时间 2012绘世界暑期

设计评析

　　建筑功能分区合理，室内展厅由景廊连接，每个展厅均设置室外展场，这样不仅丰富了展览空间，每个展厅又可以获得充足采光。建筑造型采用木结构与玻璃结合的坡屋顶，符合园林建筑重装饰特点。

　　版面匀称，重点突出。图面线条表现流畅，色彩合宜，画面生动活泼，效果图潇洒美观，该生有较强的设计与表达能力。

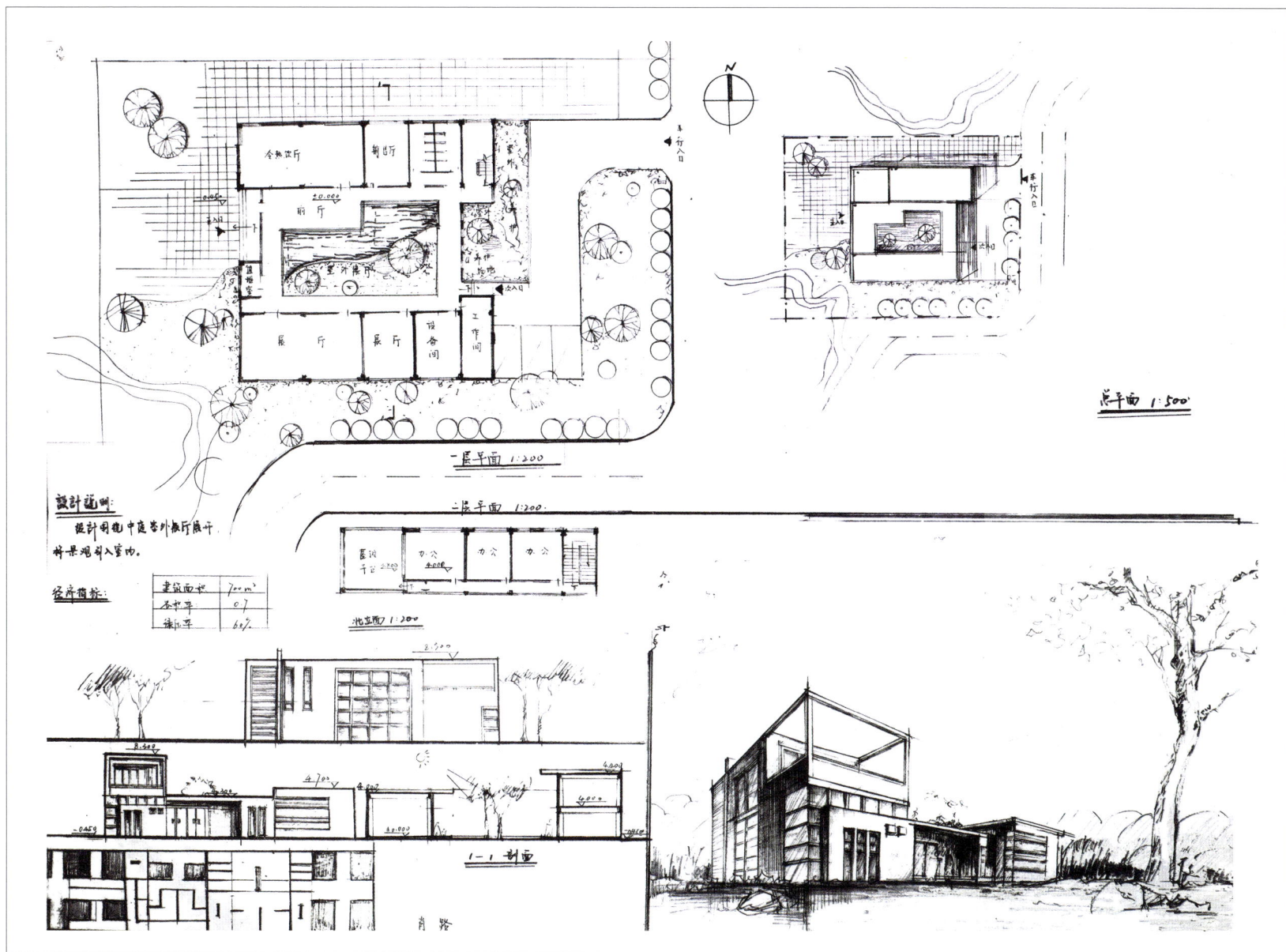

一层平面 1:200

总平面 1:500

二层平面 1:200

北立面 1:200

设计说明:
设计围绕中庭苍外展厅展开
将景观引入室内。

经济指标:

建筑面积	700 m²
容积率	0.7
绿化率	60%

1—1 剖面

肖路

实例5.3.3-5

作　者 肖路
学　校 天津大学（原华中科技大学）
作业时间 6小时
图纸尺寸 1号图纸
学习时间 2012绘世界暑期

设计评析

　　该方案的特色在于把湖水引入区内，增添了建筑亲水性。平面设计舒展，空间层次丰富。为迎合公园方向人流，把主入口放在场地西面，次入口放在场地东面。这样做忽略了建筑对外花卉销售及休闲功能。

建筑造型尚可，效果图感染力强。

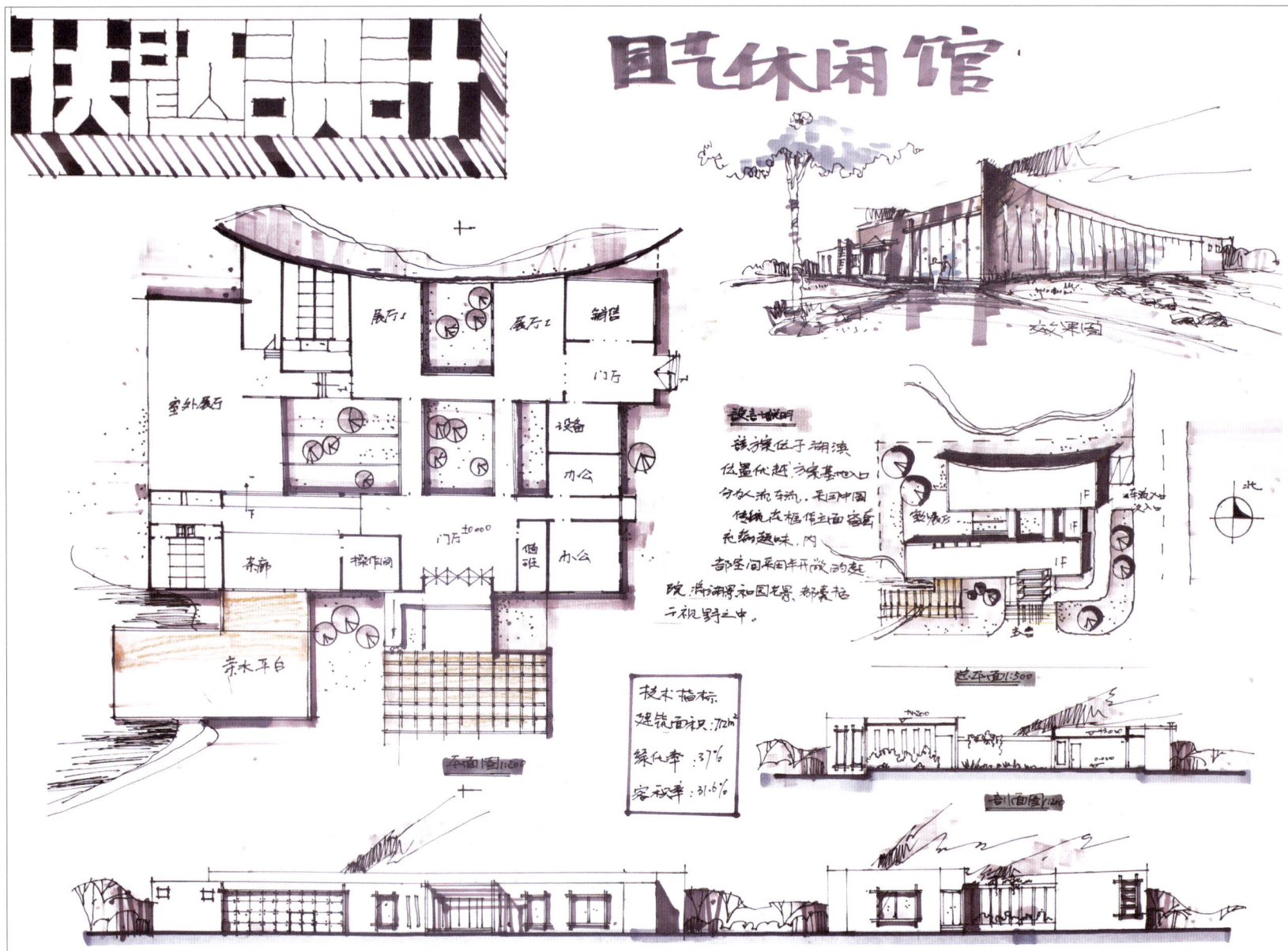

国气休闲馆

设计说明

该方案位于湖滨，位置优越，方案基地口分为人流车流，采用中国传统衣柜作立面窗套，充满趣味，内部空间采用半开敞的庭院，将湖得知图光景，都装框于视野之中。

技术指标
建筑面积：712㎡
绿化率：37%
容积率：31.6%

实例5.3.3-6

设计评析

作 者	谢亚楠
学 校	河南城建学院
作业时间	6小时
图纸尺寸	1号图纸
学习时间	2012绘世界暑期

建筑功能分区明确，建筑体型组合简洁，建筑北面采用弧形墙体，不仅为建筑争取更开敞的景观视野，也使建筑平面形式与场地更好的融合。但形式略显孤立，有再推敲。卫生间数量过多。两展厅中间的庭院应天窗采光，不宜侧窗采光。

图面表达能力尚可，概念化的技巧未能把方案表达效果进一步提升。

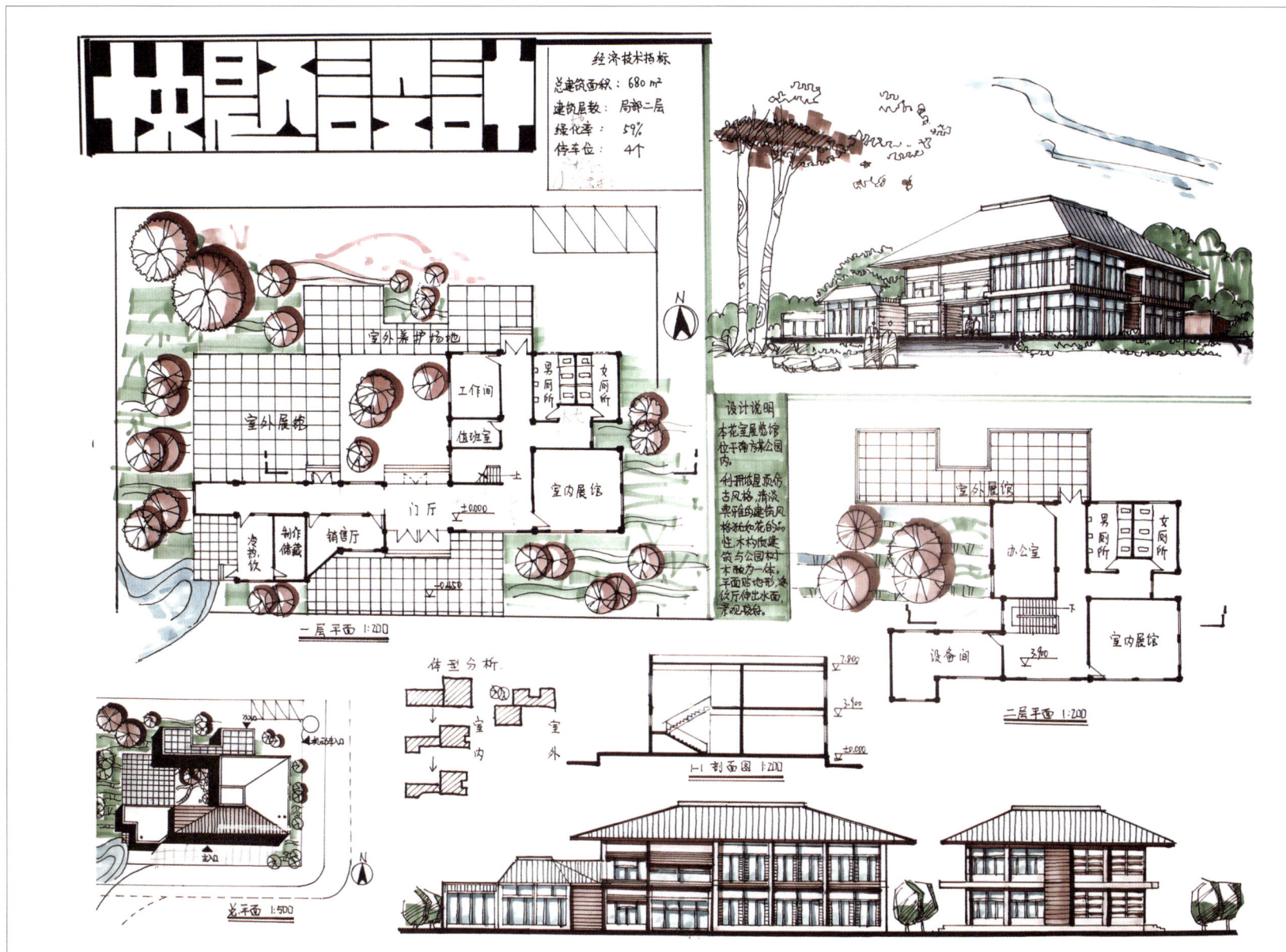

快题设计

经济技术指标
总建筑面积：680 m²
建筑层数：局部二层
绿化率：59%
停车位：4个

设计说明
本花卉展厅览馆位于南方某公园内。利用坡屋顶仿古风格，清淡典雅的建筑风格非常适合花卉的展性。木构做建筑与公园相协调，使之融为一体。平面贴地形，纹厅伸出水面景观较好。

一层平面 1:200

室外养护场地
工作间
值班室
男厕所
女厕所
室内展馆
室外展摊
门厅
销售厅
冷拼饮
制作储藏

二层平面 1:200

室外展馆
办公室
男厕所
女厕所
设备间
室内展馆

体型分析
室内
室外

I-I 剖面图 1:200

总平面 1:500

实例5.3.3-7

作 者 杨柳
学 校 中原工学院
作业时间 6小时
图纸尺寸 1号图纸
学习时间 2012绘世界暑期

设计评析

该方案采用坡屋顶形式，符合园林景观建筑风格。坡面和平面配合良好，建筑形体较简洁。室内展馆放在城市干道边，受外界城市影响较大，可考虑放在场地西边。两个展馆应展开在场地中设计，与室外站场相呼应。

图面简洁、清新，有一定的专业表达能力，效果图中建筑部分表现尚好。

5.3.4　真题实例分析
城市环境更新保护咨讯中心

一、前沿

目前，我国城市化进程进入了关键时期，在经过了大规模城市建设之后，人们禁不住反思：我们需要在什么样的城市中生活？旧城更新保护不应该是一曲城市传统文化的挽歌，而应该是重塑城市文化精神的一次机会，是在传统文化与现代都市时尚生活中进行有机的衔接：

"建筑人"的职责之一就是借着对城市环境构成、文化历史需求，用现代技术与科学知识构建一个资源高度节约又充分利用、富于生命力的城市环境。而大众更新保护意识的确立与相关职责人的培育亦成为国内整体发展的重要课题。政府相关部门，因应与社会实际与科研实际需要，拟挑选某城市旧城保护区附近规划兴建一小型"城居环境更新保护咨询中心"以培育相关人才，更希望寓教于乐，借此提升大众对传统城市居住环境的观念和关注。

二、基地环境

基地（如附图所示）位于某中等城市，西面有一条 25m 宽的城市道路，北邻城市的旧城保护区（主要为 1~2 层的院落式住宅为主，也可自定旧城特征，但必须在设计中注明），环境优美，为一山坡地形，而且位于一湖侧，视野开阔，东侧为公园树林。此基地夏热冬冷，年平均降雨量 1100mm，冬天吹东北风，夏天吹东南风。

三、空间需求 [约（1200 ± 120）m²]

（一）行政空间（约 150m²）

1. 主管室：50m²，含主管办公、招待空间及其他服务设施。
2. 办公室：50m²

3. 小型会议室：一间（约 25m²）
4. 值班室：一间（约 25m²）

（二）教学空间（约 750m²）

1. 教室：2 间（各 45m²）
2. 研讨室：2 间（各室约 30m²，可同时容纳 15 人，但考虑合并使用之可能）
3. 电脑资讯室：2 间（各 50m²）
4. 杂志图书资料（展示与阅览室）：约 260m²
5. 多媒体教室：1 间（阶梯式，同时容纳 100 人，附设放映室及网际会议系统）

（三）茶饮中心（约 150m²）

茶饮、咖啡空间（同时容纳 100 人）

（四）其他空间

门厅、交通等

（五）停车空间

1. 大型客车 2 部
2. 小型客车 10 部

四、设计要点（需至少考虑其中三点，并有所侧重）

1. 基地、建筑物无相关法令限制，但注意考虑其人文环境；
2. 建筑每部空间交流及中介空间处理；
3. 尊重自认环境和持续发展观点，建筑形态及每部空间与基地地形、地貌调和；
4. 建筑空间形态与建造系统的统一；

5. 借建筑空间及建造手法，控制物理环境影响因素；

6. 注重原城区传统与建筑之传承及现代建筑空间、技术、材料等之应用和处理方式。

五、成果要求

总平面图（需绘制整地后等高线）：比例 1:500。

各层平面图：1:200~1:300。

2 个立面（可绘制配景）：比例 1:200~1:300。

全区纵向剖面图（含建筑、可绘制整地前、后等高线：视线与视景：人物等）比例：1:200~1:300。

外透视效果图，表现方法自定。

设计构思说明、技术经济指标。

建筑层数、结构形式自定。

2 号图纸 2~3 张。

六、时间要求

6 小时完成，其中包括午餐时间。

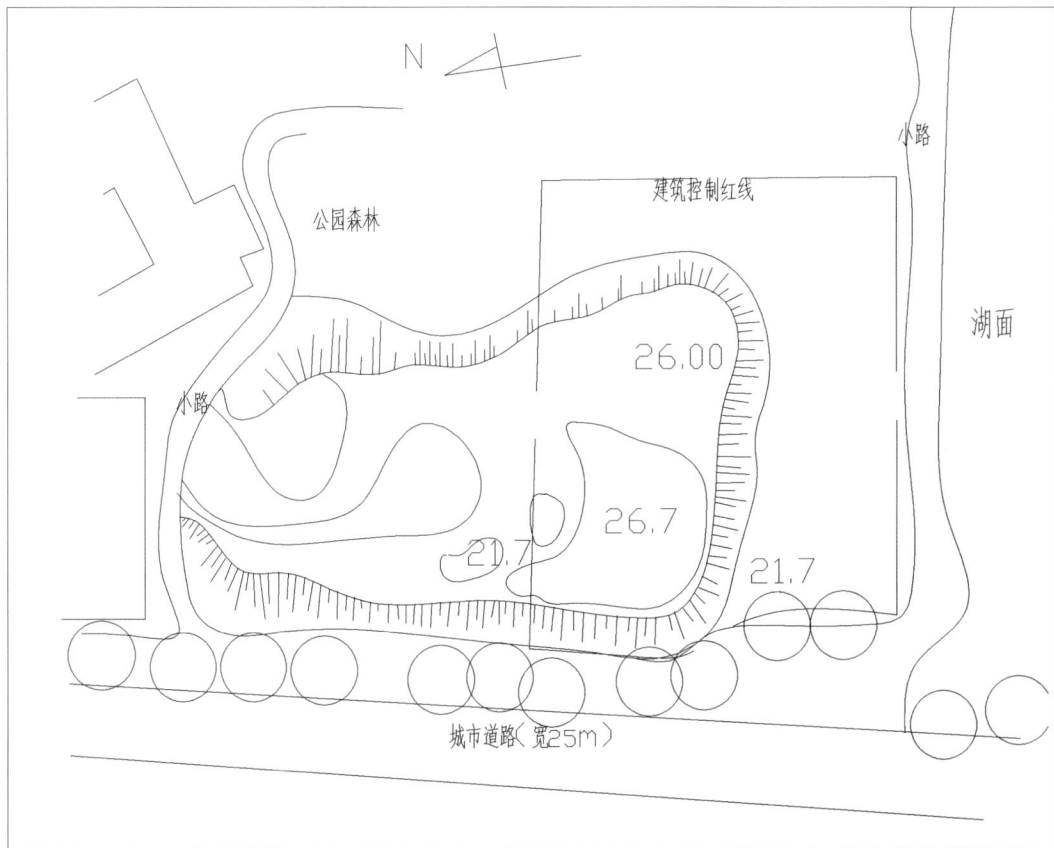

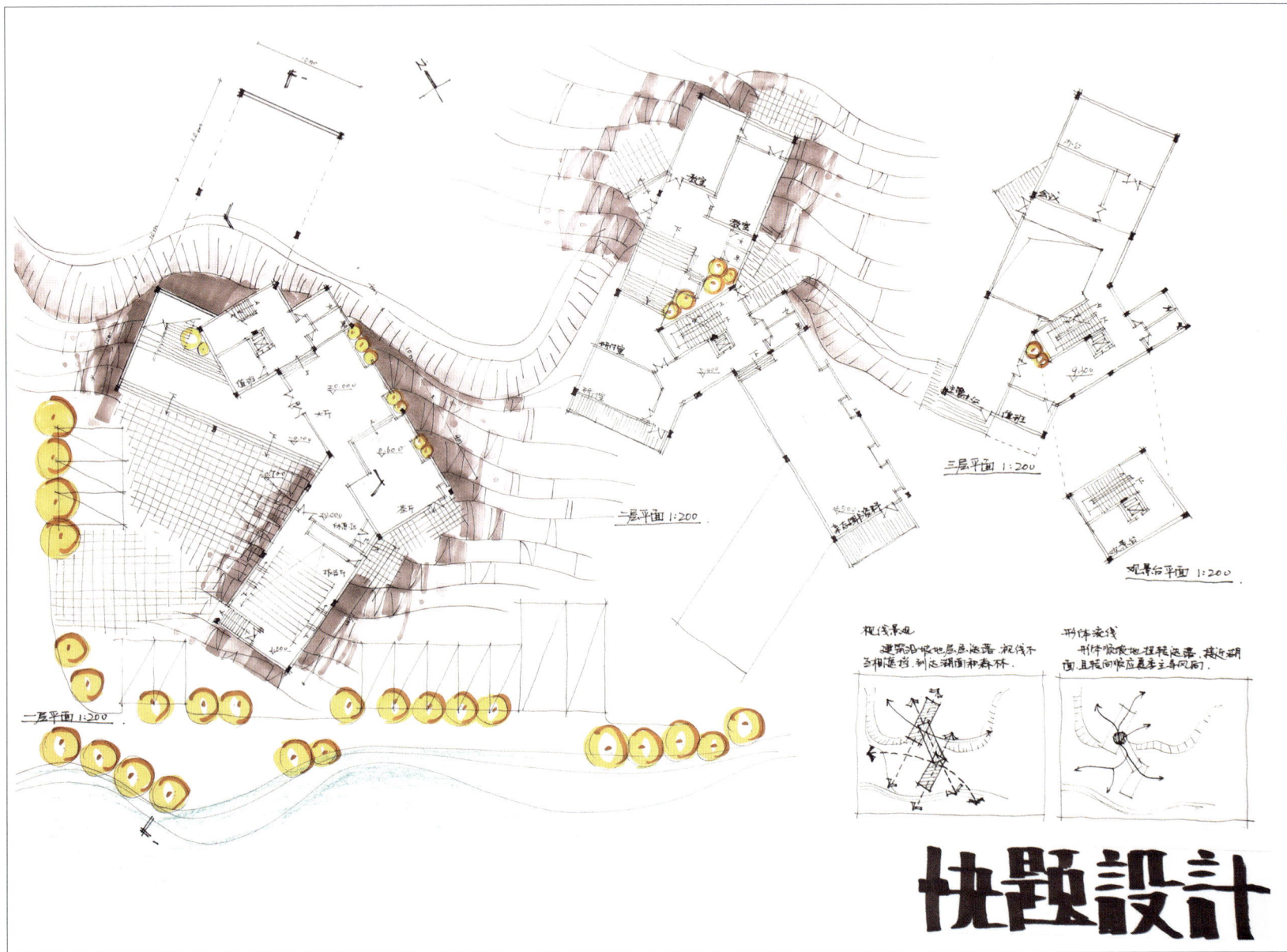

一层平面 1:200

二层平面 1:200

三层平面 1:200

观景台平面 1:200

快题设计

实例5.3.4-1

作 者 张琳琦
学 校 同济大学（原华中科技大学）
作业时间 6小时
图纸尺寸 1号图纸
学习时间 2012绘世界暑期

设计评析

本作品设计新颖，体块空间穿插感强烈，建筑内部空间丰富，但也导致了部分交通流线不够清晰的问题。总平面设计基本合理，但规划尚欠细致，室外停车场不够集中，不便管理，车行入口不明确。

图面表达较整体，表现方面大胆的用了较亮的黄色，风格独特，但因为处理手法不够娴熟使图面有些不稳重。

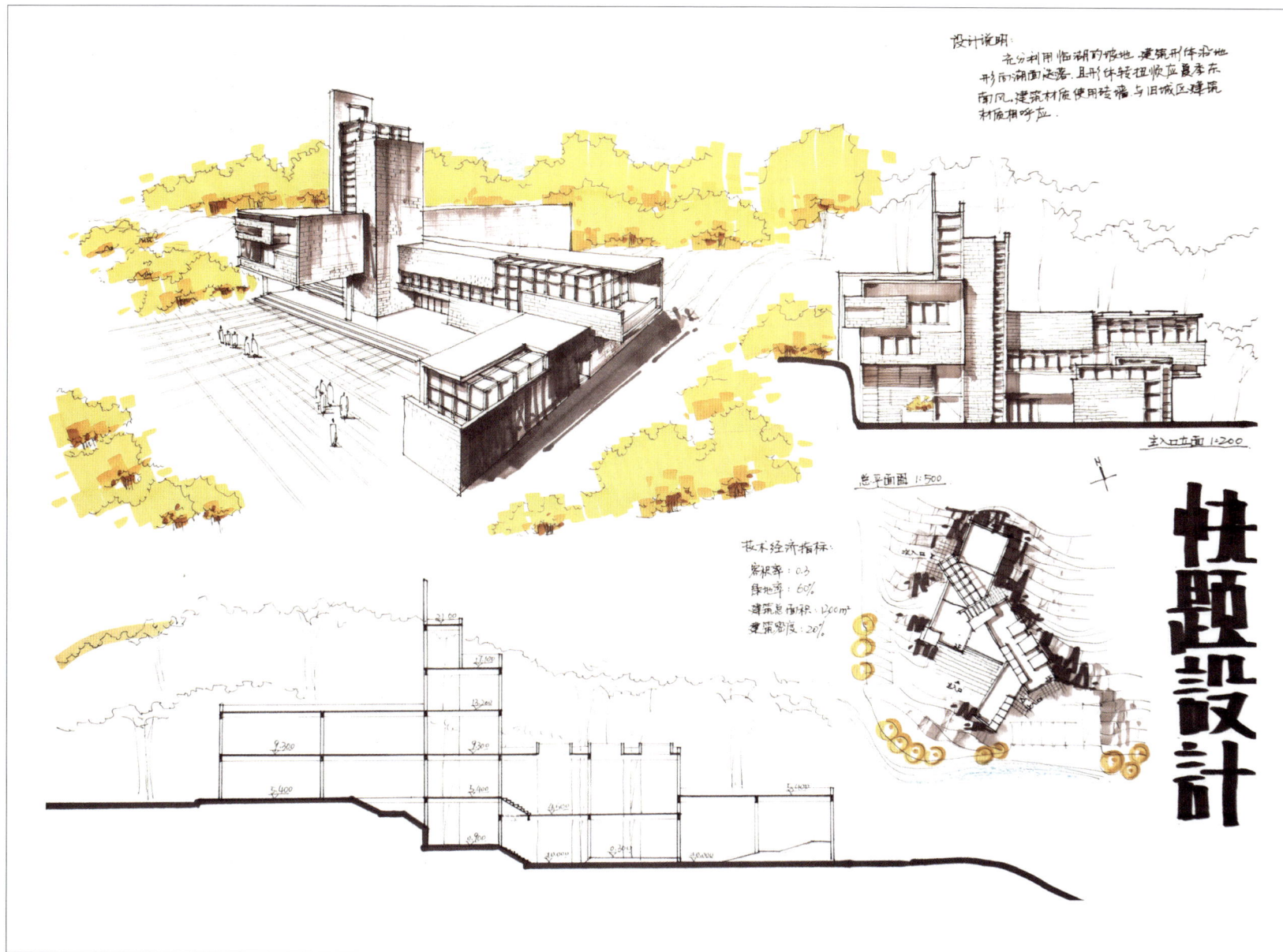

设计说明:
充分利用临湖的坡地,建筑形体依地
形向湖面跌落,且形体转扭顺应夏季东
南风,建筑材质使用砖墙,与旧城区建筑
材质相呼应。

主入口立面 1:200

总平面图 1:500

技术经济指标:
容积率:0.3
绿地率:60%
建筑总面积:1200m²
建筑密度:20%

快题设计

实例5.3.4-1

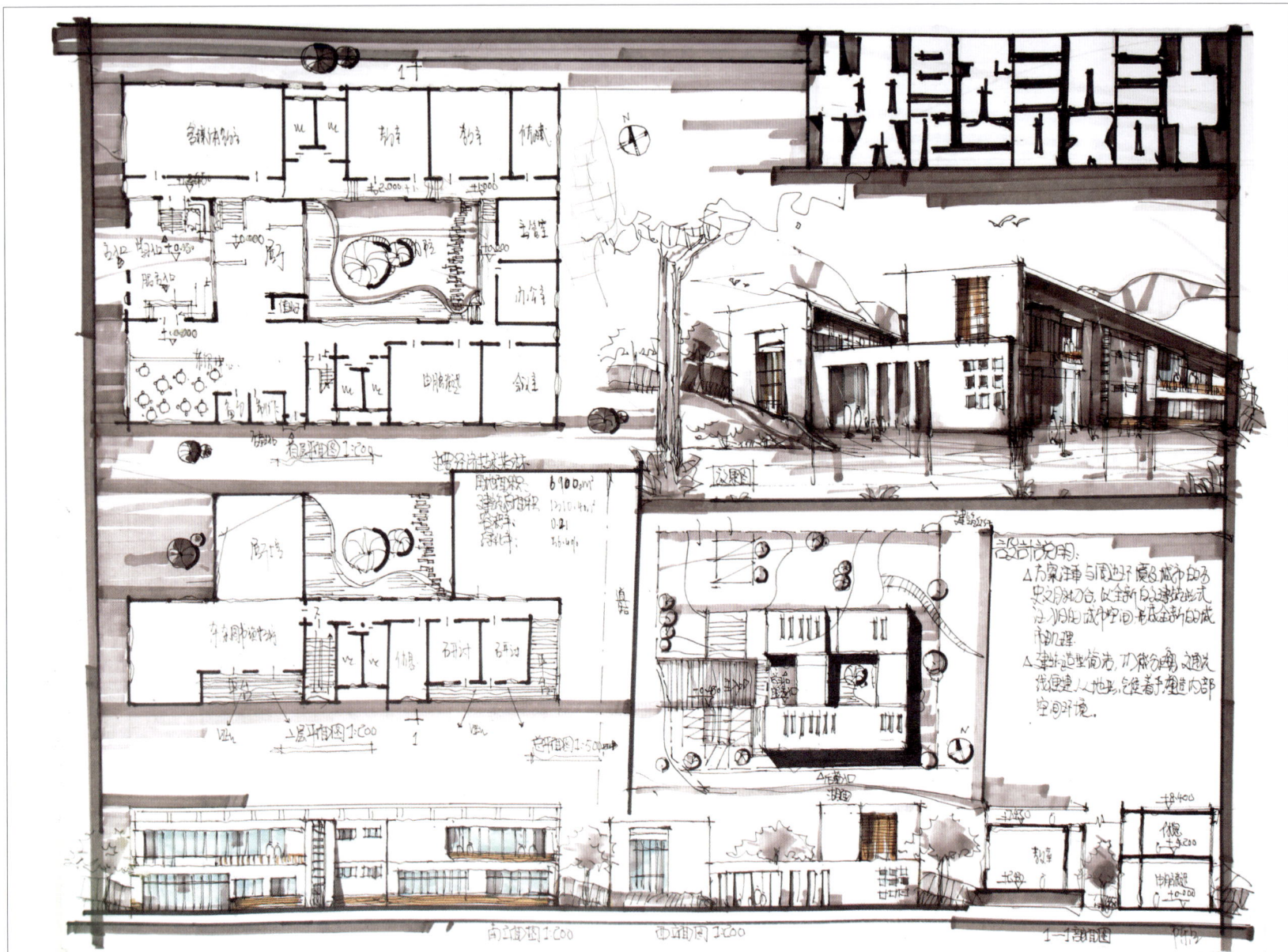

实例5.3.4-2

作　者 陈兵
学　校 安徽科技学院（原城规专业）
作业时间 6小时
图纸尺寸 2号图纸
学习时间 2012绘世界暑期

设计评析

　　总体布局顺应地形及周边环境条件，建筑围合出院落空间，空间丰富，也是平面和形体组合形成有机关联。建筑内部空间紧凑，没有准确切合设置交流空间的主题。

　　版面构图匀称、完整，徒手线条流畅，刻画较为深入，整体效果较好。

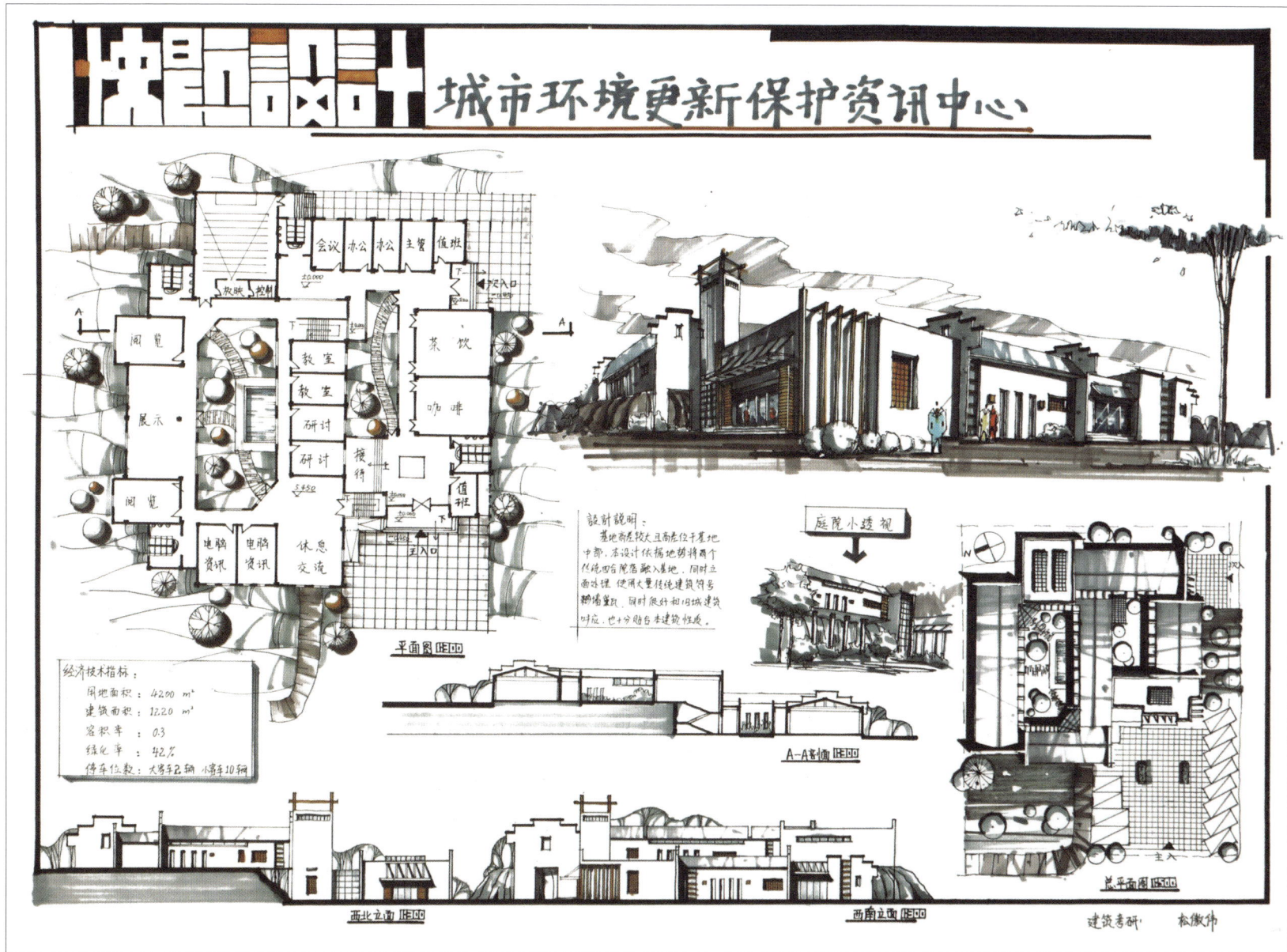

实例5.3.4-3

设计评析

作　　者　松敖伟
学　　校　中原工学院
作业时间　6小时
图纸尺寸　1号图纸
学习时间　2012绘世界暑期

　　总平面设计考虑地形高差特点，建筑布局与湖岸、道路有机结合。平面功能布局合理，院落式空间布局不仅是建筑空间丰富，也使流线形成便于参观的环状。设计亮点在于建筑风格采用中式徽派，提取"马头墙"运用于设计中，不仅丰富建筑立面，也使建筑与周边旧城老街相呼应。

　　不足之处：建筑主入口、接待、楼梯间略显拥挤复杂，需再推敲。版面匀称、紧凑。钢笔线条表现轻松自如，色调统一。透视及立面效果图突出，体积感较强。总图略显琐碎，屋顶表现不足。

环境资讯中心设计

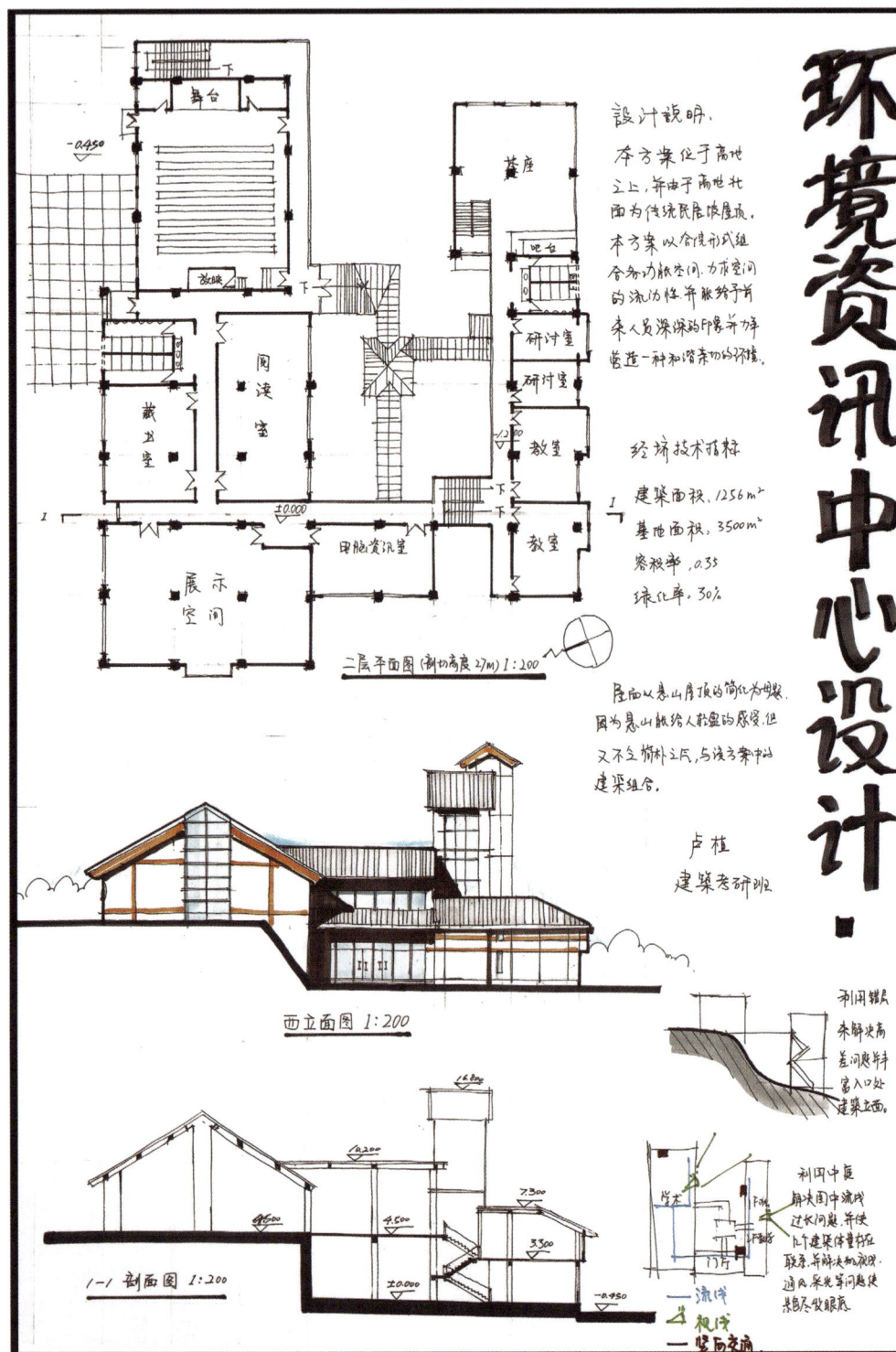

設計說明.

本方案化于高地之上,并由于高地北面为传统民居坡屋顶.本方案以合谐形式组合各功能空间,方求空间的流畅性并服务于前来人员深深的印象并体验道一种和谐亲切的环境.

經济技术指标

建筑面积:1256㎡
基地面积:3500㎡
容积率:0.35
球化率:30%

屋面以悬山屋顶的简化为母题,因为悬山顶给人轻盈的感受,但又不乏惊朴之风,与该方案中的建筑组合.

卢植
建筑考研班

二层平面图 (剖切高度27m) 1:200

西立面图 1:200

1-1 剖面图 1:200

利用铁水来静火局盖河庭坪置入口处建筑立面.

利用中庭解决图中流线过长问题,并使几个建筑体量拉联系,并解决内视线,通风采光等问题使采题尽发展层.

—— 流线
—— 视线
—— 竖向交通

实例5.3.4-4

作　　者	卢植
学　　校	北京建筑大学（原河南大学）
作业时间	3小时
图纸尺寸	1号图纸
学习时间	2010绘世界寒假

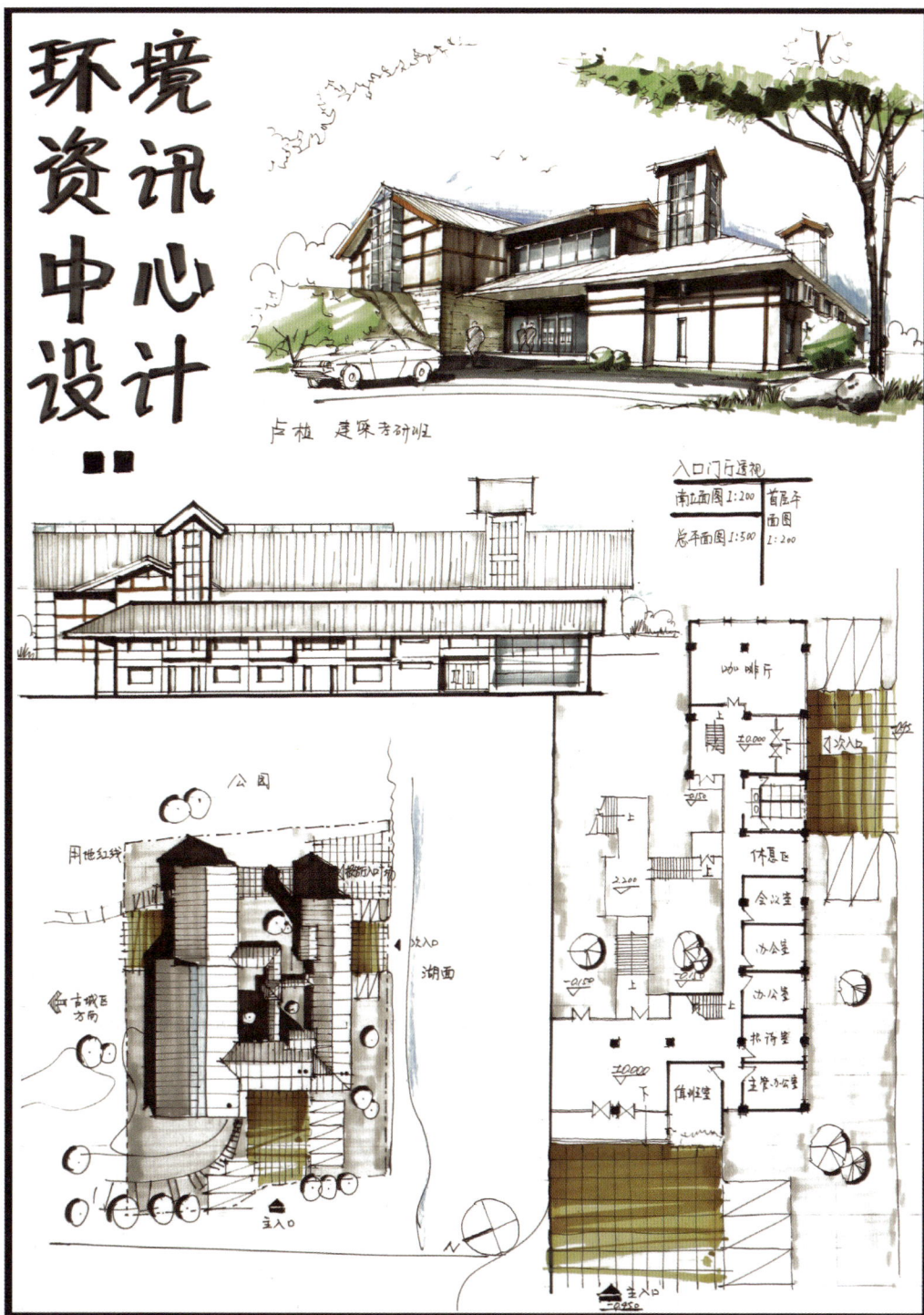

环境资讯中心设计

境讯心计设计

卢植 建筑考研班

入口门厅透视

南北面图 1:200 首层平面图 1:200

总平面图 1:500

公园

用地红线

建筑出入口

湖面

主入口

咖啡厅

±0.000

次入口

休息厅

2.200

会议室

办公室

办公室

接待室

主管办公室

值班室

±0.000

主入口
-0.950

设计评析：

　　总平面设计充分考虑到地形高差问题，建筑布局主要采用两个南北单体，以廊连接组成资讯中心不仅消化高差而且功能分区明确。但连廊形式过于曲折复杂反而破坏了建筑完整性。主入口广场向西迎合主要人流方向，次入口面湖水向南流线设计合理，两个停车场应合为一个便于管理。报告厅距离出入口流线过长，应设置在入口附近，有利于单独对外使用。建筑整体采用坡屋顶造型，地方特色明显，形体组合错落有致。

　　表现方面色调统一，徒手线条熟练，层次丰富，但背景植物表现草率。

设计说明：

本设计从基地地形出发充分发挥地形优势，在最大限度上保存原有地貌，再对建筑功能进行分区设置，使其达到目标使用效果。

技术经济指标：
建筑层数：3层
建筑面积：12,90 m²
绿化率：52%
停车位：12个

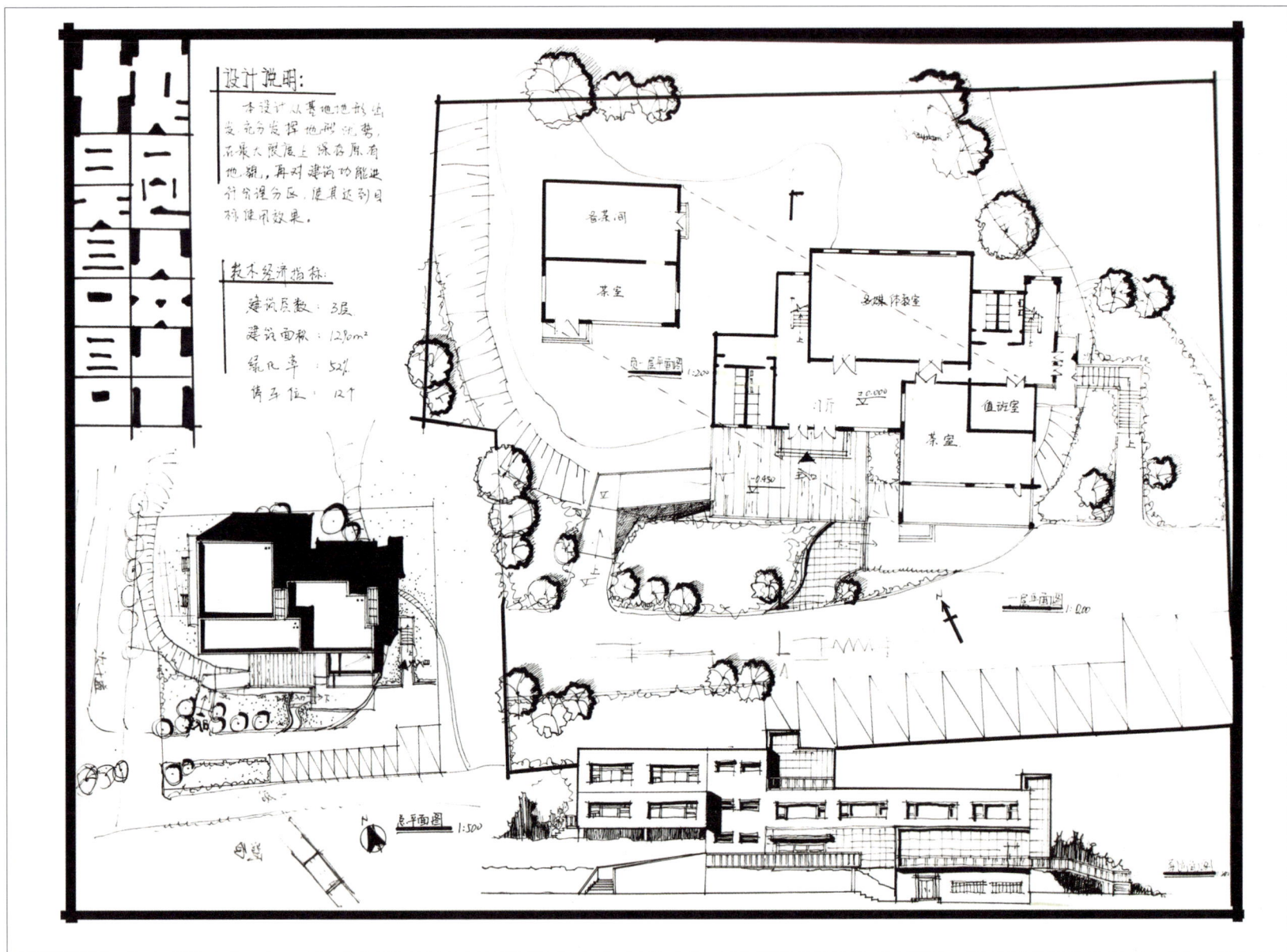

一层平面图 1:200

总平面图 1:500

实例5.3.4-5

作　　者 李业超
学　　校 中原工学院
作业时间 6小时
图纸尺寸 2号图纸
学习时间 2012绘世界暑期

设计评析

　　本案直接把建筑放在一个标高层，使设计难度降低，并给予更好的景观视线。但建筑空间相对单一。建筑内部所有门开启方向都对外，当门开启时廊道交通不便利，不符合消防疏散要求。房间面积如果大于50m²，需开两扇门。剖面表达不准确，未能表达建筑结构及周边环境关系，缺少梁的看线，主入口空间交代不清等。

　　建筑有一定造型，体量适当，整体效果较好。

城居环境资讯中心 快题敀导

实例5.3.4-5

5.3.5 真题实例分析
校史展览馆设计

一、设计题目

某建筑院校拟在校园内新建小型展览陈列馆，用于校史陈列和专题图片展览。地形环境、建筑红线等场地条件另详地形图。该大学所处地域气候条件有考生自定，但必须在设计说明中注明。

二、场地要求

设计 10 辆小车、1 辆大客车停车位。

三、面积要求

总建筑面积不超过 1000m^2，基本功能空间（面积自行策划）设置要求如下：

（1）展览陈列；

（2）接待；

（3）演讲报告（约容纳 150 人）；

（4）小型会议（约容纳 30 人）；

（5）收藏；

（6）管理办公；

（7）门卫值班；

（8）门厅、门廊、走道、楼梯及厕所等。

注：不考虑设计中央空调。

四、成果要求

（1）总平面，1:500；

（2）各层平面，1:200；

（3）剖面，1:100，（一个）；

（4）鸟瞰透视图（非鸟瞰图无成绩），图幅不应小于 300×200mm（一幅），表现方法自定；

（5）方案构思简要说明：100 字以内。

五、图纸要求

图幅 594×420mm，按比例徒手成图（注必要的尺寸、标高）。

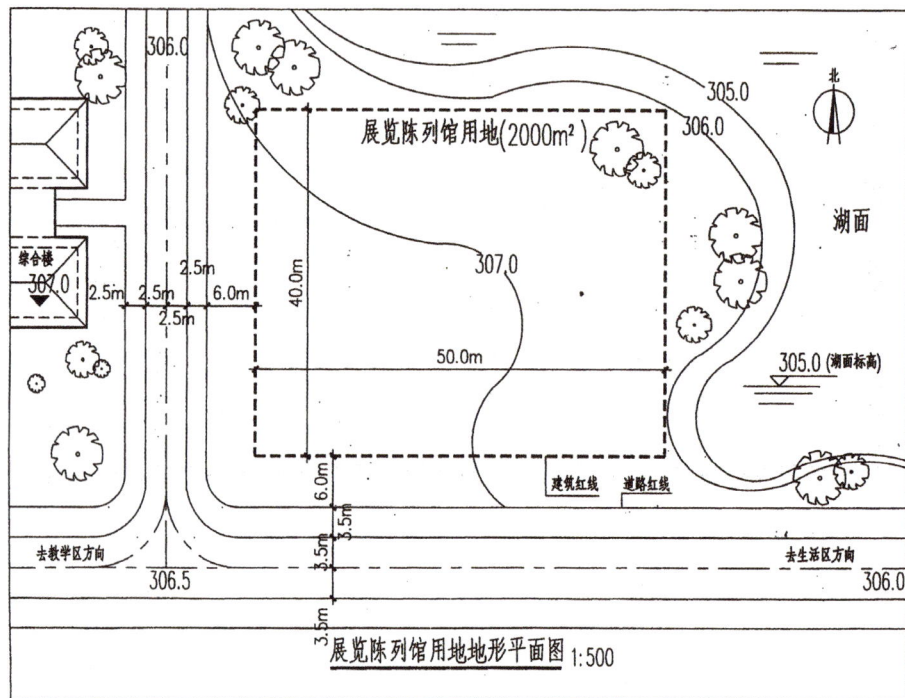

展览陈列馆用地地形平面图 1:500

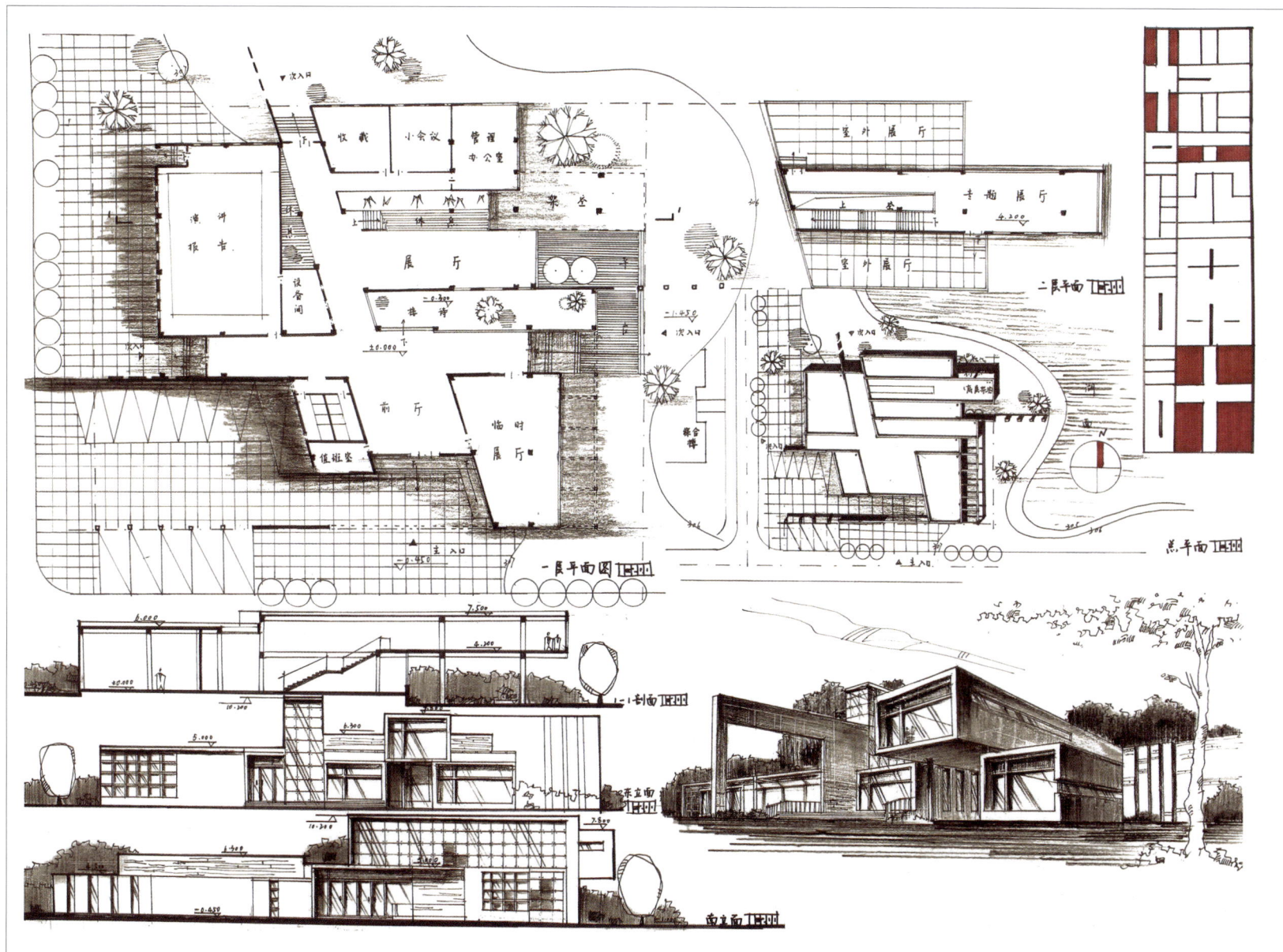

实例5.3.5-1

设计评析

作　　者 肖路
学　　校 天津大学（原华中科技大学）
作业时间 6小时
图纸尺寸 2号图纸
学习时间 2012绘世界暑期

该方案整体功能分区和平面布局都比较合理。建筑体量高低错落，空间组合较有特点，采用斜"十"字交通打破矩形空间，丰富了内部空间，同时也出现了一些异形房间。一、二层展厅又直跑楼梯连接，使空间具有一定引导性。卫生间侧位设计不规范。

版面均衡，图纸表达深入，绘图细致。铅笔表现为主，体块分明，建筑感较强，考天津大学的考生可借鉴学习。

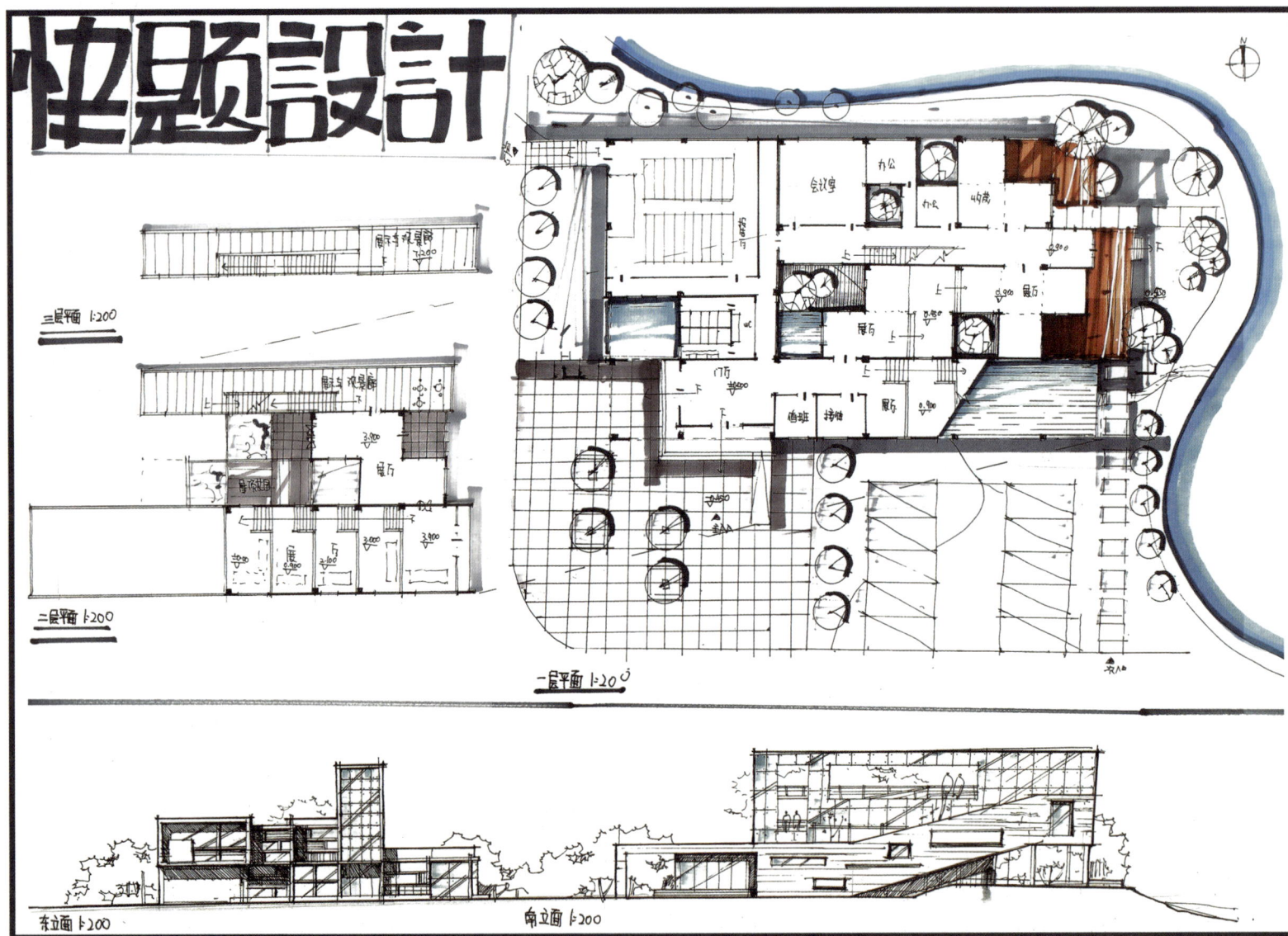

实例5.3.5-2

设计评析

作　者	时楠
学　校	东南大学（原华中科技大学）
作业时间	6小时
图纸尺寸	1号图纸
学习时间	2012绘世界暑期

该方案较好的满足了设计任务书的要求，总平面能结合地形布局，流线清楚。主入口退让处理，满足了两条道路来向人流。结合展览功能建筑体量高低错落，空间组合较有特点，并满足了建筑最好景观朝向。在6小时快题中有此创意颇为不容易，但内部空间组织值得推敲，滨水区空间可再整合，化整为零。

本方案表现力非常强，图面构图简介明快，整体感好，线条和马克笔的搭配非常和谐。

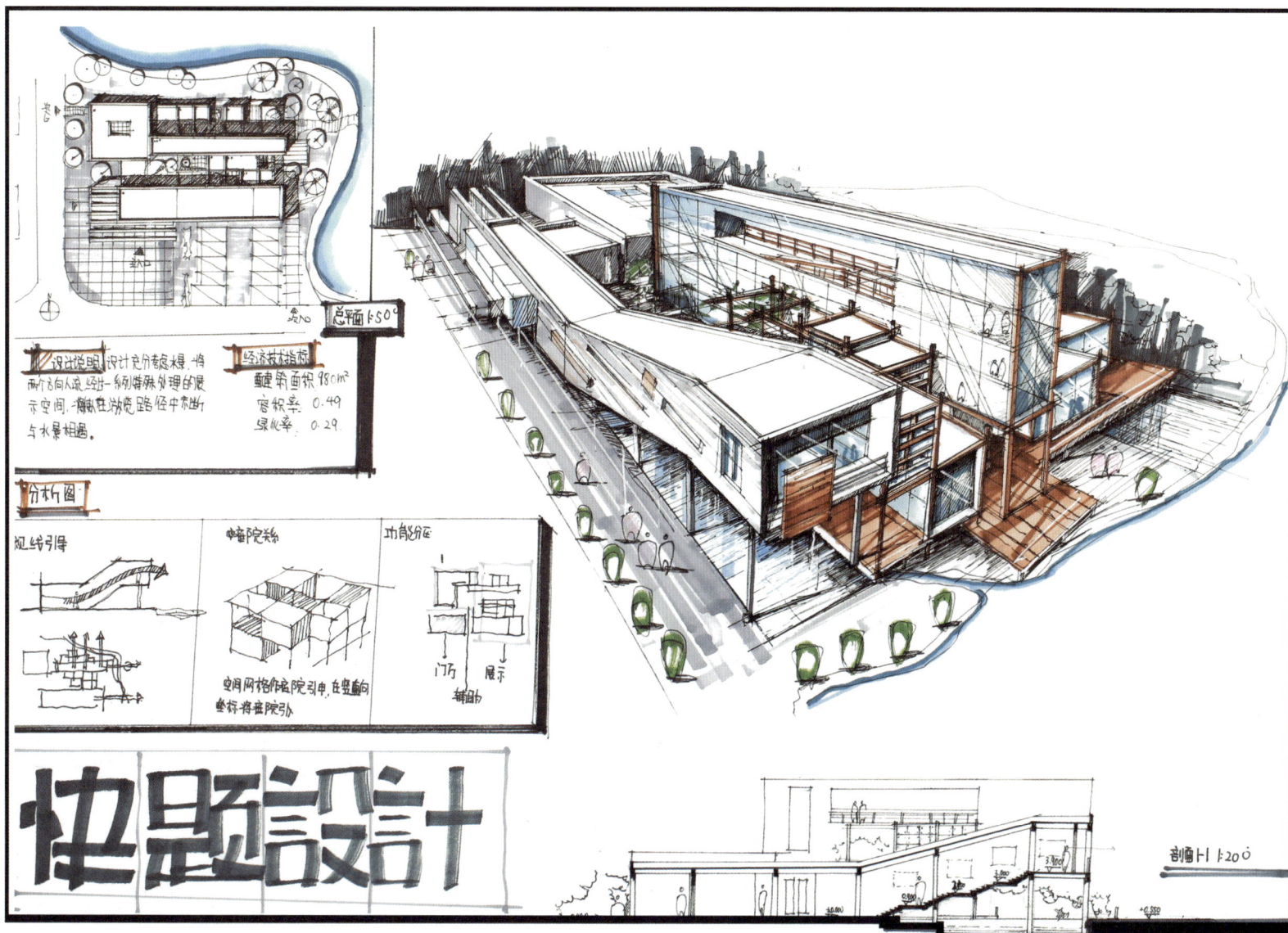

总平面 1:500

设计说明 设计立介提庭想,将两个不同人流经由一系列特殊处理的展示空间,穿梭在动感路径中不断与水景相遇。

经济技术指标
总建筑面积 980m²
容积率 0.49
绿化率 0.29

分析图

视线引导

庭院关系

空间网格作临庭院引申,在竖向坐标将庭院引

功能分区

门厅 展示
辅助

快题设计

剖面 1:200

实例5.3.5-3

作　者	张琳琦
学　校	同济大学（原华中科技大学）
作业时间	6小时
图纸尺寸	1号图纸
学习时间	2012绘世界暑期

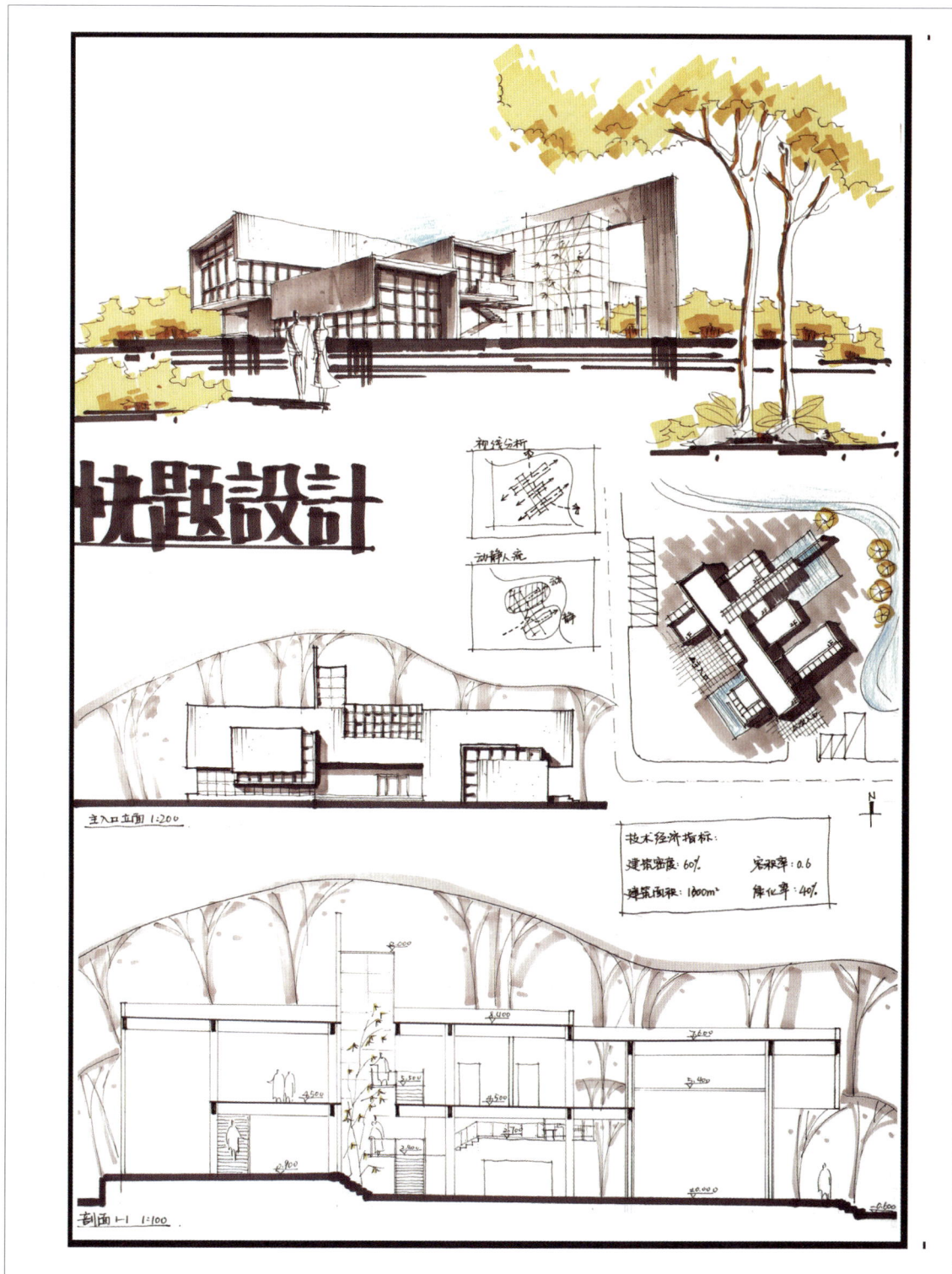

快题设计

视线分析

动静人流

主入口立面 1:200

技术经济指标：
建筑密度：60%　　　容积率：0.6
建筑面积：1000m²　　绿化率：40%

剖面图 1:100

设计评析

总平面向布置，给予更开场的入口空间，迎合两侧道路方向人流。横向布局向东北方向延伸充分利用湖面景色。建筑内部空间丰富、灵活。贮藏室与展厅流线过长，应考虑放整体设计。

徒手线条表现流畅，不拘小节。透视效果图体块感强，空间关系表达清楚。

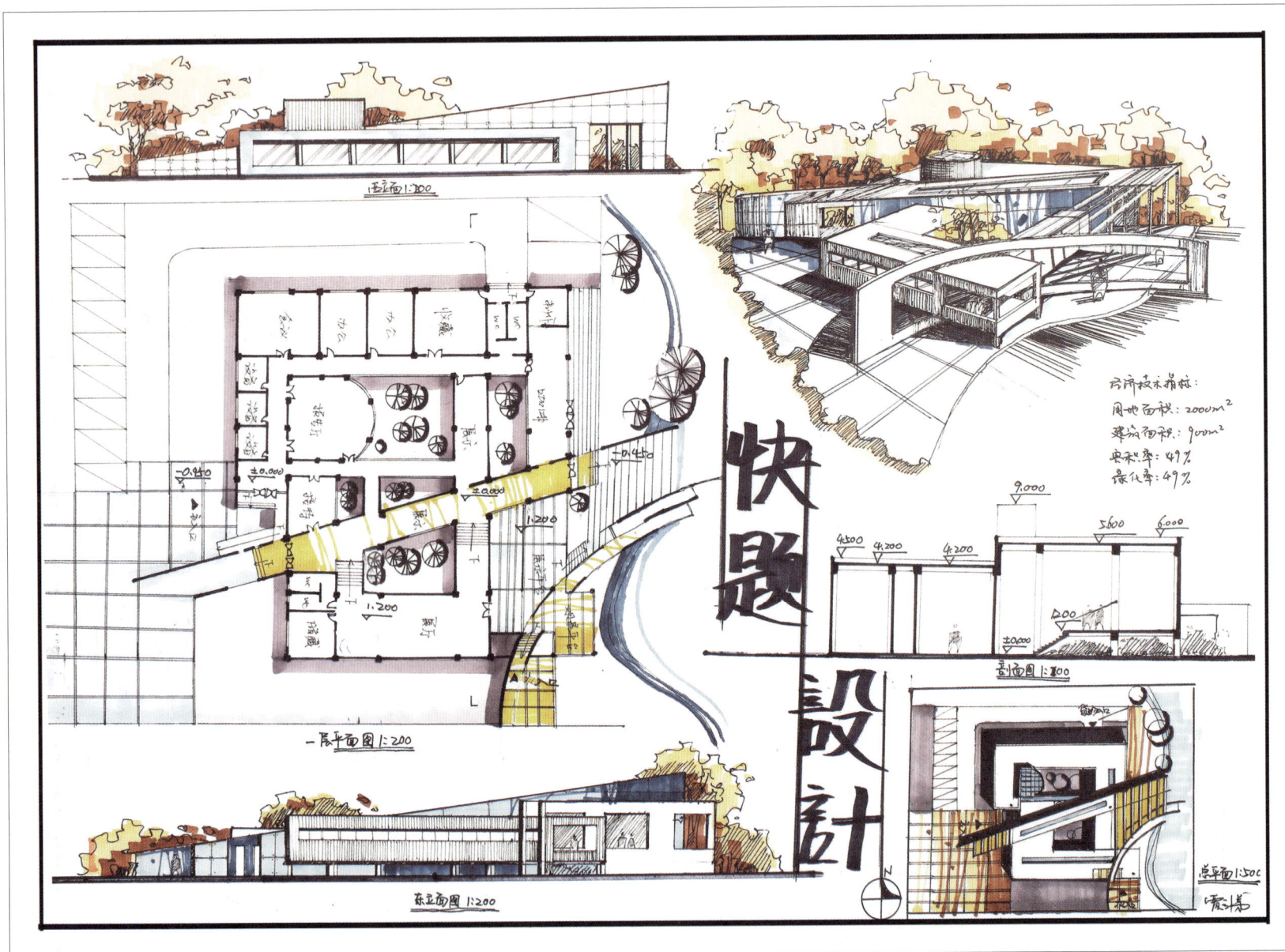

实例5.3.5-4

作　　者 贾引弟
学　　校 九江学院
作业时间 6小时
图纸尺寸 1号图纸
学习时间 2012绘世界暑期

设计评析

　　该方案没有循规蹈矩地安轴线或对称的格局展开设计，而是展廊与建筑交叉布置，打破方形庭院，注重建筑内部绿化景观的营造。功能布局基本合理，主入口空间不够开场，内部交通流线不够简洁，次入口设计不合理，缺少门厅并应避开卫生间。

　　图面布局均衡、完整，徒手线条流畅，刻画较深入，整体效果较好。

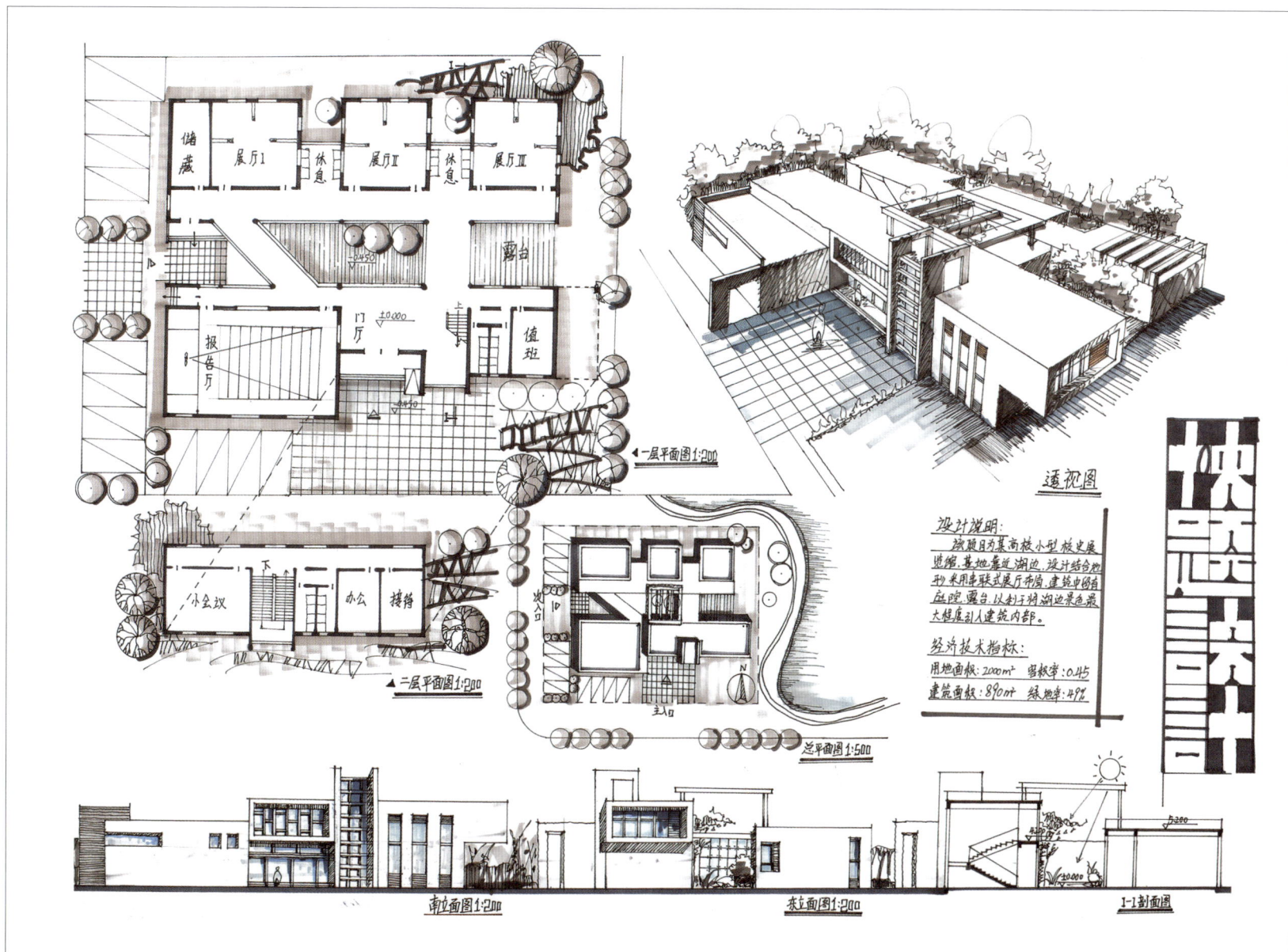

储藏　展厅1　休息　展厅Ⅱ　休息　展厅Ⅲ

-0.450

露台

报告厅

门厅　±0.000

值班

上

一层平面图1:200

小会议

下

办公　接待

二层平面图1:200

次入口

主入口

N

总平面图1:500

透视图

设计说明：
　该题目为某高校小型校史展览馆。基地靠近湖边，设计结合地形，采用串联式展厅布局，建筑由围合庭院、露台，以利于将湖边景色最大程度引入建筑内部。

经济技术指标：
用地面积：2000㎡　容积率：0.45
建筑面积：890㎡　绿地率：49%

快题六十一

南立面图1:200　　　北立面图1:200　　　1-1剖面图

实例5.3.5-5

作　　者　罗号
学　　校　湖北工程学院
作业时间　6小时
图纸尺寸　1号图纸
学习时间　2012绘世界暑期

设计评析

　　功能分区合理，注重展览空间设计，结合地形采用串联式流线布局，紧扣题眼。报告厅可再设计一单独对外疏散口。室外停车位设计不合理，与道路之间可设绿化隔离。报告厅放在主入口边，便于使用，最好再单独设置一对外开启的疏散出口。

　　徒手线条流畅，手法娴熟。鸟瞰效果图也能较好地反映建筑空间体块关系。

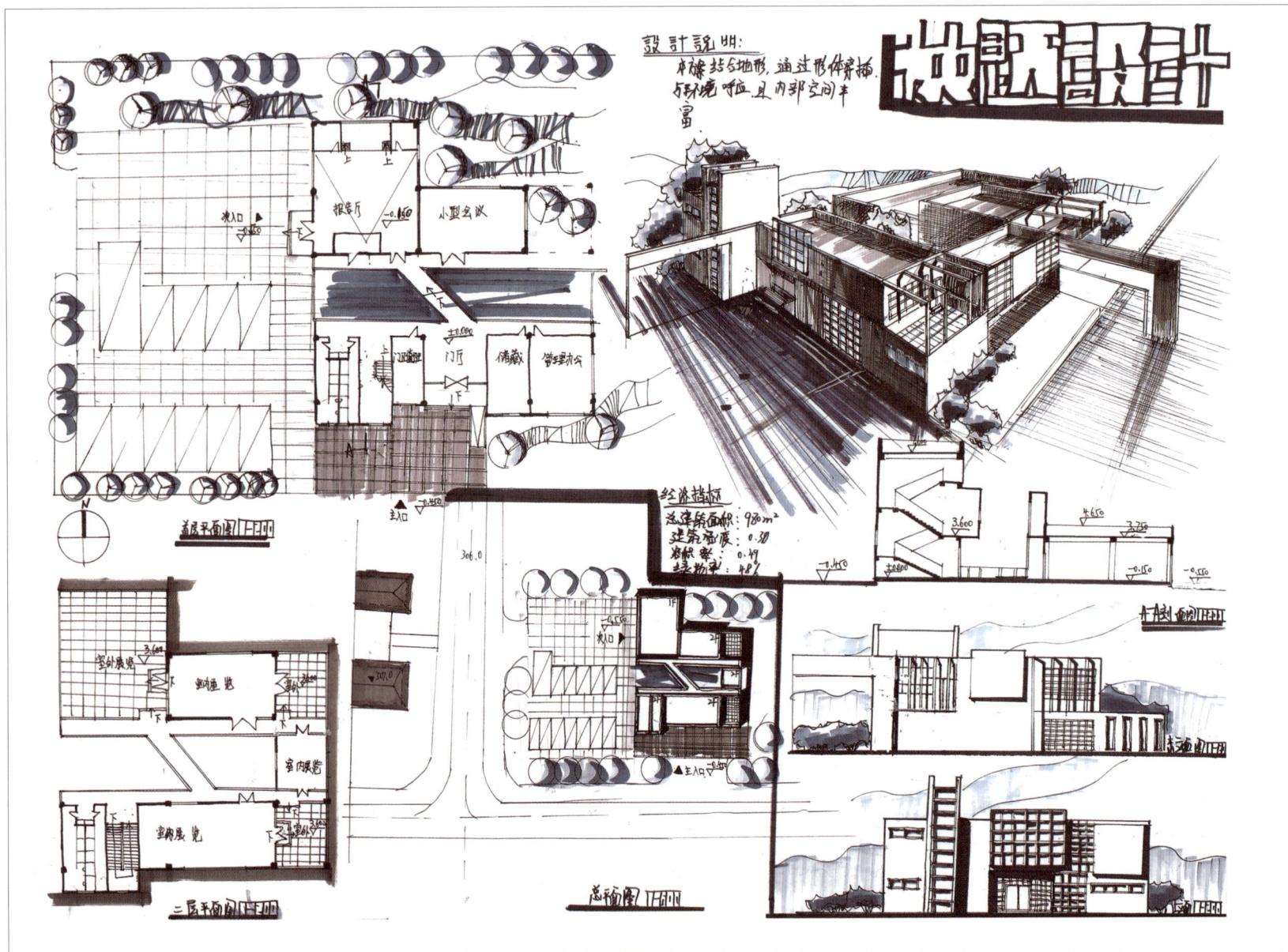

实例5.3.5-6

设计评析

作　者	吕淑景
学　校	河南城建学院
作业时间	6小时
图纸尺寸	1号图纸
学习时间	2012绘世界暑期

该方案设计中，建筑集中放在场地东面滨水区，充分利用周边良好的自然景观，场地西面留出充足空间做停车场，便于管理。但这样设计不可避免建筑重心偏离场地重心，图底关系不佳，建筑定会做二层以上，需要考虑设计垂直交通。

图面布置匀称，用色协调，整体效果尚可，有一定建筑感。

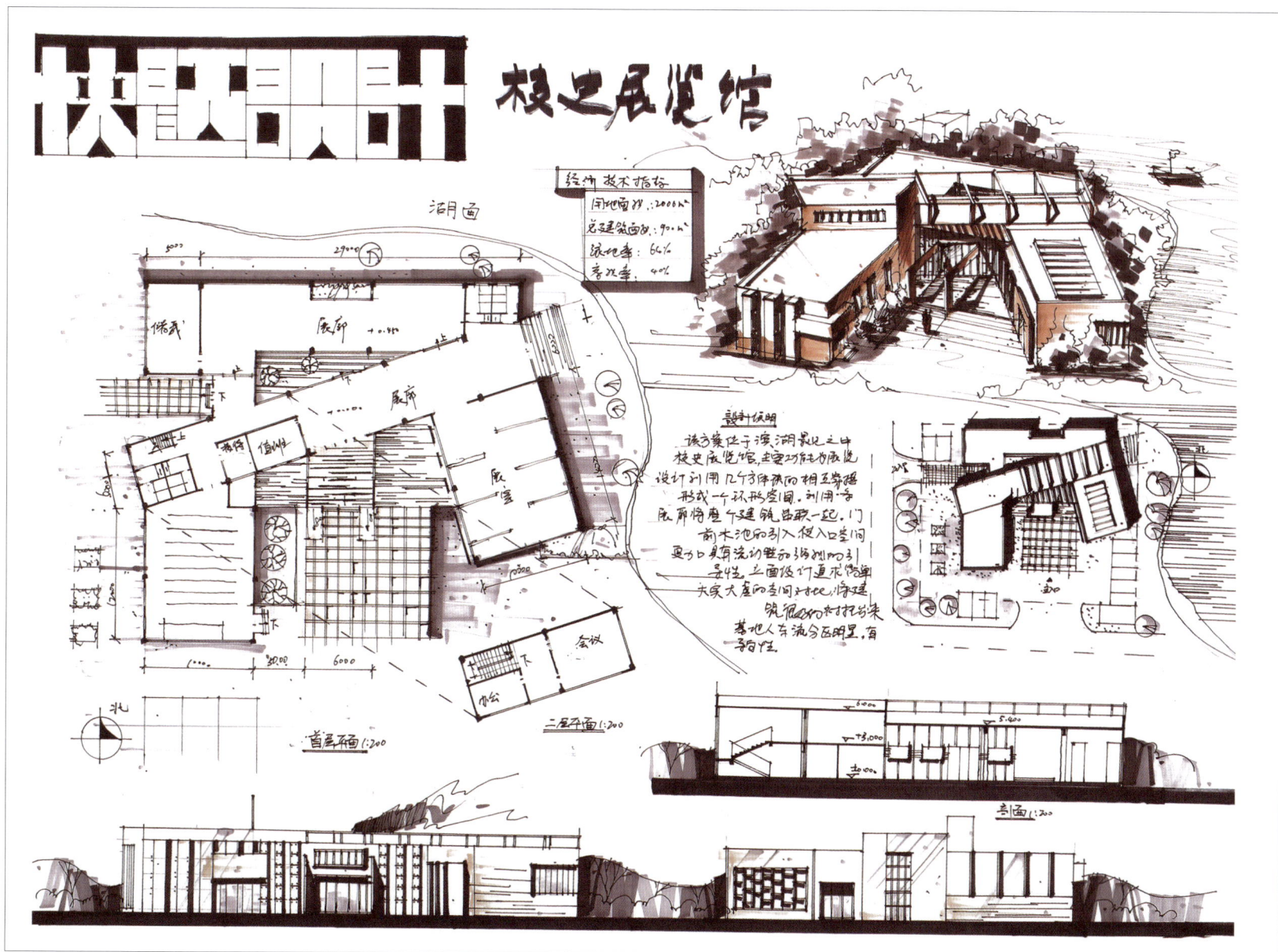

快题设计 校史展览馆

经济技术指标
用地面积：2000㎡
总建筑面积：900㎡
绿地率：66%
容积率：40%

设计说明
该方案位于滨湖景色之中，校史展览馆，主要功能为展览，设计利用几个方体的相互穿插，形成一个环形空间。利用展廊将整座建筑联系一起。门前水池的引入使入口空间更加丰富有活力。

首层平面1:200
二层平面1:200
立面1:200

实例5.3.5-7

设计评析

作　者	谢亚楠
学　校	河南城建学院
作业时间	6小时
图纸尺寸	1号图纸
学习时间	2012绘世界暑期

该方案采用"凹"字形布局，入口空间开场，便于人流集散。内部空间结构有一定特点，方案构思模式可取，功能组织良好。但方案忽略了办公空间面积，一间办公室显然不能满足该建筑需求。展廊东面不应完全开场，需设门。

从图面可以看出作者有良好的综合素质，线条流畅潇洒，效果图生动活泼。

5.4 办公类建筑设计

5.4.1 总平面设计要点

1. 总平面布置宜进行环境及绿化设计。

2. 在同一基地内办公楼与其它建筑共建，或建造以办公用房为主的综合性建筑，应根据使用功能不同，做到分区明确、布局合理、互不干扰。

3. 建筑基地内应设机动车和自行车停车场（库）。

4. 总平面布置应合理安排好设备机房、附属设施和地下建筑物。如设有锅炉房、食堂的宜设运送燃料、货物和清除垃圾等的单独出入口。

6.4.2 建筑方案设计要点

1. 办公建筑应根据使用性质、建设规模与标准的不同，确定各类用房。一般由办公用房、公共用房、服务用房等组成。

2. 办公建筑应根据使用要求，结合基地面积、结构选型等情况按建筑模数选择开间和进深，合理确定建筑平面，并为今后改造和灵活分隔创造条件。

3. 六层及六层以上办公建筑应设电梯。建筑高度超过 75m 的办公建筑电梯应分区或分层使用。

4. 门厅一般可设传达室、收发室、会客室。根据使用需要也可设门廊、警卫室、衣帽间和电话间等。门厅应与楼梯、过厅、电梯厅邻近。严寒和寒冷地区的门厅，应设门斗或其它防寒设施。办公室门洞口宽度不应小于 1m，高度不应小于 2m。

5. 走道地面有高差，当高差不足二级踏步时，不得设置台阶，应设坡道，其坡度不宜大于 1：8。

6. 办公用房包括普通办公室和专用办公室。专用办公室包括设计绘图室与研究工作室等。普通办公室宜设计成单间式和大空间式，特殊需要可设计成单元式或公寓式。值班办公室可根据使用需要设置，重要办公建筑设有夜间总值班室时，可设置专用卫生间。普通办公室每人使用面积不应小于 $3m^2$，单间办公室净面积不宜小于 $10m^2$。办公室的室内净高不得低于 2.60m，设空调的可不低于 2.40m；走道净高不得低于 2.10m，贮藏间净高不得低于 2.00m。设计绘图室宜

采用大房间或大空间，或用灵活隔断、家具等把大空间进行分隔；研究工作室（不含实验室）宜采用单间式，自然科学研究工作室宜靠近相关的实验室。每人使用面积不应小于 $5m^2$，研究工作室，每人使用面积不应小于 $4m^2$。

7. 服务用房包括一般性服务用房和技术性服务用房。一般性服务用房为：打字室、档案室、资料室、图书阅览室、贮藏间、汽车停车库、自行车停车库、卫生管理设施间等；技术性服务用房为：电话总机房、计算机房、电传室、复印室、晒图室、设备机房等。打字间应光线充足，通风良好、避免西晒。档案、资料查阅间和图书阅览室应光线充足、通风良好、避免阳光直射及眩光。

8. 办公室、研究工作室、接待室、打字室、陈列室和复印机室等房间窗地比不应小于 1：6。设计绘图室、阅览室等房间窗地比不应小于 1：5。

9. 公共用房一般包括会议室、接待室、陈列室、厕所、开水间等。会议室根据需要可分设大、中、小会议室。中、小会议室可分散布置。小会议室使用面积宜为 30 ㎡ 左右，中会议室使用面积宜为 60 ㎡ 左右；中、小会议室每人使用面积：有会议桌的不应小于 $1.80m^2$，无会议桌的不应小于 $0.80m^2$。接待室根据使用要求设置，专用接待室应靠近使用部门，行政办公建筑的群众来访接待室宜靠近主要出入口。陈列室应根据需要和使用要求设置，专用陈列室应对陈列效果进行照明设计，避免阳光直射及眩光，外窗宜设避光设施。可利用会议室、接待室、走道、过厅等的部分面积或墙面兼作陈列空间。

10. 厕所距离最远的工作点不应大于 50m，厕所应设前室，前室内宜设置洗手盆。厕所应有天然采光和不向邻室对流的直接自然通风，条件不许可时，应设机械排风装置。男厕所每 40 人设大便器一具，每 30 人设小便器一具（小便槽按每 0.60m 长度相当一具小便器计算）；女厕所每 20 人设大便器一具；洗盆每 40 人设一具。

11. 当走道长度小于等于 40m 时，单面布房走道宽大于等于 1.3m，双面布房走道宽大于等于 1.4m；当走道长大于 40m 时，单面布房走道宽大于等于 1.5m，双面布房走道宽大于等于 1.8m。

5.4.3 真题实例分析
某镇政府办公楼建设方案

总建筑面积2410 m²

一、主要房间包括

1. 镇长办公室 1 间~2 间（包括接待）45 m²

2. 副镇长办公室 4 间 4×30=120 m²

3. 办公室主任办公室 1 间 30 m²

4. 秘书办公室 1 间 60 m²

5. 各科室办公室（开放式大办公室1~2 间）300 m²

6. 接待室 1 间 80 m²

7. 小会议室 4 间 4×40=160 m²

8. 大会议室 1 间 200 m²

9. 乡土资料陈列室（包含本镇历史、资源、经济资料）1 间 300 m²

10. 计算机房 1 间 60 m²

11. 图书资料室 1 间120 m²

12. 附属餐厅（包括厨房）100 m²

13. 杂物间 60 m²

14. 传达室 1 间 3 m²

15. 车库（大车2 辆小车4 辆）

16. 停车场（20 辆）

二、设计要求

1. 功能合理，分区明确

2. 各科开放式办公便于接待办事的市民

3. 方便交通，环境良好

4. 建筑不超过4 层

三、使用要求

1. 总平面图 1:500

2. 各层平面图 1:200

3. 立面图（1~2 个）1:200

4. 剖面图1 个 1:200

5. 透视图1 个

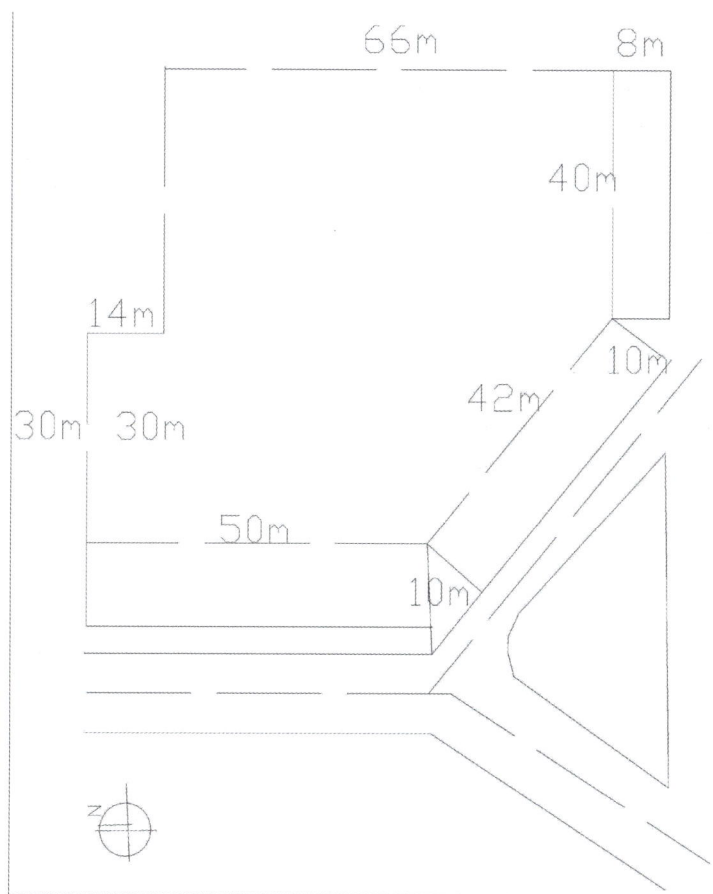

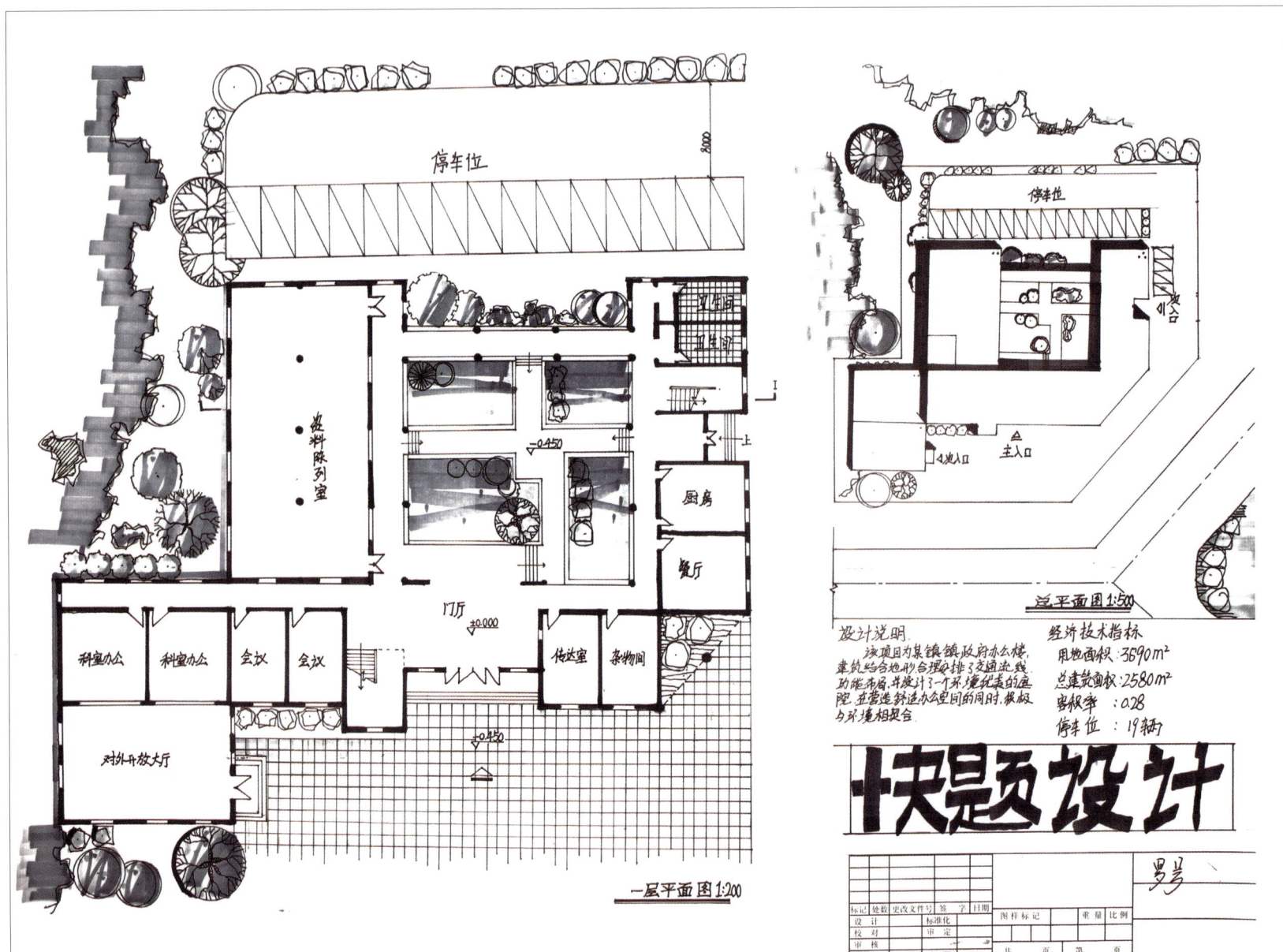

停车位

8000

资料陈列室

门厅 ±0.000

-0.450

厨房

餐厅

卫生间

科室办公　科室办公　会议　会议

传达室　杂物间

对外开放大厅

+0.450

一层平面图 1:200

停车位

次入口

主入口

总平面图 1:500

设计说明
该项目为某镇镇政府办公楼，建筑结合地形合理的安排了交通流线、功能布局，并设计了一个环境优美的庭院，在营造舒适办公室间的同时，积极与环境相契合。

经济技术指标
用地面积：3690m²
总建筑面积：2580m²
容积率：0.28
停车位：19辆

快题设计

罗号

标记	处数	更改文件号	签　字	日期				
设　计			标准化		图样标记		重量	比例
校　对			审　定					
审　核						共　页	第　页	

实例5.4.3-1

作　者 罗号
学　校 湖北工程学院
作业时间 6小时
图纸尺寸 2号图纸
学习时间 2012绘世界暑期

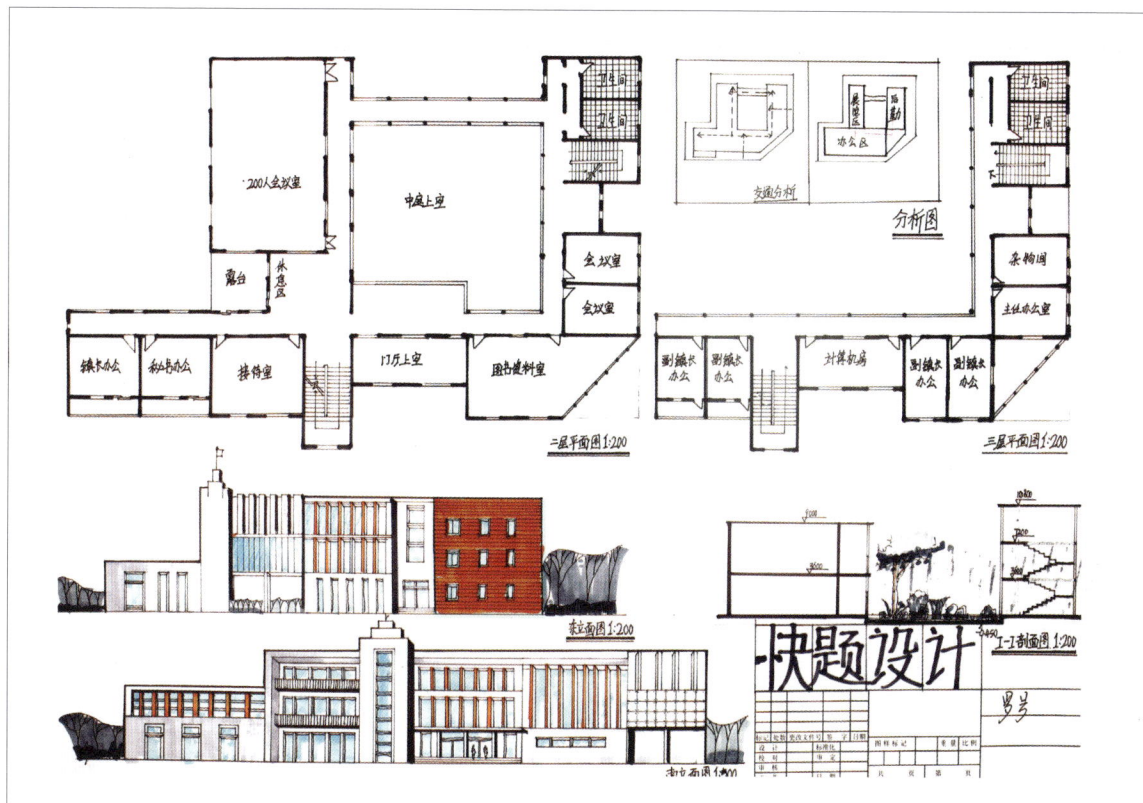

实例5.4.3-1

设计评析

　　该方案总平面设计顺应地形，内院式布局与空间朴素自然，大会议室若设于首层则有利于交通组织。现方案首层空小空间均用同一层高不合理。镇长办公室应在三层比较合适。办公楼窗户设计有不妥之处，主入口欠端庄，不够突出。

　　从图面可见作者在总体布局选择方面思路正确。建筑外观效果图在构图上有不足之处，视点可再放低，外立面过于繁琐。

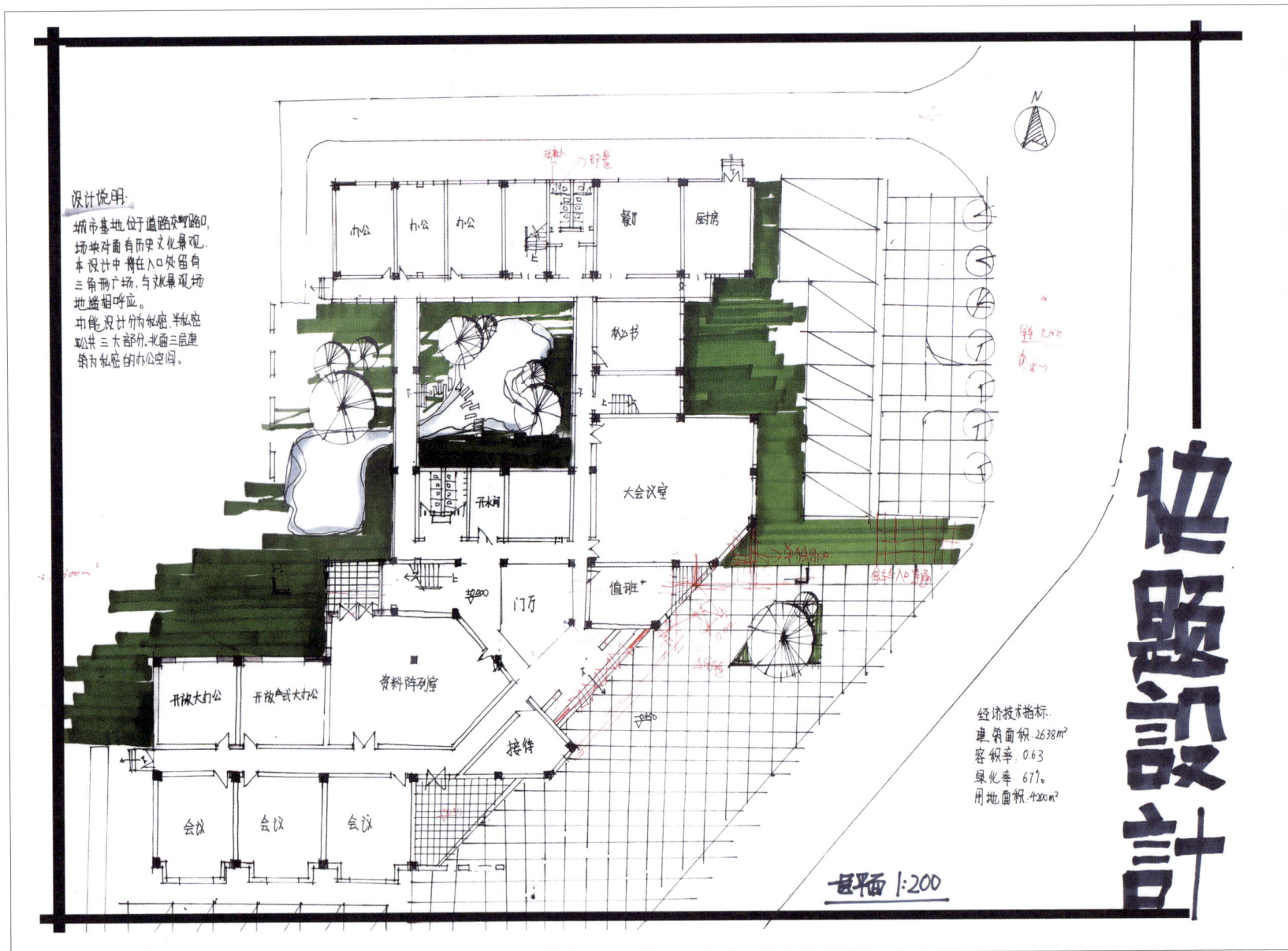

设计说明:
城市基地位于道路交叉路口,
场块对面有历史文化景观,
本设计中将在入口处留有
三角形广场,与对景观场
地遥相呼应。
功能设计分为私密,半私密
以共 三大部分,北面三层建
筑为私密的办公空间。

办公 办公 办公 餐厅 厨房
秘书
大会议室
开水间
值班
门厅
资料陈列室
开放大办公 开放式大办公
接待
会议 会议 会议

经济技术指标:
建筑面积: 2638m²
密积率: 0.63
绿化率: 67%
用地面积: 4200m²

总平面 1:200

快题设计

实例5.4.3-2

作　　者	时楠
学　　校	东南大学(原华中科技大学)
作业时间	6小时
图纸尺寸	1号图纸
学习时间	2012绘世界暑期

设计评析

　　总平面设计合理,三合院的办公楼分区良好,有利于营造宁静的办公环境。三部楼梯间略显多余。主入口应有门而不应该完全开场。首层秘书室应与镇长办公紧密相连,不应独立设计。

　　建筑缺少无障碍设计。线条熟练潇洒,版面苍白,缺透视效果图。

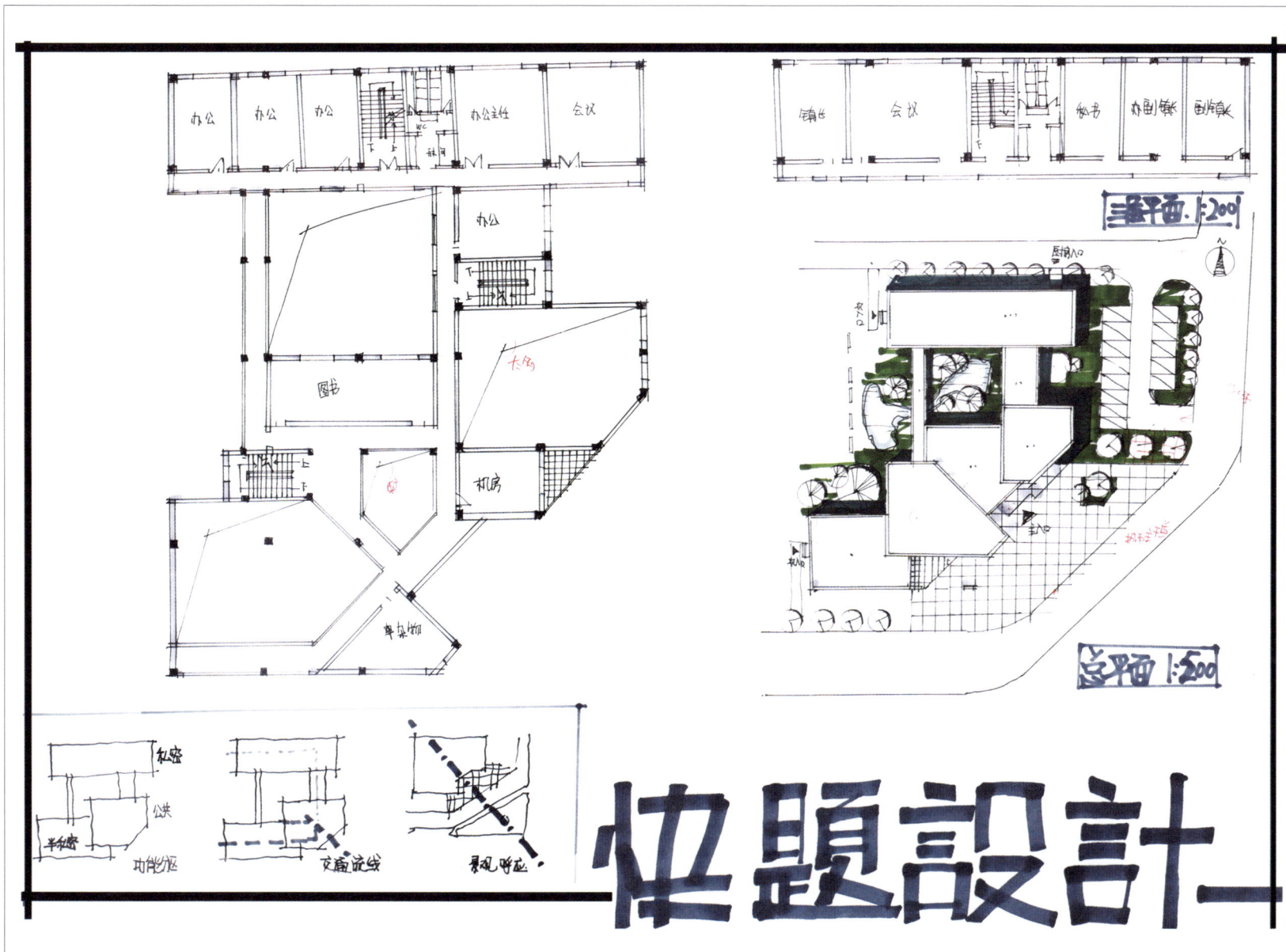

办公　办公　办公　办公主任　会议

办公

图书

机房

车棚物

镇长　会议　秘书　办副镇　副镇长

平面 1:200

厨房入口

总平面 1:200

私密
公共
半私密
功能分区

交通流线

景观呼应

快题设计

实例5.4.3-2

作　者	时楠
学　校	东南大学（原华中科技大学）
作业时间	6小时
图纸尺寸	1号图纸
学习时间	2012绘世界暑期

5.5 教学类建筑设计

5.5.1 总平面设计要点

1. 教学用房、教学辅助用房、行政管理用房、服务用房、运动场地、自然科学园地及生活区应分区明确、布局合理、联系方便、互不干扰

2. 风雨操场应离开教学区、靠近室外运动场地布置。

3. 音乐教室、琴房、舞蹈教室应设在不干扰其它教学用房的位置。

4. 学校的校门不宜开向城镇干道或机动车流量每小时超过 300 辆的道路。校门处应留出一定缓冲距离。

5. 教学用房应有良好的自然通风。南向的普通教室冬至日底层满窗日照不应小于 2h。两排教室的长边相对时，其间距不应小于 25m。教室的长边与运动场地的间距不应小于 25m。

5.5.2 建筑方案设计要点

1. 教学用房的平面，宜布置成外廊或单内廊的形式，平面组合应使功能分区明确、

联系方便和有利于疏散。教学楼中宜每层或隔层设置教师休息室。

2. 小学教学楼不应超过四层，中学、中师、幼师教学楼不应超过五层。

3. 教学楼宜设置门厅。在寒冷或风沙大的地区，教学楼门厅入口应设挡风间或双道门。挡风间或双道门的深度，不宜小于 2100mm。

4. 教学用房：内廊不应小于 2100mm；外廊不应小于 1800mm。行政及教师办公用房不应小于 1500mm。

5. 走道高差变化处必须设置台阶时，应设于明显及有天然采光处，踏步不应少于三级，并不得采用扇形踏步。

6. 外廊栏杆（或栏板）的高度，不应低于 1100mm。栏杆不应采用易于攀登的花格。

7. 楼梯间应有天然采光，每段楼梯的踏步，不得多于 18 级，并不应少于 3 级。

梯段与梯段之间，不应设置遮挡视线的隔墙。楼梯坡度，不应大于 30°。楼梯梯段的净宽度大于 3000mm 时宜设中间扶手，楼梯井的宽度，不应大于 200mm。当超过 200mm 时，必须采取安全防护措施。室内楼梯栏杆（或栏板）的高度不应小于 900mm。室外楼梯及水平栏杆（或栏板）的高度不应小于 1100mm。

8. 教室光线应自学生座位的左侧射入，当教室南向为外廊，北向为教室时，应北向窗为主要采光面。

5.5.3 **真题实例分析**

建筑学院学术展览附楼设计

一、项目概况

南方某高校建筑学院计划在现有办公楼及建筑设计院一侧建设一处附楼，以满足学术活动、图片及模型展览的需要，并为师生提供休息交流场所。场地情况详见地形图。

场地北侧学院办公楼建于 1930 年代，传统民族风格。基座为白色水刷石饰面，红色清水砖墙，坡屋顶为绿色琉璃瓦，砖混结构；场地东侧为原为学生宿舍，建于 1930 年代，白色水刷石基座，红色清水砖墙，平屋顶，局部绿色琉璃瓦小檐口，砖混结构，现改建作为建筑设计院。

工作室；场地西侧建筑设计院主楼建于 1980 年代，墙面贴红色条砖，绿色琉璃瓦小坡檐口，框架结构。

二、设计内容

（总建筑面积1200－1400 m²，以下各项为使用面积)

1. 多功能报告厅 100 m²

2. 休息活动厅 100 m²

3. 展览空间(展厅或展廊，可合设或分设) 500 m²

4. 咖啡吧(含制作间) 100 m²

5. 卫生间 50 m²

6. 建筑书店 50 m²

7. 管理室 20 m²

8. 储藏室 50m²

9. 室外活动及展览空间 规模自定

三、设计要求

1. 结合原有建筑、环境进行设计，能因地制宜，合理布局；

2. 场地内登山台阶和小路可结合设计调整位置和走向，但不可取消；场地内现有大树宜尽可能保留；

3. 学院办公楼南面次入口首层过厅西侧为阶梯报告厅，附楼宜考虑与其在功能上的必要联系；宜结合附楼考虑建筑设计院主楼与东侧工作室之间的联系；

4. 建筑设计要求功能流线、空间关系合理，动静分区明确，并处理好新旧建筑的关系

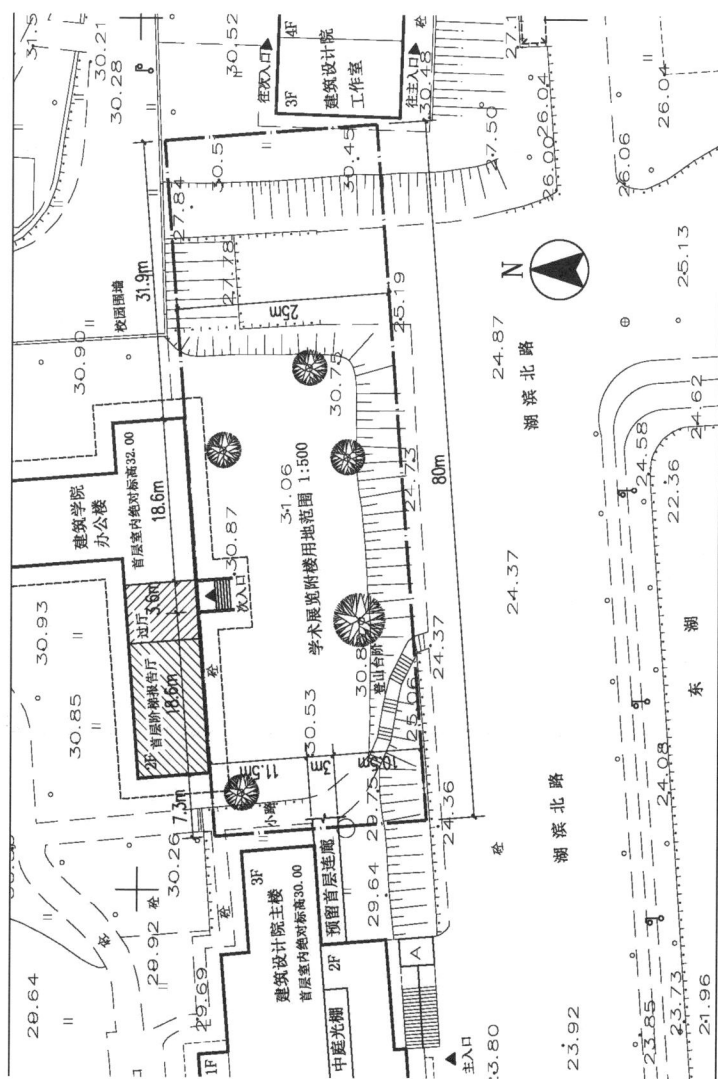

场地及周边环境

建筑设计院主楼与登山台阶

建筑学院办公楼南面次入口

建筑设计院工作室西南角

场地东段现状

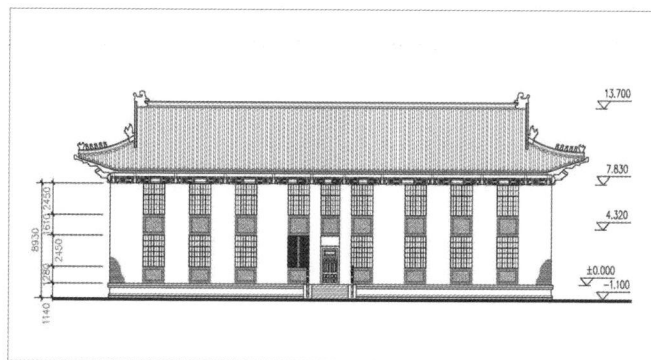

建筑学院办公楼南立面

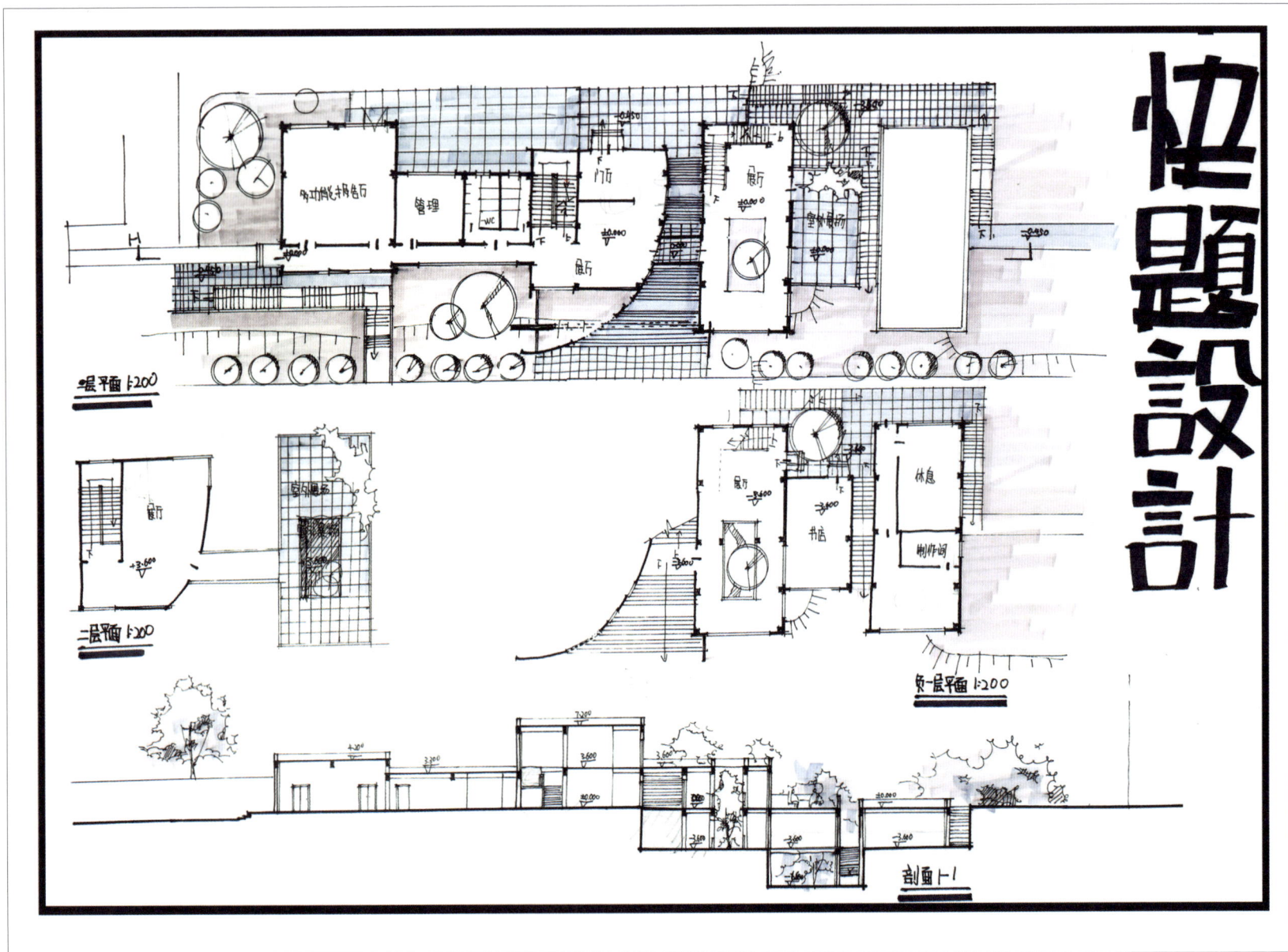

快题设计

一层平面 1:200

二层平面 1:200

负一层平面 1:200

剖面1-1

实例5.5.3-1

设计评析

作　者	时楠
学　校	东南大学（原华中科技大学）
作业时间	6小时
图纸尺寸	1号图纸
学习时间	2012绘世界暑期

建筑总体布局合理，分区良好，交通便捷，建筑体型简洁中有变化，与老建筑形成鲜明对比。此方案亮点在主入口采用大台阶形式，结合弧形墙面，贯穿建筑南北，不仅可以丰富空间，解决场地中高差大问题，也曾加了新老建筑的联系。

图面表达技巧熟练，效果图较好地表达出建筑与周边环境关系。

快题设计

实例5.5.3-1

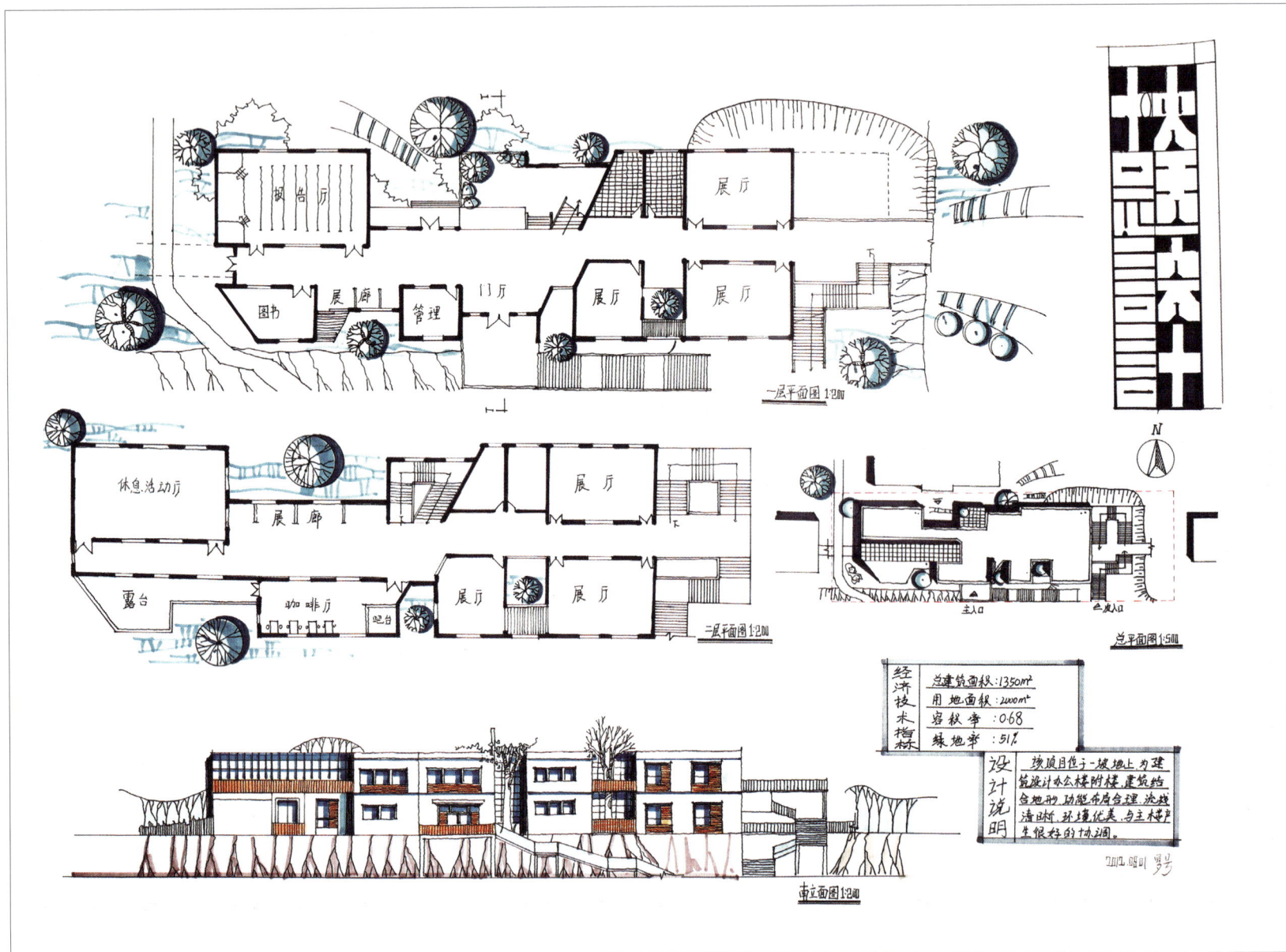

一层平面图 1:200

二层平面图 1:200

总平面图 1:500

主入口   次入口

经济技术指标	总建筑面积:1350m²
	用地面积:2000m²
	容积率:0.68
	绿地率:51%

设计说明 该项目位于一坡地上为建筑设计办公楼附楼,建筑结合地形,功能布局合理,决战潘树,环境优美,与主楼产生很好的协调。

2012 暑期 罗号

南立面图 1:200

实例5.5.3-2

作　　者 罗号
学　　校 湖北工程学院
作业时间 6小时
图纸尺寸 1号图纸
学习时间 2012绘世界暑期

设计评析

　　该方案功能布局合理,通过内廊,新建筑分别与周围老建筑交通联系紧密。建筑造型虽没有采用老建筑坡屋顶形式,但在立面处理上采用木材质与老建筑相协调。围绕场地中已有树木,建筑空间巧妙凹凸变化,丰富了室内外景观。

　　图面布局尚好,但效果图构图、配景与技巧欠理想。

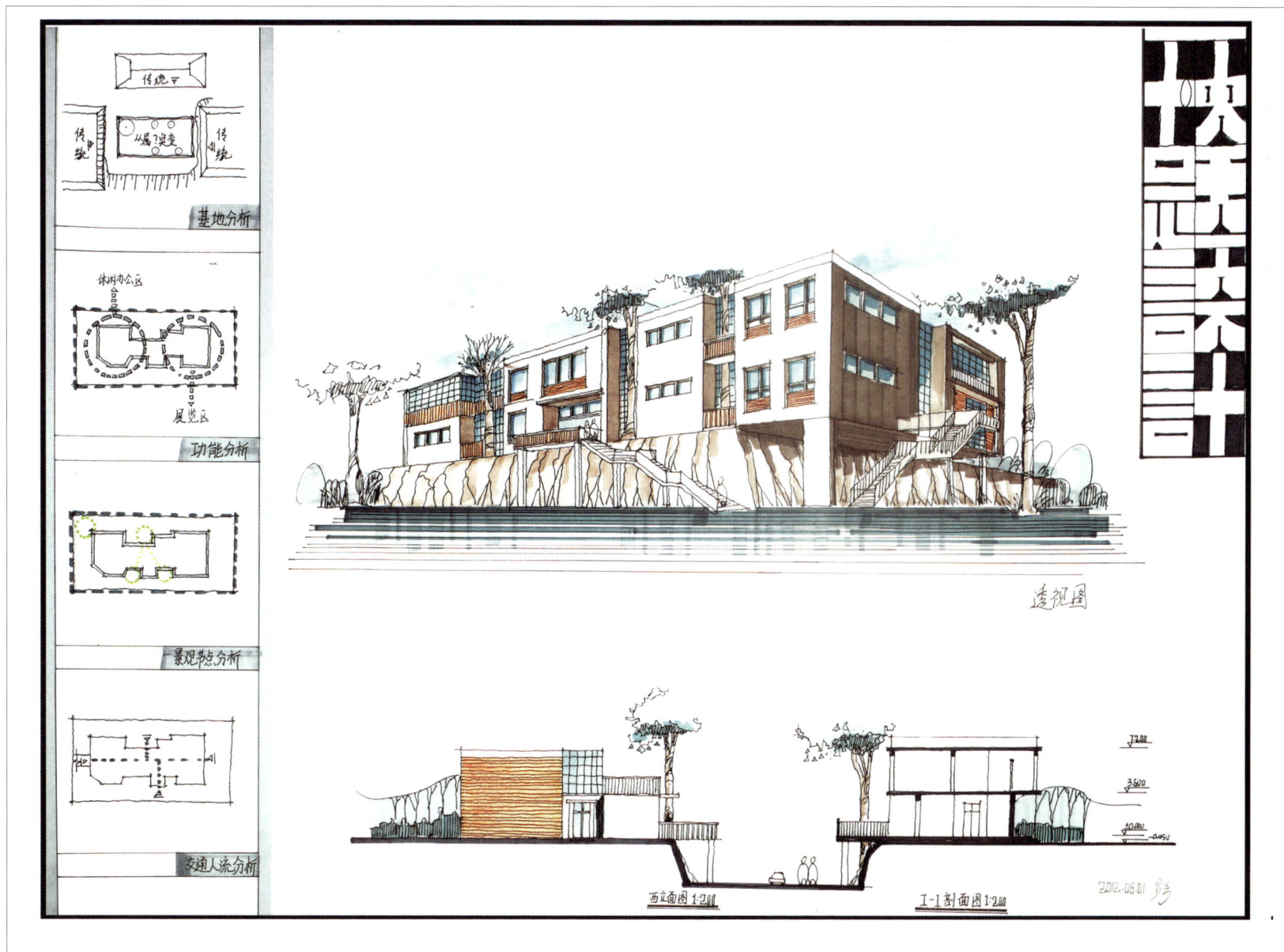

基地分析

功能分析

景观节点分析

交通人流分析

传统

传统

传统

从局限突变

休闲办公区

展览区

透视图

西立面图 1:200

I-1 剖面图 1:200

快题设计

实例5.5.3-2

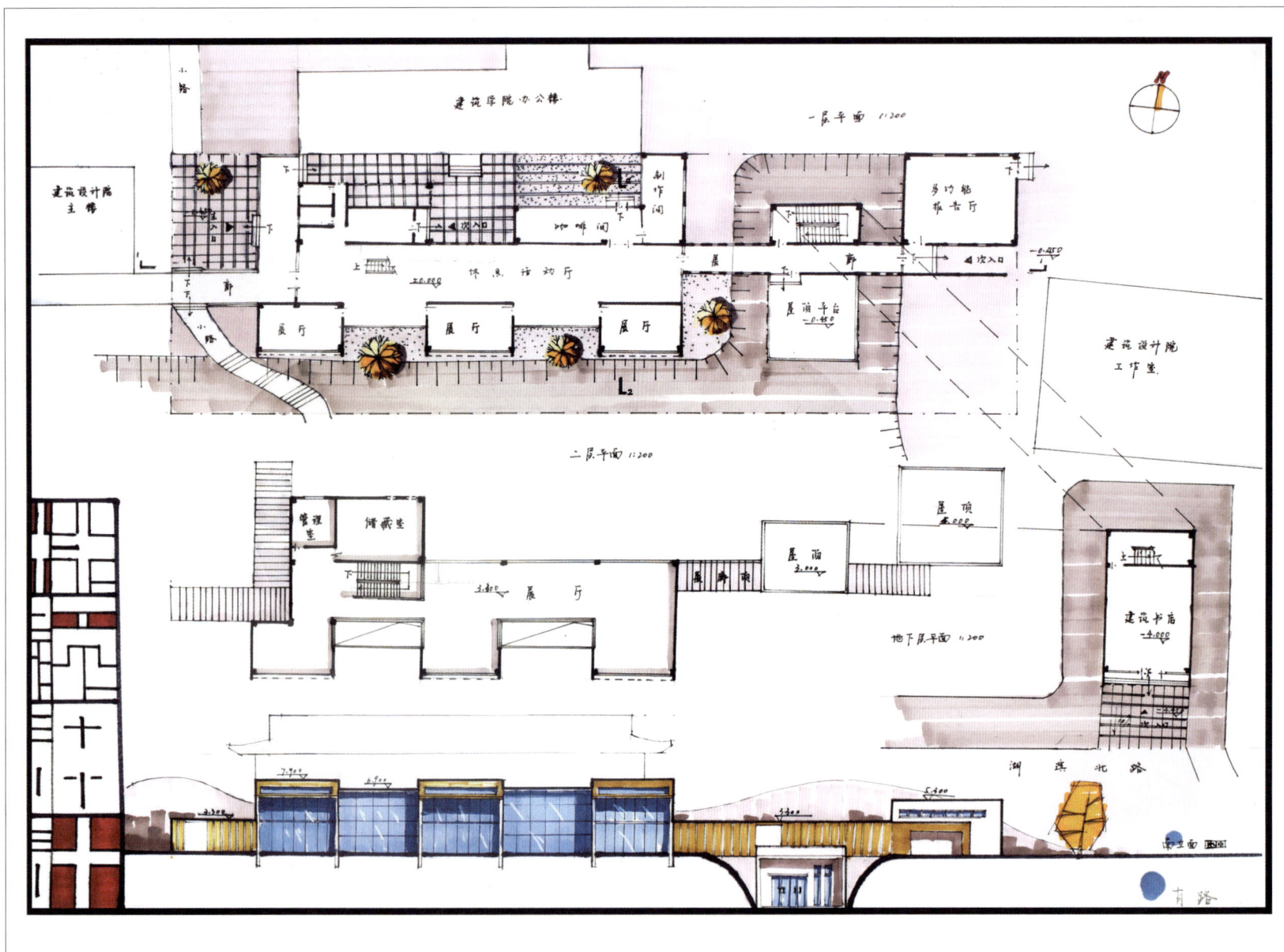

实例5.5.3-3

设计评析

作　　者	肖路
学　　校	天津大学（原华中科技大学）
作业时间	6小时
图纸尺寸	1号图纸
学习时间	2012绘世界暑期

该方案以展览流线展开设计，功能分区基本合理，形体组合手法熟练，建筑采用交通空间串联方盒子，每个方盒子形成一个独立的展厅，促使建筑内部形成串联式观展流线，简洁合理，并与周围老建筑联系紧密。主入口设置在建筑北边，与办公楼次入口相呼应，更便于迎合校内方向人流。

但效果图中材质表现不妥，导致建筑体量过于单薄，缺少建筑感。

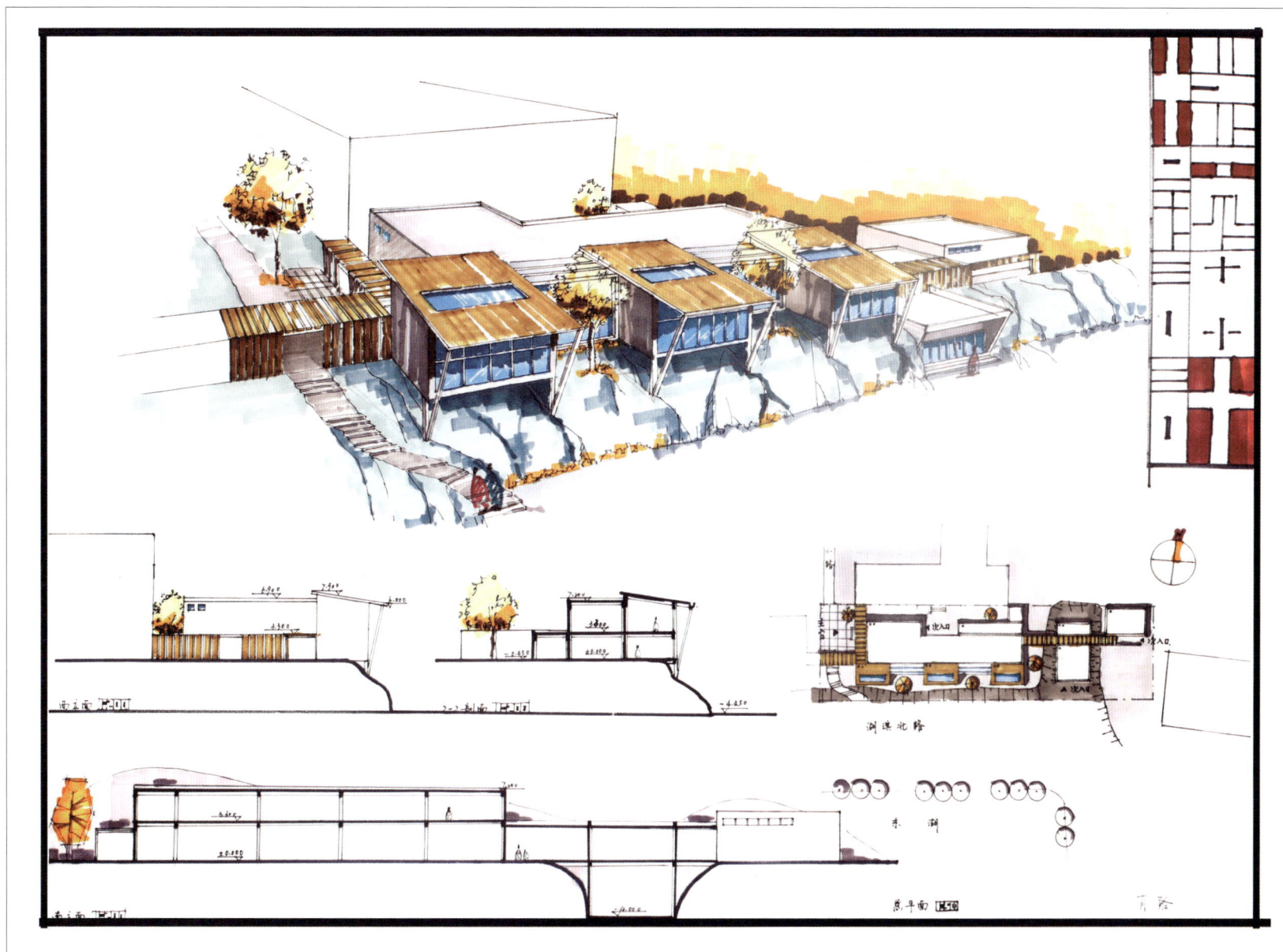

实例5.5.3-3

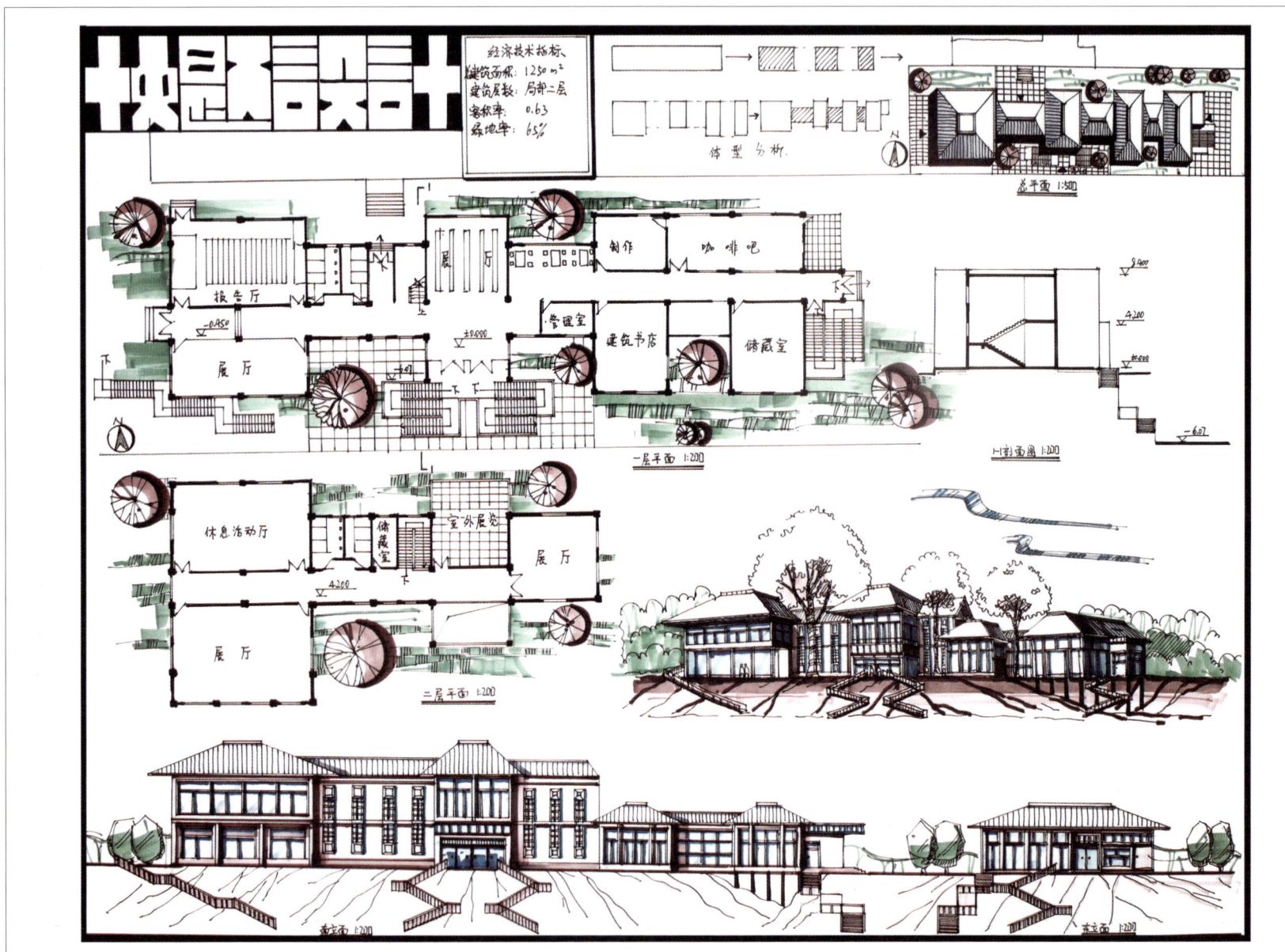

经济技术指标:
建筑面积: 1250 m²
建筑层数: 局部二层
容积率: 0.63
绿地率: 65%

体型分析

总平面 1:500

报告厅

展厅

制作　咖啡吧

管理室　建筑书店　储藏室

一层平面 1:200

Ⅰ-Ⅰ剖面图 1:200

休息活动厅　储藏室　室外展览

展厅

储藏室

展厅

二层平面 1:200

南立面 1:200

东立面 1:200

实例5.5.3-4

作　者 杨柳
学　校 中原工学院
作业时间 6小时
图纸尺寸 1号图纸
学习时间 2011绘世界暑期

设计评析

　　该方案建筑屋顶采用坡屋顶形式，与周边老建筑自然协调。总图上看，建筑形式琐碎，坡屋顶可大面积统一设计。平面功能分区合理，自然通风采光良好。效果图表达不够强烈，未能正确反映地形及周边环境。

5.5.4 真题实例分析

城校史展览馆设计

华北某市美术学院拟在校内风景秀丽的湖畔建造一座学生艺术活动中心，以便给学生提供一个课外进行美技艺切磋和休息娱乐的场所。

一、建设用地详见附图

地段内地势平坦。有古槐一株。西南方向为湖面，北侧和东侧有道理。

二、使用面积要求

（建筑面积控制在 3500 m²）

1. 展览空间 400 m²

2. 多功能厅 200 m²

3. 会议部分

  中会议室 1 间 30 m²

  小会议室 4 间 15 m²/ 间

4. 学术活动部分

  阅览室 100 m²

  学术报告厅 200 m²（附设放映室 1 间 20 m²）

  研修室 8 间 30 m²/ 间

  资料图书室 60 m²

5. 娱乐部分

  卡拉 ok 厅 60 m²

  录像厅 80 m²

  舞厅 100 m²

6. 储藏面积共约 150 m² 根据需要分散安排

7. 餐饮部分

  快餐厅 120 m²

  厨房 80 m²

  咖啡厅 60 m²

8. 行政管理用房

  行政办公室 8 间 15 m²/ 间

  会议室 30 m²

三．设计要求

1. 建造地段内一株古槐要求予以保留。

2. 结构形式：混合结构或框架结构，

3. 建造层数：1-2 层，也可局部 3 层。

四、图纸要求

1. 总平面图 1:500

2. 平面图 1:200

3. 立面图 2 个 1:200

4. 剖面图 2 个 1:200

5. 透视图表现形式不限，但不得以轴测图代表透视图

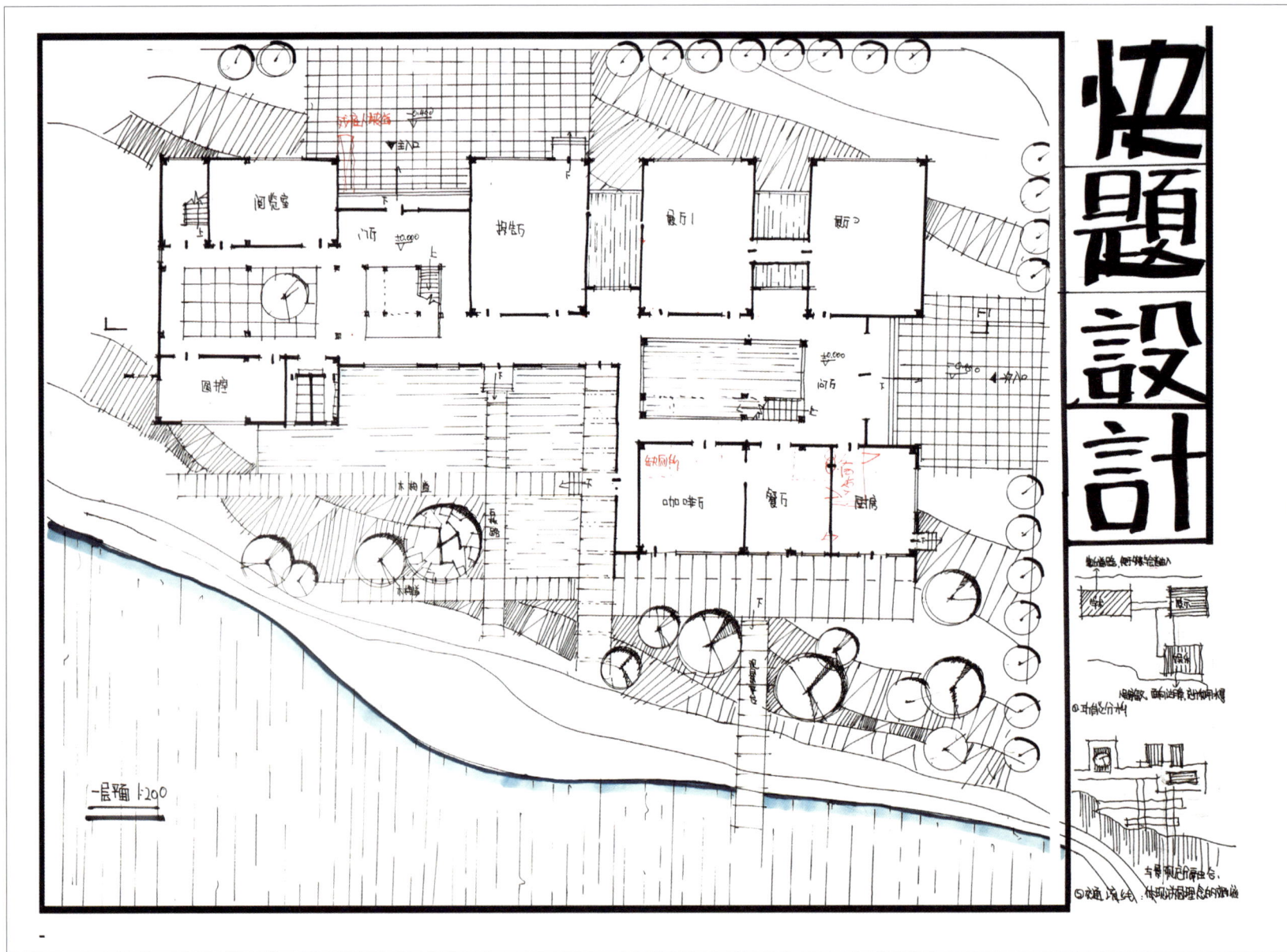

一层平面 1:200

怏题设计

实例5.5.4-1

设计评析

作　　者 时楠
学　　校 东南大学（原华中科技大学）
作业时间 6小时
图纸尺寸 1号图纸
学习时间 2012绘世界暑期

　　对题意掌握较好，功能布局基本合理，动静分区适当。可考虑娱乐房间放在首层，便于疏散，且对其他房间影响最小。娱乐区和餐饮区未设计卫生间。餐厅与厨房应有备餐间加以练习。主入口缺无障碍设计。办公区楼梯间不能满足疏散要求。画面饱满，工整而潇洒的线条是该方案的特色。建筑效果图在构图上有不足之处，但熟练的线条淡彩，特别在彩铅和技法运用上表现良好。

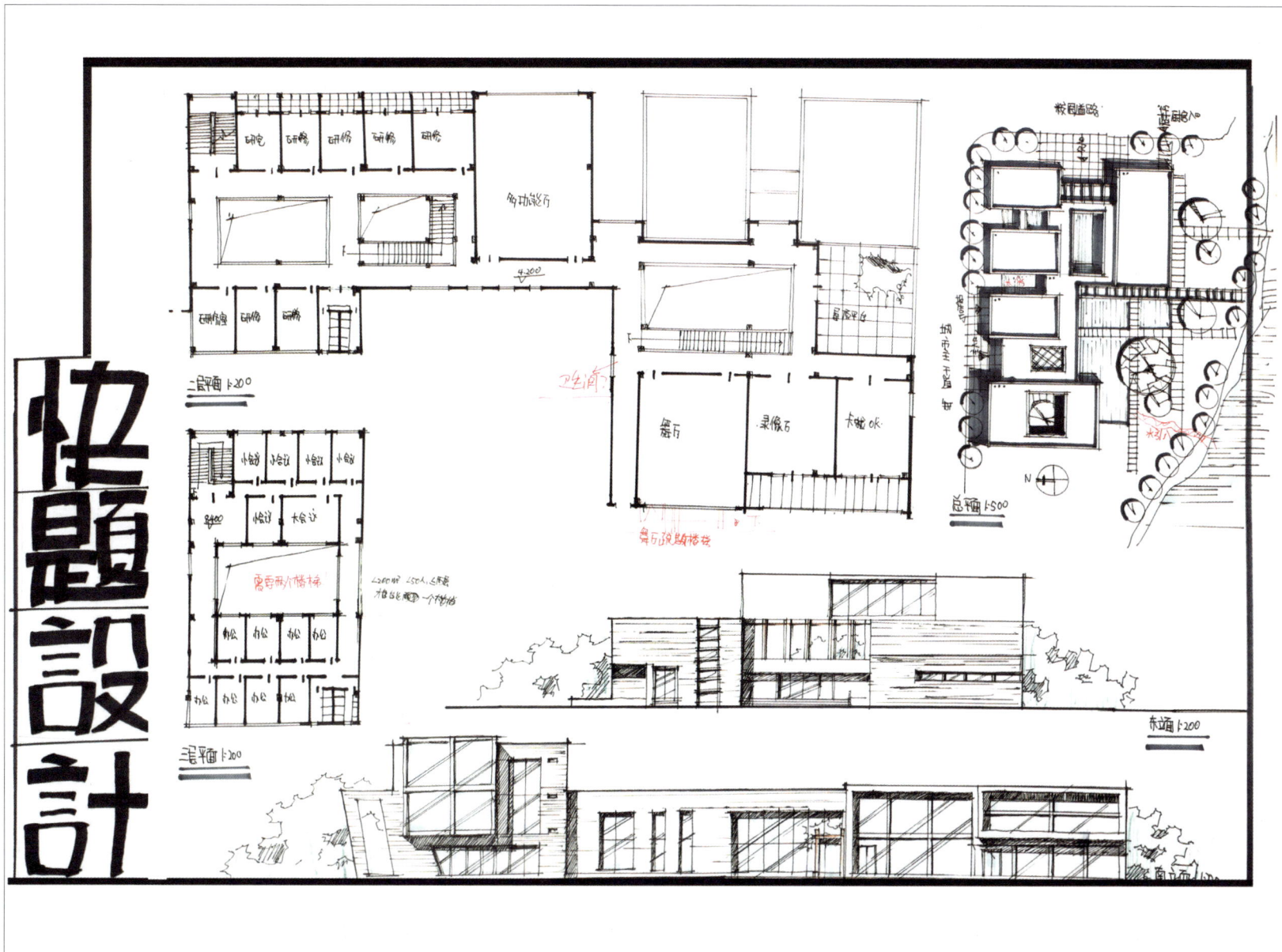

快题设计

实例5.5.4-1

快题設計

效果图

剖面1-1 1:200

实例5.5.4-1

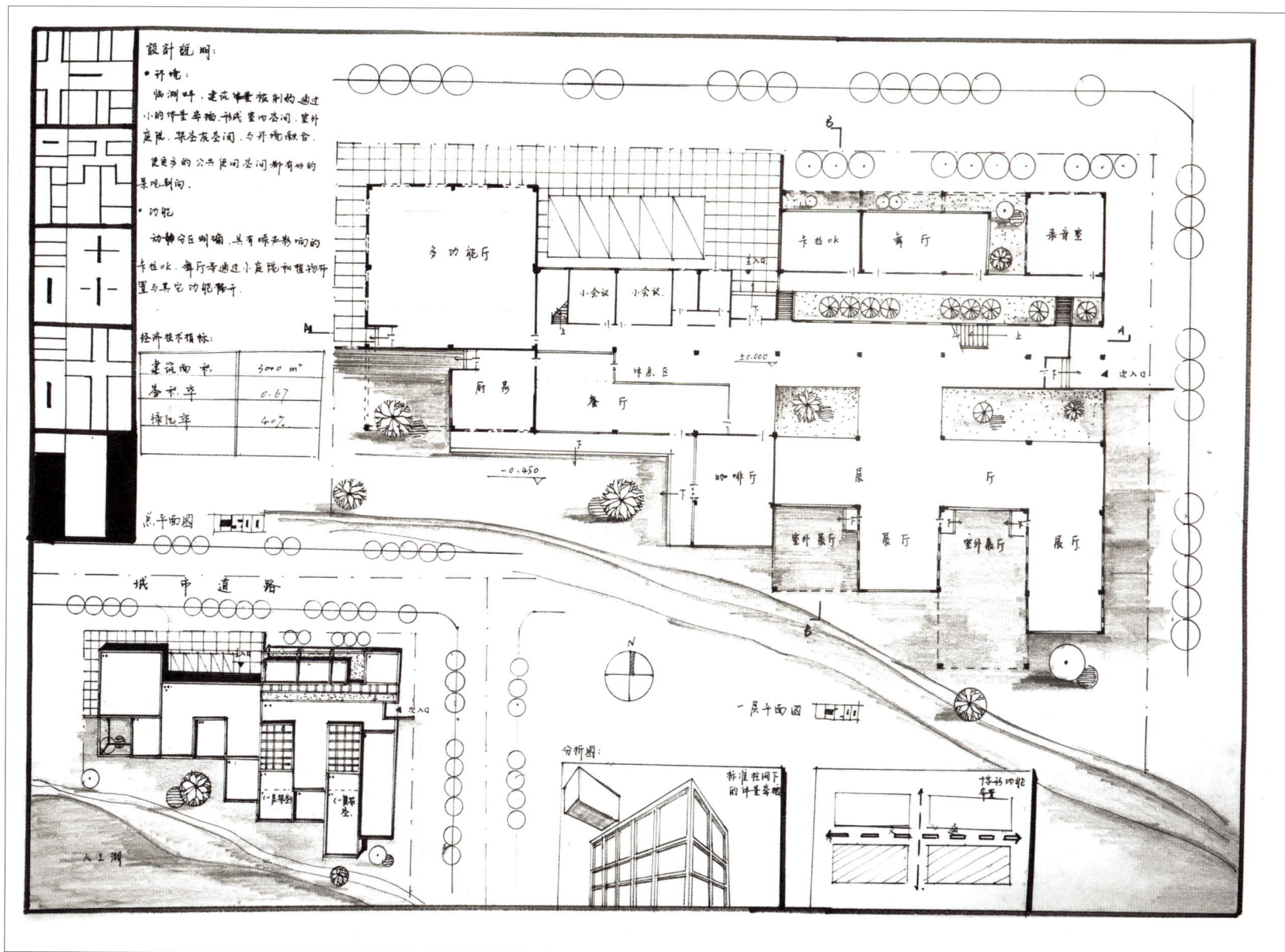

设计说明：

• 评说：
临湖畔，建筑体量根制的迪过小的体量等构成书氏室内空间，室外庭院、架空灰空间，与开阔融合。
使更多的公共使用空间都有好的景观朝向。

• 功能：
动静分区明确，其有噪音影响的卡拉ok、舞厅等通过小庭院和植物所置与其它功能隔开。

经济技术指标：

建筑面积	3000 m²
容积率	0.67
绿化率	40%

多功能厅　小会议　小会议　厨房　餐厅　卡拉ok　舞厅　更衣室　休息区　咖啡厅　厅　室外展厅　展厅　室外展厅　展厅　±0.000　−0.450　主入口　次入口

总平面图　城市道路　人工湖　一层平面图　分析图　N

实例5.5.4-2

作　　者	肖路
学　　校	天津大学（原华中科技大学）
作业时间	6小时
图纸尺寸	1号图纸
学习时间	2012绘世界暑期

设计评析

该方案对场地进行了较好的整合，整体与湖面关系也相对明确。餐厅、咖啡厅、展厅紧邻湖水一侧，通过边庭围合，有利于把室外景色引入室内。娱乐区相对吵闹，放在北面临道路，对内部功能区影响较小。主入口设计欠妥，可适当扩大。

图面充实，线条技巧熟练，效果图黑白灰对比强烈，使画面格外精神，有较好地表现力。

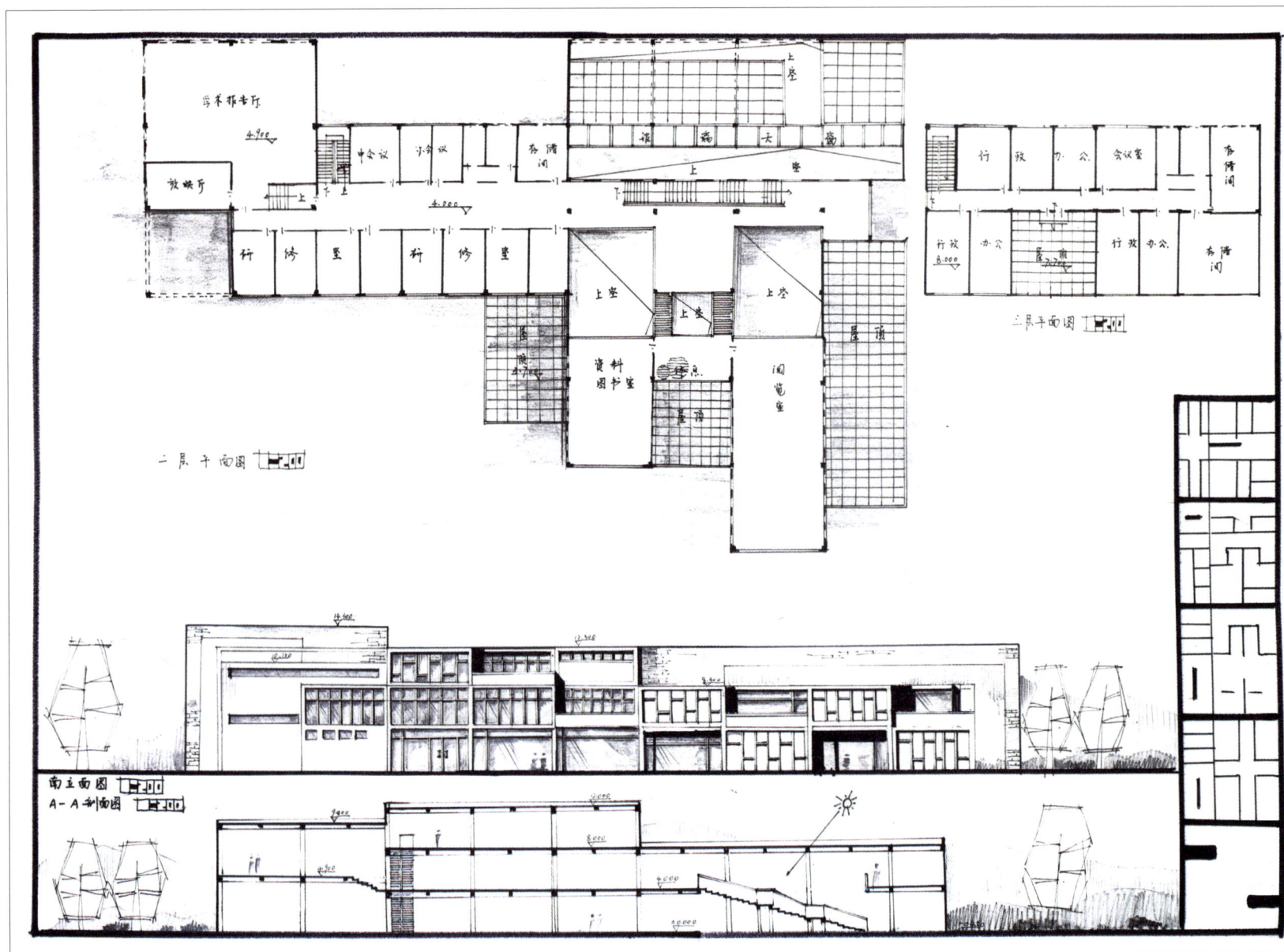

实例5.5.4-2

作　　者	肖路
学　　校	天津大学（原华中科技大学）
作业时间	6小时
图纸尺寸	1号图纸
学习时间	2012绘世界暑期

实例5.5.4-2

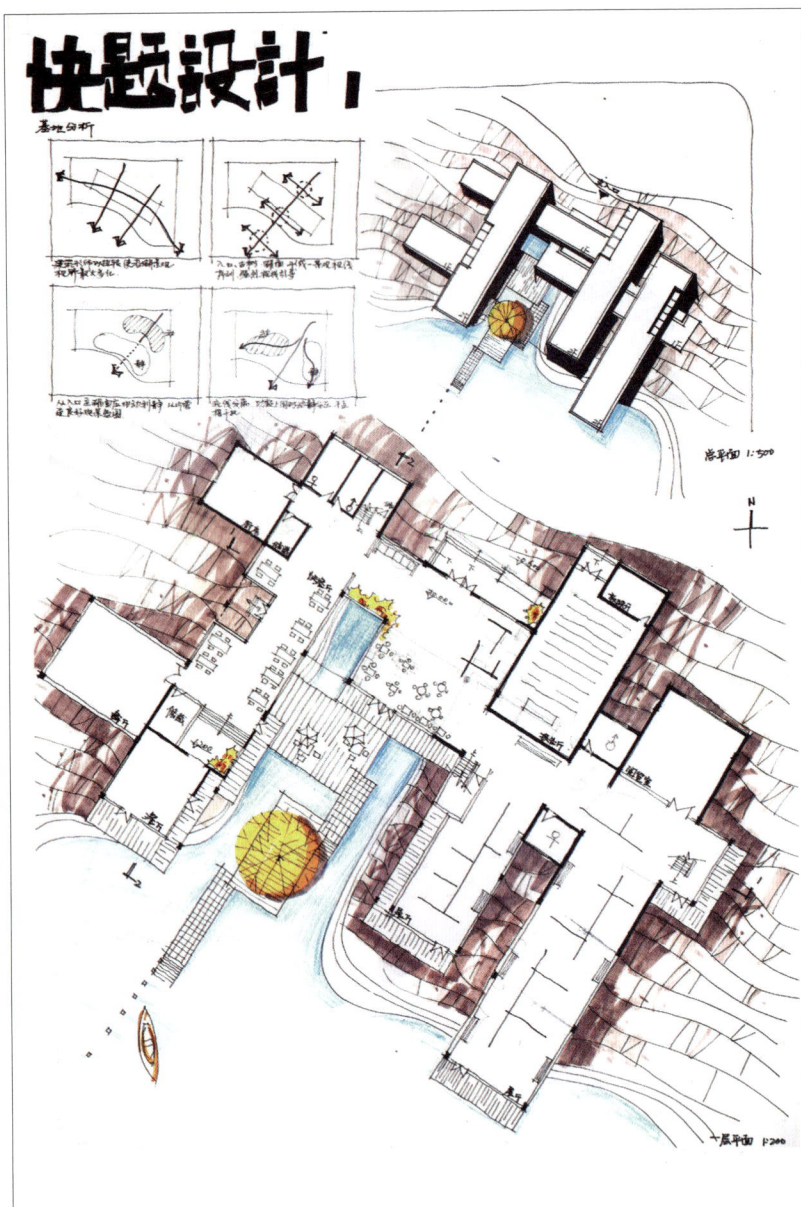

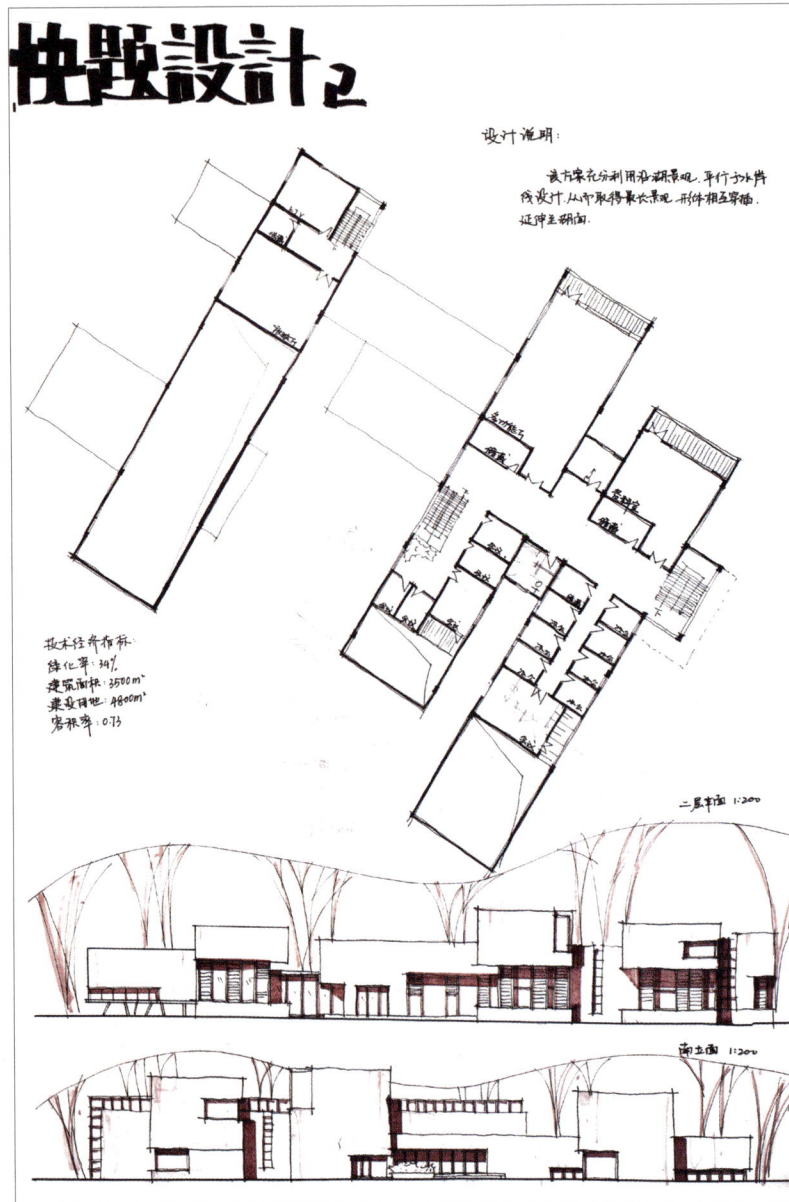

快题设计1

基地分析

快题设计2

设计说明:

设计结合分利用游湖景观,平行于外墙
线设计,从中取得最长景观,形体相互穿插,
延伸至湖面。

技术经济指标
绿化率:34%
建筑面积:3500m²
建设用地:4800m²
容积率:0.73

实例5.5.4-3

作　者	张琳琦
学　校	同济大学（原华中科技大学）
作业时间	6小时
图纸尺寸	1号图纸
学习时间	2012绘世界暑期

快题设计 3

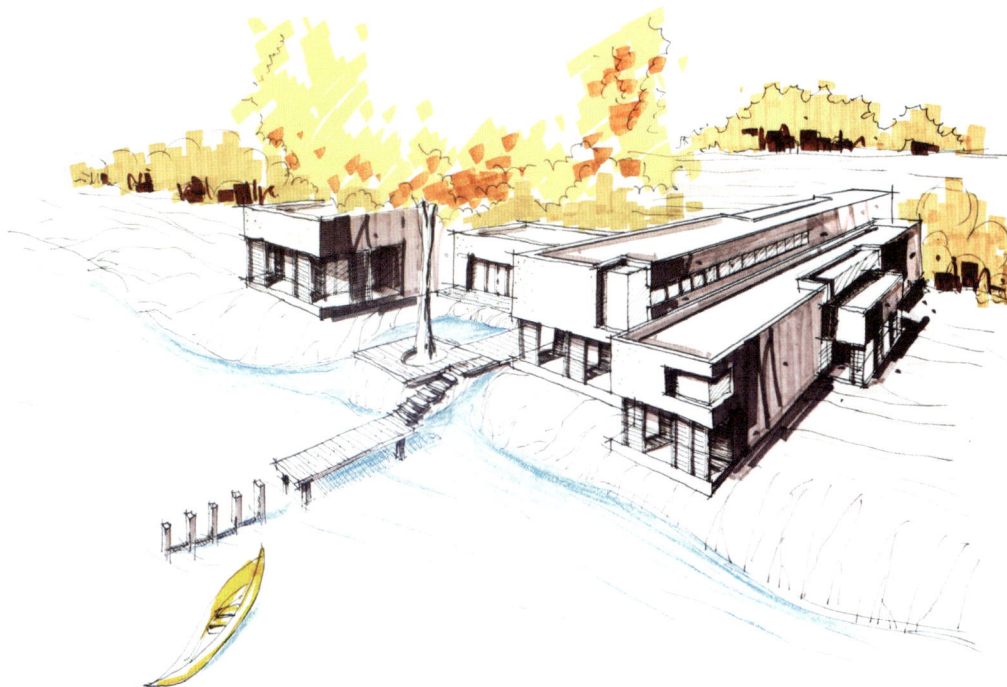

剖面2-2 1:200

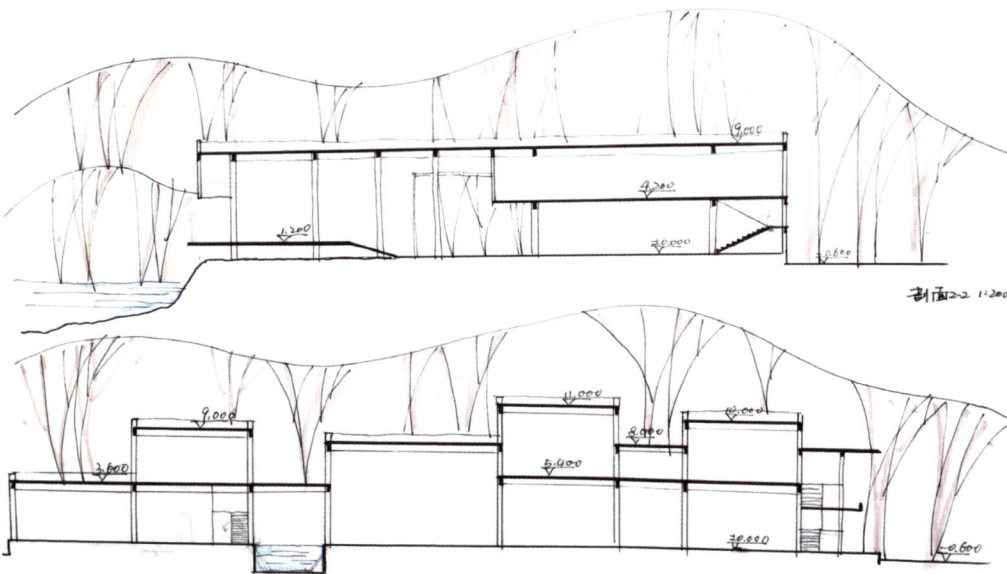

设计评析

此方案设计亮点就是把湖水引到场地中做水景，使建筑与更能融入周围环境中。建筑形体平行于水岸设计，从而取得最长景观面。同时也导致建筑南北流线过长，如厨房距南边餐厅流线过长。画面布置均衡，线条图表达能力良好，充分表达出了快题设计中的速度与设计。

5.6 住宅类建筑设计

5.6.1 建筑方案设计要点

1. 楼梯梯段净宽不应小于 1.10 m。六层及六层以下住宅，一边设有栏杆的梯段净宽不应小于 1m，楼梯梯段净宽系指墙面至扶手中心之间的水平距离。

2. 楼梯踏步宽度不应小于 0.26m，踏步高度不应大于 0.175m。扶手高度不宜小于 0.90m。楼梯水平段栏杆长度大于 0.50m 时，其扶手高度不应小于 1.05m。楼梯栏杆垂直杆件间净空不应大于 0.11m。

3. 楼梯平台净宽不应小于楼梯梯段净宽，并不得小于 1.20 m。楼梯平台的结构下缘至人行过道的垂直高度不应低于 2m。入口处地坪与室外地面应有高差，并不应小于 0.10m。楼梯井宽度大于 0.11m 时，必须采取防止儿童攀滑的措施。

4. 七层及以上的住宅或住户入口层楼面距室外设计地面的高度超过 16 m 以上的住宅必须设置电梯。

5. 顶层为两层一套的跃层住宅时，跃层部分不计层数。

6. 卧室之间不应穿越，卧室应有直接采光、自然通风，单朝向住宅采取通风措施，其使用面积不宜小于下列规定：双人卧室为 10 m^2；单人卧室为 6m^2；兼起居的卧室为 12m^2。起居室（厅）应有直接采光、自然通风，其使用面积不应小于 12m^2。起居室（厅）内的门洞布置应综合考虑使用功能要求，减少直接开向起居室(厅)的门的数量。起居室（厅）内布置家具的墙面直线长度应大于 3m。

7. 厨房应有直接采光、自然通风，并宜布置在套内近入口处。厨房应设置洗涤池、案台、炉灶及排油烟机等设施或预留位置，按操作流程排列，操作面净长不应小于 2.10m^2。单排布置设备的厨房净宽不应小于 1.50m；双排布置设备的厨房其两排设备的净距不应小于 0.90m。

8. 无前室的卫生间的门不应直接开向起居室（厅）或厨房。卫生间不应直接布置在下层住户的卧室、起居室（厅）和厨房的上层。可布置在本套内的卧室、起居室（厅）和厨房的上层；并均应有防水、隔声和便于检修的措施。设便器、洗浴器（浴缸或喷淋）、洗面器三件卫生洁具的为 3m^2；设便器、洗浴器二件卫生洁具的为 2.50m^2；

设便器、洗面器二件卫生洁具的为 2m^2；单设便器的为 1.10m^2。

9. 普通住宅层高宜为 2.80m。卧室、起居室（厅）的室内净高不应低于 2.40m，局部净高不应低于 2.10m，且其面积不应大于室内使用面积的 1/3。利用坡屋顶内空间作卧室、起居室（厅）时，其 1/2 面积的室内净高不应低于 2.10m。厨房、卫生间的室内净高不应低于 2.20m。厨房、卫生间内排水横管下表面与楼面、地面净距不应低于 1.90 m，且不得影响门、窗扇开启。

10. 套内入口过道净宽不宜小于 1.20m；通往卧室、起居室（厅）的过道净宽不应小于 1 m；通往厨房、卫生间、贮藏室的过道净宽不应小于 0.90m，过道在拐弯处的尺寸应便于搬运家俱。套内吊柜净高不应小于 0.40 m；壁柜净深不宜小于 0.50 m；设于底层或靠外墙、靠卫生间的壁柜内部应采取防潮措施；壁柜内应平整、光洁。楼梯的梯段净宽，当一边临空时，不应小于 0.75 m；当两侧有墙时，不应小于 0.90 m。楼梯的踏步宽度不应小于 0.22 m，高度不应大于 0.20 m，扇形踏步转角距扶手边 0.25m 处，宽度不应小于 0.22 m。

5.6.2 真题实例分析

建筑师事务所设计

一、设计任务

南方某市 "Team7" 建筑师事务所山 4 名一级注册建筑师、l 名注册规划师、1 名景观设计师和 1 名管理人员组建而成，同时，该事务所可接受中短期进修和实习人员 10 人左右。事务斯的主要业务是建筑设计和景观园林规划设计（方案和施工图）。该事务所现拟建一座办公楼，总建筑面积为 700 m²（±10%），基地见附图（打斜线部分）。基地内危房已经拆除，周边基础设施（水、电、气等）己留有接口。基地地质情况良好。当地主导风向为：夏季东南风，冬季西北风；拟建建筑的规划设计要点为：拟建建筑退后东面、南面和西面道路红线 3 m 以上，北面退后现存建筑 6 m 以上（也可以与银行南墙相贴合在一起，但必须满足消防要求），建筑层数不超过 4 层，容积率不超过 2.4，新建筑应与周边环境相协调。

主要房间的使用面积参考指标如下：

1. 绘图室 80 m²；
2. 所长室 20 m²；
3. 总工室 25 m²；
4. 审图校图室 25 m²；
5. 会议室（兼演示、讨论等）50 m²；
6. 图书暨档案室 40 m²；
7. 复印打印室（含主机房）30 m²；
8. 接待兼展厅 30 m²；
9. 咖啡兼快餐厅 20 m²；
10. 厨房 l0 m²；
11. 休息室（带卫生间，供加班人员使用）25 m²；
12. 办公兼会议室 20 m²；
13. 车库（3 个车位）60 m²
14. 门厅、厕所、走道、楼梯、储藏等空间根据需要自定。

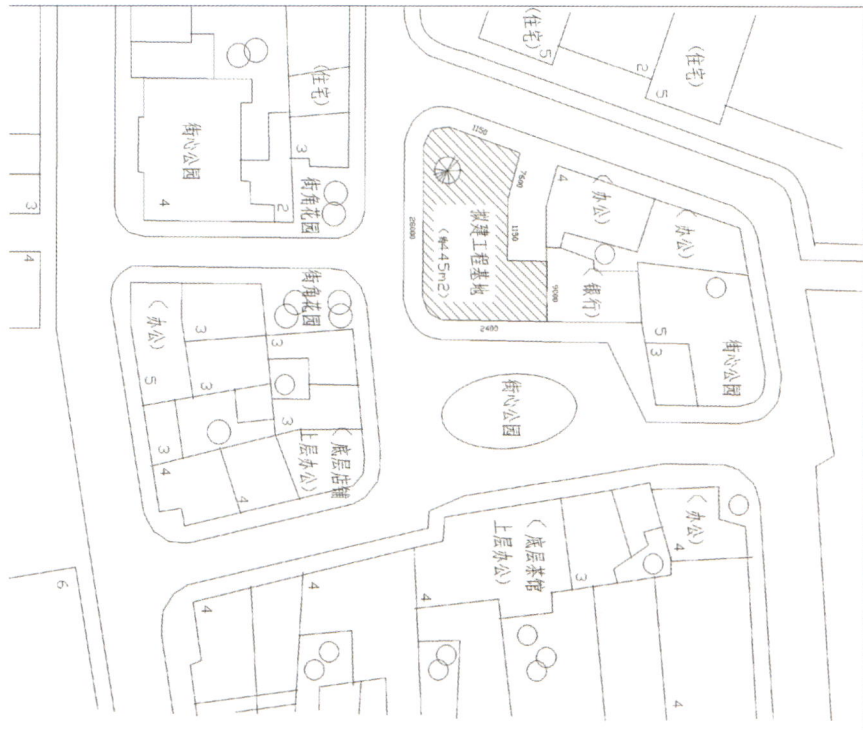

二、设计要求

1. 结合基地情况进行设计，满足建筑师事务所的工作要求，功能合理设计有一定的深度，造型设计有一定特点。
2. 符合现行的有关建筑设计规范和标准，技术上现实可行。

三、图纸要求

1. 图纸比例

    总平面图l: 300 或1:500；各层平面图1:100；立面(2 个)l: 100；剖面图(1 个) 1:100；室外透视图(1 个): 屋面檐口节点(1 个)1:20；简要的设计说明、分析图和技术经济指标。

2. 图纸规格及数量

    1 号图(841 mmx594mm) 不透明图纸2 张以内。

3. 表现方法

    工具绘图或徒手绘图，按指定的比例绘制。透视图尺寸自定，表现方法不拘。

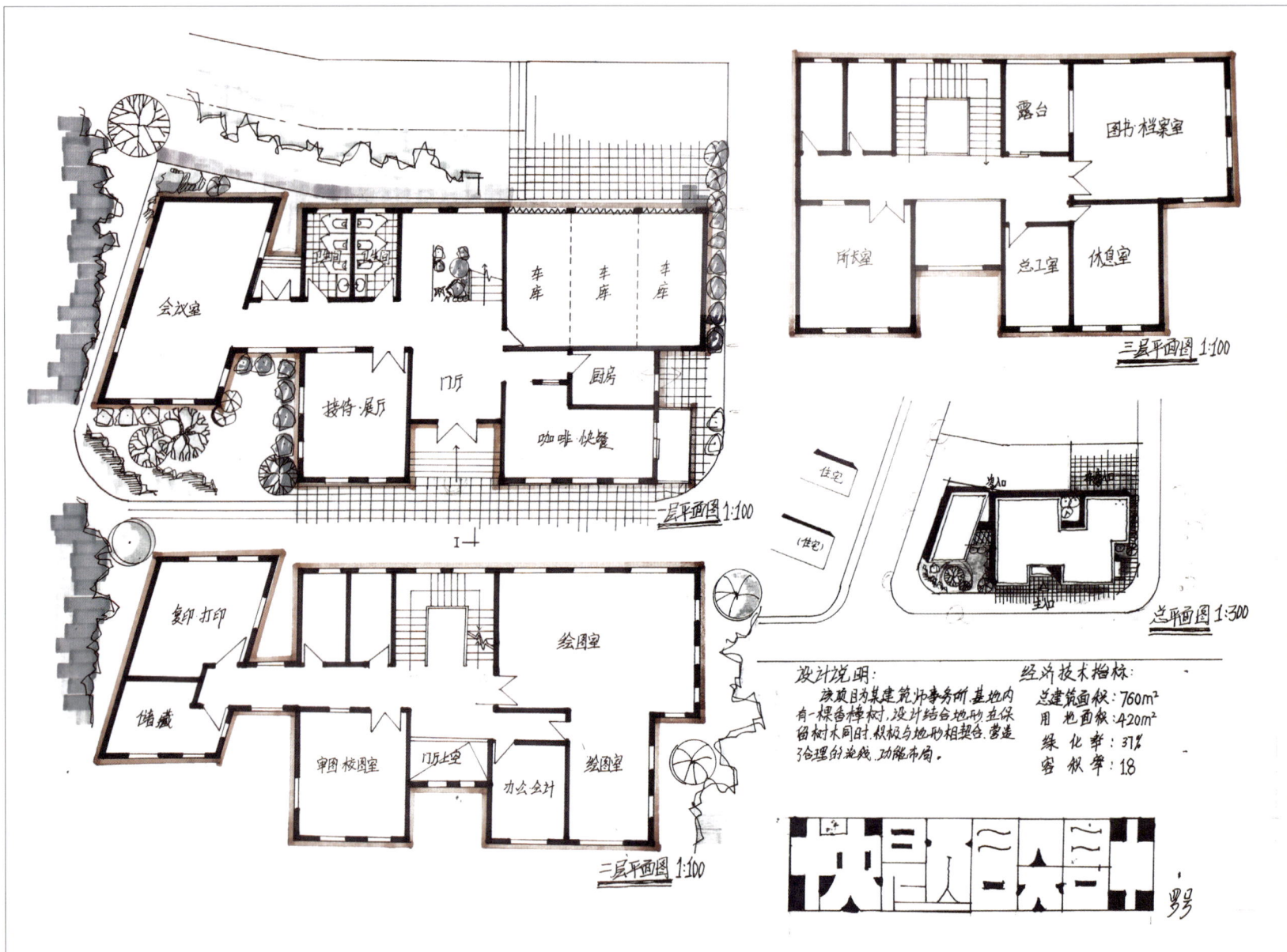

会议室

车库 车库 车库

厨房

接待·展厅

门厅

咖啡·快餐

一层平面图 1:100

复印 打印

绘图室

储藏

审图 校核室 门厅上空 办公 会计 绘图室

二层平面图 1:100

露台

图书·档案室

所长室

总工室 休息室

三层平面图 1:100

住宅

（住宅）

入口

总平面图 1:300

设计说明：
该项目为某建筑师事务所,基地内有一棵香樟树,设计结合地形,在保留树木同时,极极与地形相契合,营造了合理的流线,功能布局。

经济技术指标：
总建筑面积：760m²
用地面积：420m²
绿化率：37%
容积率：1.8

快题设计 罗

实例5.6.2-1

作　者　罗号
学　校　湖北工程学院
作业时间　6小时
图纸尺寸　1号图纸
学习时间　2012绘世界暑期

设计评析

建筑总平面设计充分结合地形,功能布局基本合理。会议室采虽用异形体块来迎合地形,但使用不便,可再推敲。整体建筑退让道路不够,主入口空间不够开场。次入口布置过于隐蔽,可以考虑次入口结合厨房一起设计。建筑造型和细节处理不够。

还要注意一些细节如：整张图里没有指北针。版面过于饱满,略显零乱。

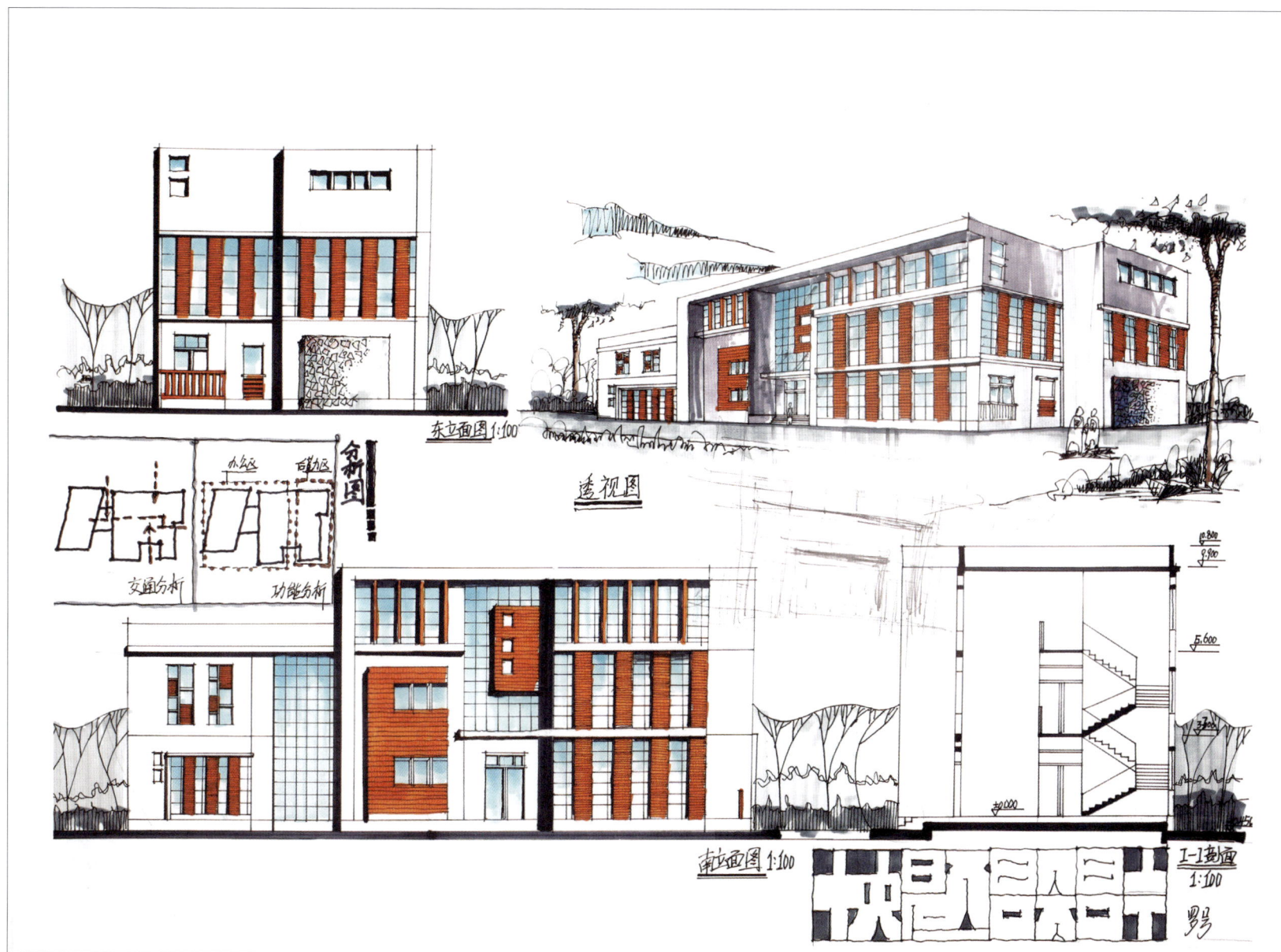

东立面图 1:100

透视图

分析图

办公区　后勤区

交通分析　　功能分析

南立面图 1:100

I-I 剖面 1:100

快题设计三

实例5.6.2-1

快题設計

设计说明 设计顺应地形,由三个异形几何体穿插形成。对场地现有古大树退让,保留,并加以片墙,进行框景和视线引导。

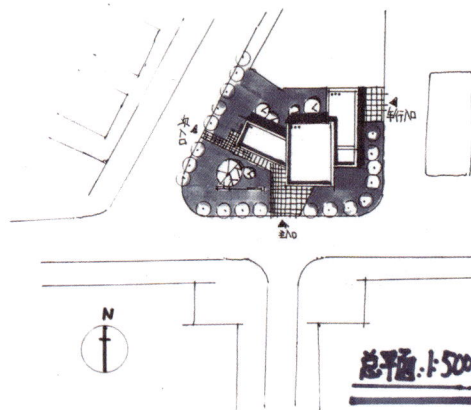

会议室

轿库

餐厅

展示

接待

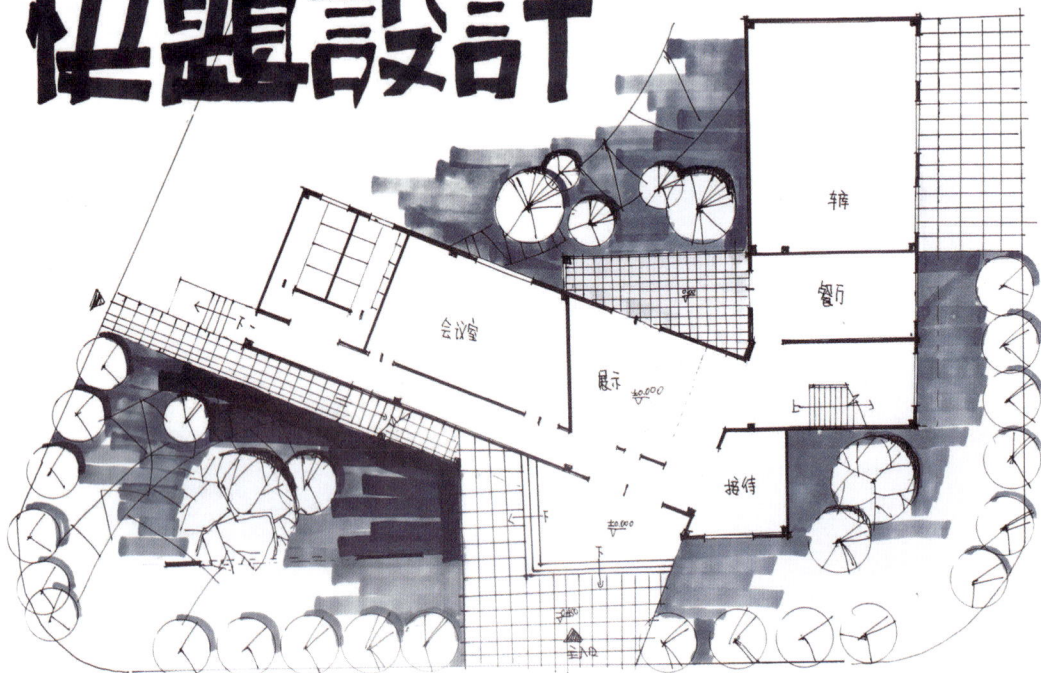

一层平面. 1:200

总平面. 1:500

技术指标:
建筑面积.650m²
绿地率.25%
容积率.1.41

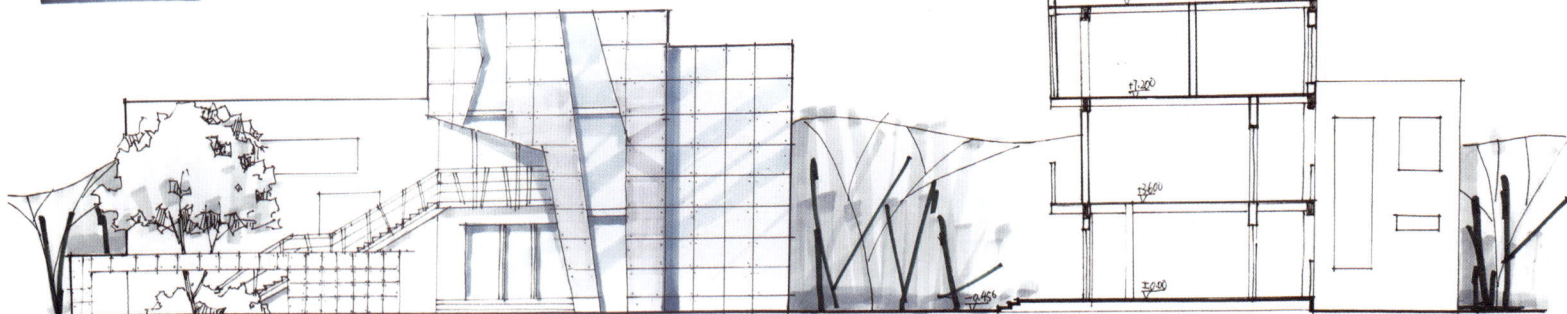

南立面 1:100

剖面1-1. 1:100

实例5.6.2-2

作　者 时楠
学　校 东南大学（原华中科技大学）
作业时间 6小时
图纸尺寸 1号图纸
学习时间 2012绘世界暑期

设计评析

建筑总平面采用交叉设计来迎合场地，总体布局基本合理。卫生间仅在一层设置，未考虑到二三层人员的使用。外立面设计比较简介有效，特别是室外直跑楼梯，不仅避免一二层人流冲突，也增强了建筑立面层次感，提升空间品质。

版面略显苍白，可添加一些分析图来充实画面。透视效果图表现较好，材质对比强烈。

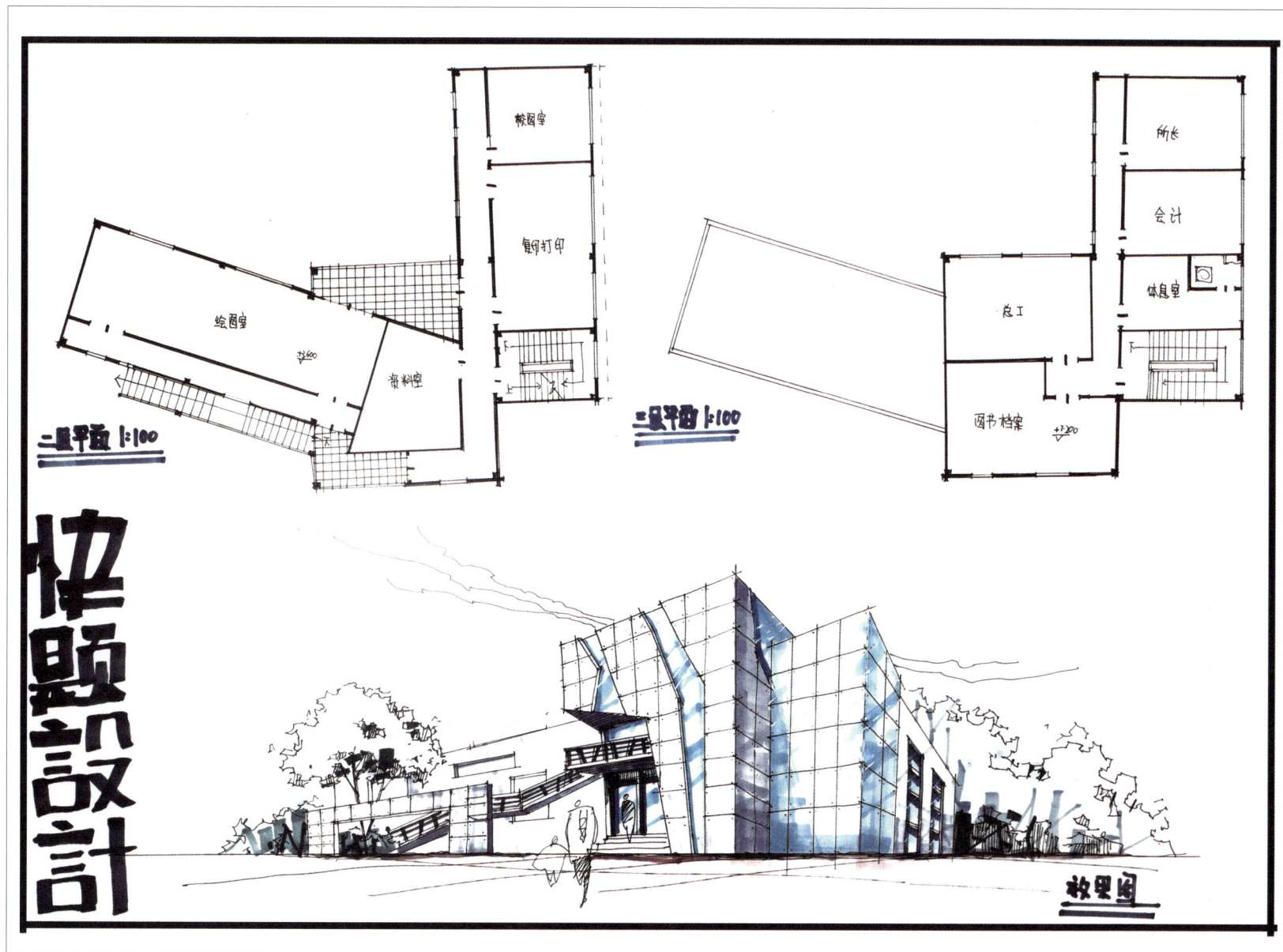

二层平面 1:100

绘图室

±3.600

资料室

复印打印

晒图室

二层平面 1:100

所长

会计

休息室

总工

图书 档案

±3.300

快题设计

效果图

实例5.6.2-2

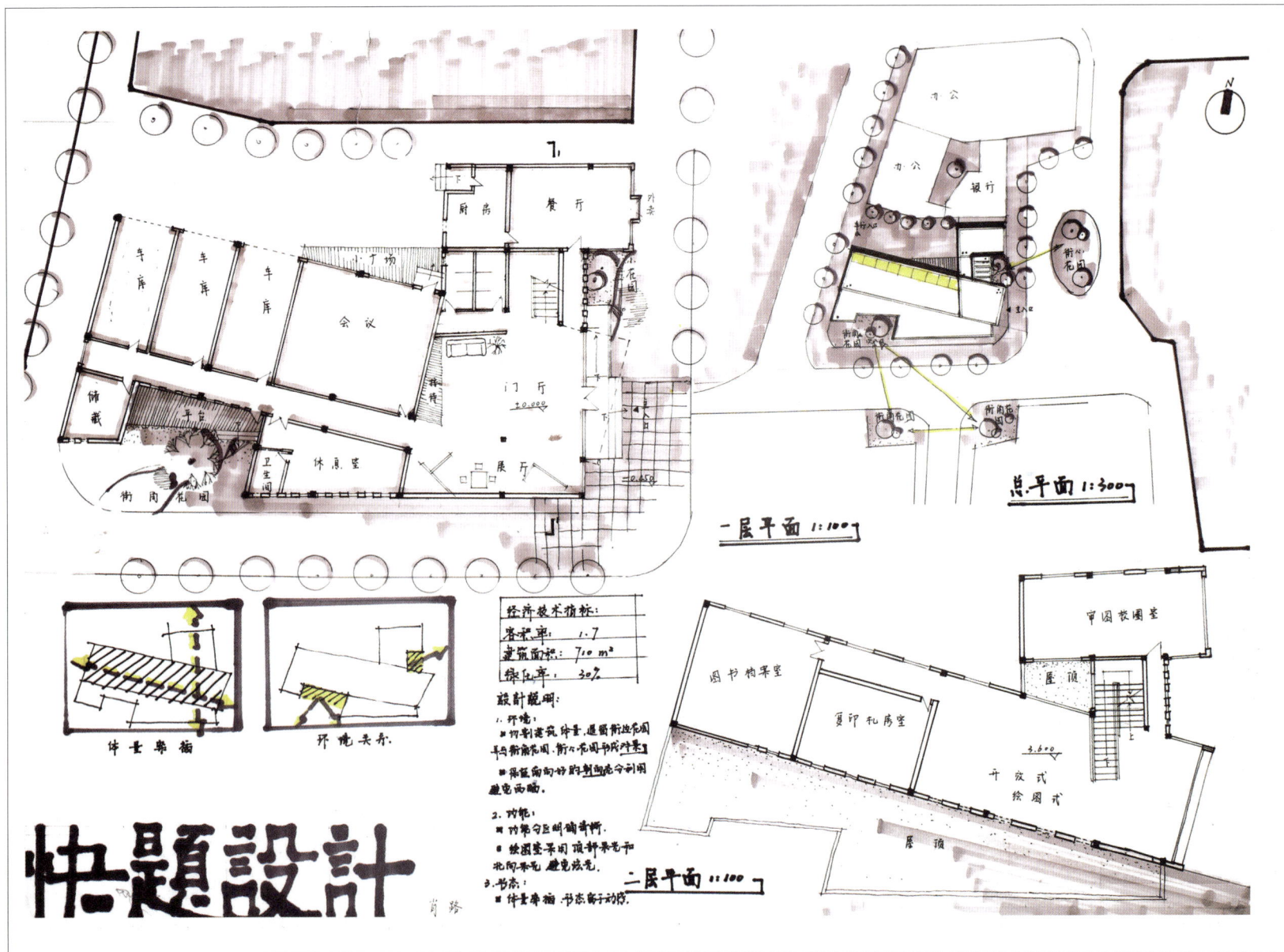

经济技术指标：
容积率：1.7
建筑面积：710 m²
绿化率：30%

设计说明：
1. 环境
2. 功能
3. 书态

总平面 1:300

一层平面 1:100

二层平面 1:100

快题设计

肖路

实例5.6.2-3

作　　者 肖路
学　　校 天津大学（原华中科技大学）
作业时间 6小时
图纸尺寸 1号图纸
学习时间 2012绘世界暑期

设计评析

　　该方案功能布局基本合理，注重景观与建筑整体设计。绘图室均采用稳定的顶部采光和北向采光。车库设计欠妥，三个车库各向走廊开门，略显多余不便管理，应该整合三个车库统一向走廊开一扇门，也未考虑进库道路。

　　全套图纸图面清新，线条流畅，透视效果图表达尚可。

南立面 1:100

三层平面 1:100

屋顶花园

所长室

总工室

屋顶

透视图

东立面 1:100
1—1剖面

快题設計

实例5.6.2-3

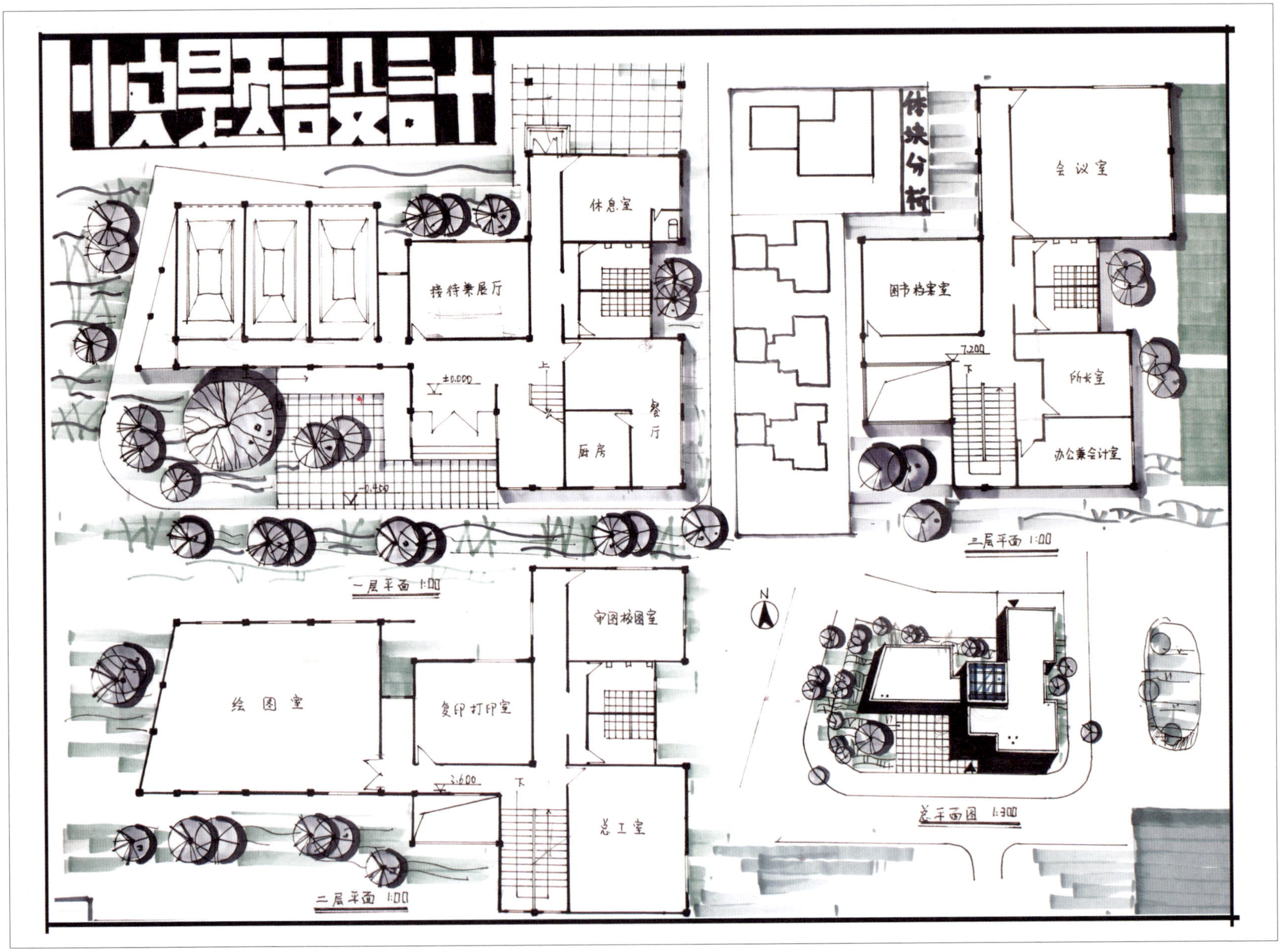

一层平面 1:100

二层平面 1:100

三层平面 1:100

休块分析

总平面图 1:300

实例5.6.2-4

设计评析

作 者	杨柳
学 校	中原工学院
作业时间	6小时
图纸尺寸	1号图纸
学习时间	2011绘世界暑期

建筑总平面设计结合地形，整体功能布局也很合理。主入口前设置了较大的集散场地，减缓了城市道路对整体建筑的压迫感。总图的设计也结合保护树木进行绿化。主入口门厅过高。

图上缺少设计说明和技术经济指标。版面布置疏密有序，整体表现相对统一。

快题设计

1-1剖面图 1:100

设计说明

南立面图 1:100

西立面图 1:100

实例5.6.2-4

5.6.3 真题实例分析
建筑师住宅及工作室

一、说明

　　某大学校园生活区内拟建一带工作室的独立住宅，业主为著名教授及建筑师；住宅、

　　工作室需组合成一个建筑整体同时又有各自的独立性，基地环境见附图

二、项目内容

1. 住宅部分：

客厅：40 m^2（可进行小型集会）

餐厅、厨房：30 m^2（可以开敞式）

家庭活动室：20 m^2

健身房：15 m^2

家庭图书馆（书房）：20 m^2

主卧室：25 m^2（含卫生间）

卧室：15 m^2（2 间）

客人房：10 m^2

工人房：8 m^2

车库：停放 2 辆小汽车

卫生间：不少于 4 个

2. 工作室部分

约 150 m^2，可容纳 6 人工作，配置适当的会客、展示、休闲空间

三、总建筑面积

不超过 600 m^2，层数不多于 4 层

四、图纸要求

各层平面图 1:100（要求布置家居）

立面图 1:100（3 个以上）

剖面图 1:100（2 个）

透视图（1~2 个）

总平面图 1:500

图幅 A2，表现方法不限

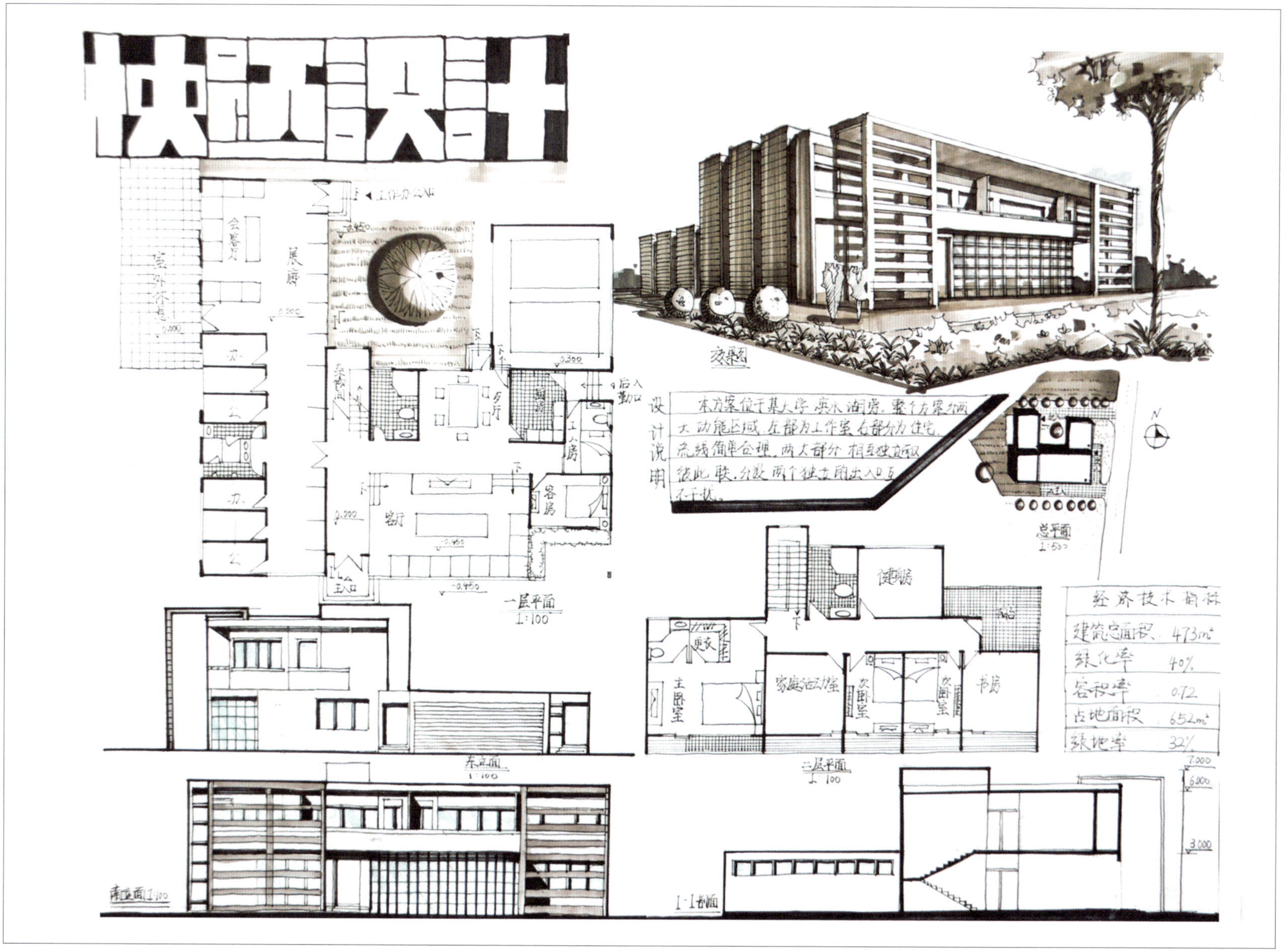

实例5.6.3-1

设计评析

作 者	曹根榕
学 校	河南城建学院
作业时间	6小时
图纸尺寸	1号图纸
学习时间	2012绘世界寒假

该方案图底关系尚可，主要房间采光充足，但正方形的布局影响西晒和景观朝向。办公与工作室联系过于紧密，两者应各有相对独立区域。首层餐厅出入口过多，车库入口可通过厨房进入，二层家庭活动室应试开场空间。

版面过于紧凑，图面缺少配景。建筑体量过大，更像大尺度公建。

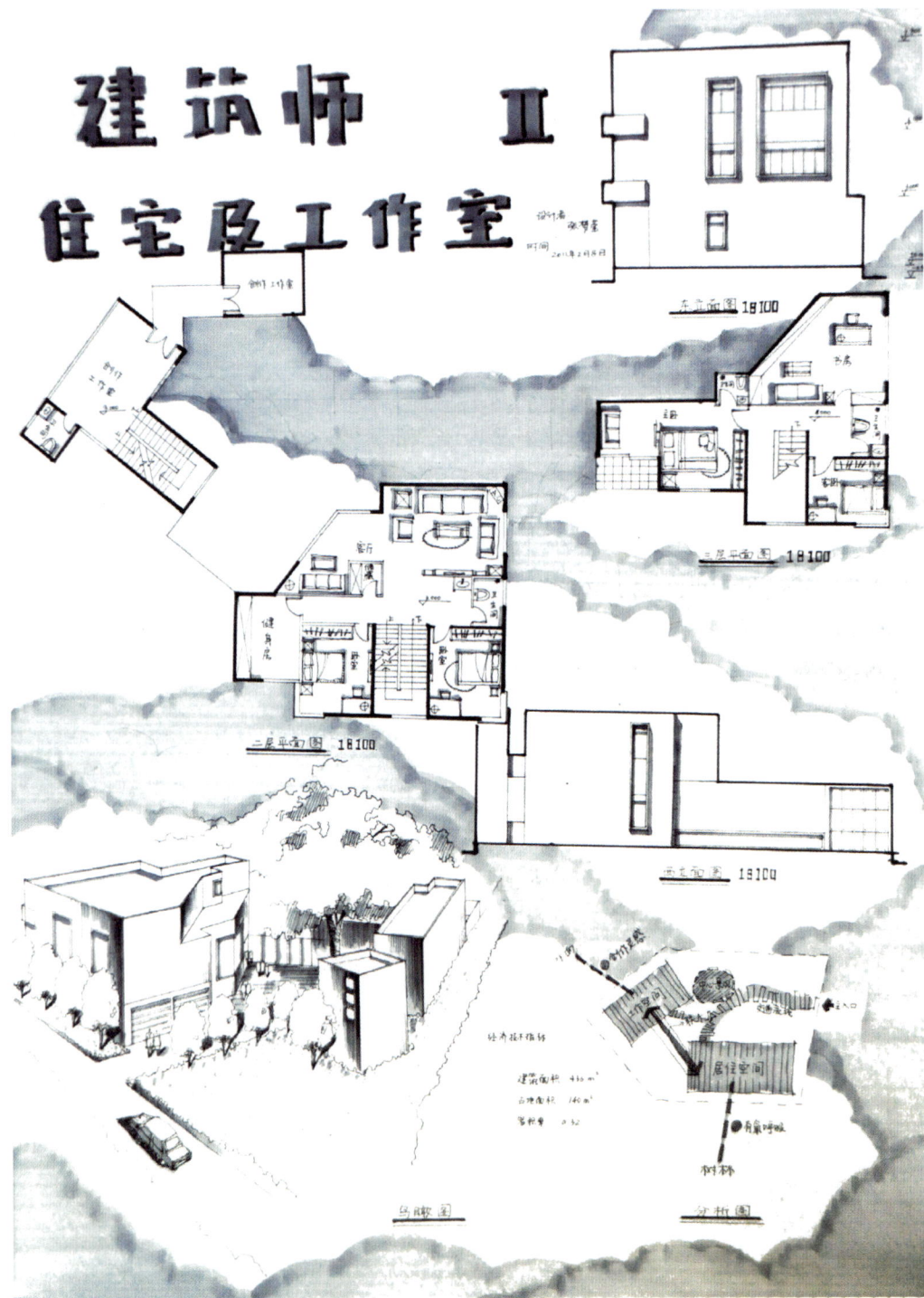

实例5.6.3-2

作　　者 张梦莹
学　　校 武汉科技大学
作业时间 6小时
图纸尺寸 1号图纸
学习时间 2010绘世界暑期

设计评析

总平面设计充分考虑住宅与道路特征，按照住宅和工作室两个功能，将建筑分为两个单体建筑，巧妙的采用通廊连接两个建筑，围合出半院落空间。工作空间与住宅空间即分开，但又有相应联系。住宅入口在院落中，避免了直对道路。三层卫生间并在二层客厅上。

排版构图匀称，有一定的设计感。画面色调统一，淡雅明快。透视效果图表达出较强的空间感。

第六章　作品欣赏

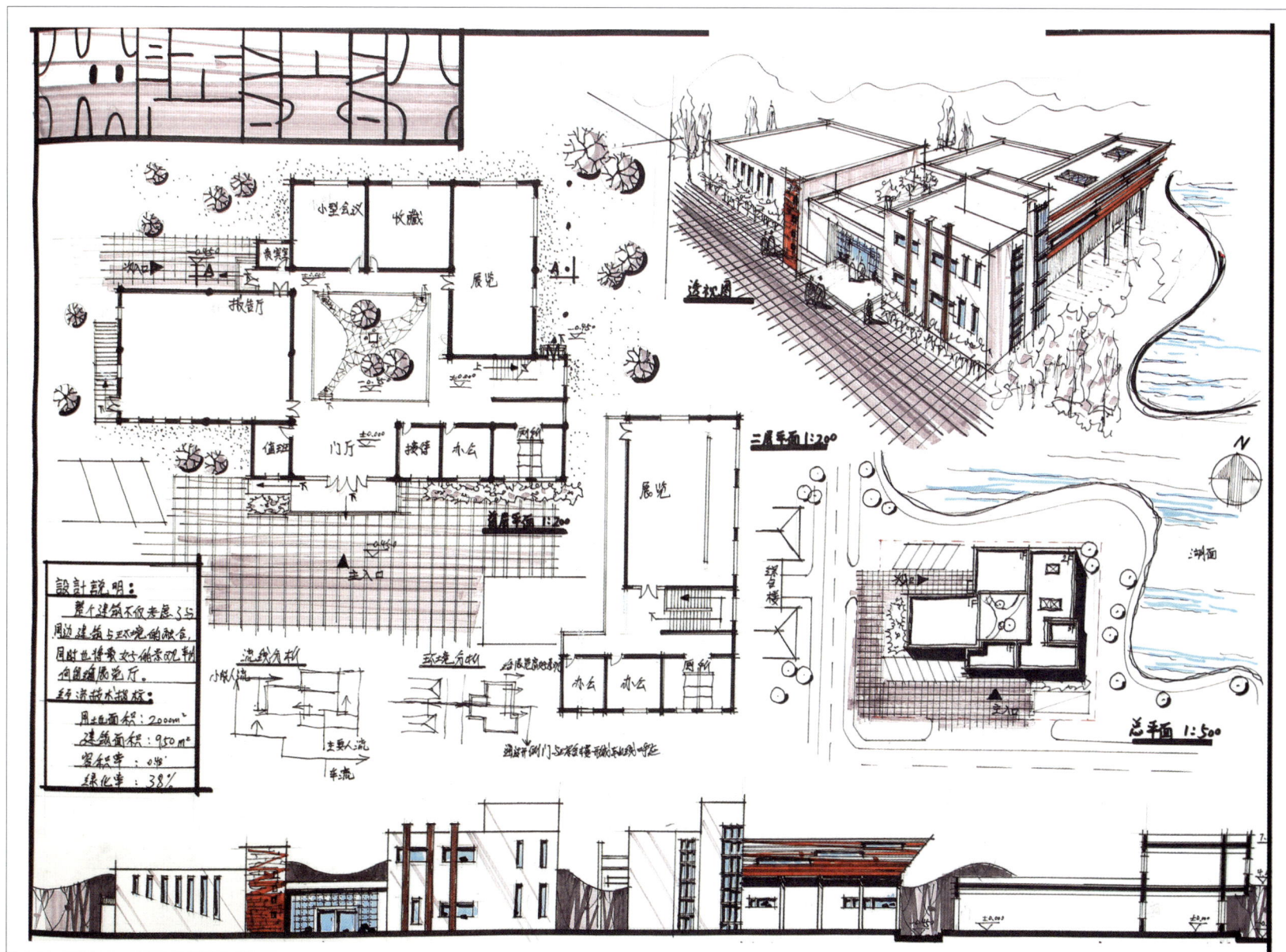

設計說明：
整个建筑不仅考虑了与周边建筑与环境的融合，同时也考虑到好的参观流线使展厅布局合理。
主要流线技术指标：
用地面积：2000m²
建筑面积：950m²
容积率：0%
绿化率：38%

小型会议　收藏　展览

接待　表演　报告厅

值班　门厅　接待　小会

展览

媒体楼

办会　办会　图书

二层平面 1:200

首层平面 1:200

透视图

湖面

总平面 1:500

主入口

环境分析

流线分析

实 例 6-1

作　　者 黄豪
学　　校 湖南工学院
作业时间 6小时
图纸尺寸 1号图纸
学习时间 2012绘世界暑期

设计评析

　　该方案功能布局与结构清晰，报告厅单独放在场地西面，紧邻西南两条道路，便于集散和疏散人员，并设置对外开启的疏散口，设计合理。报告厅东面主入口可适当退让，使局部过廊变宽，形成入口缓冲空间。建筑里面设计不够丰富，竖向构筑物造型有再推敲。

　　图面整体行还可以，主入口形式手法单一欠缺设计，鸟瞰效果图表达较准确，反应出了建筑体块关系。

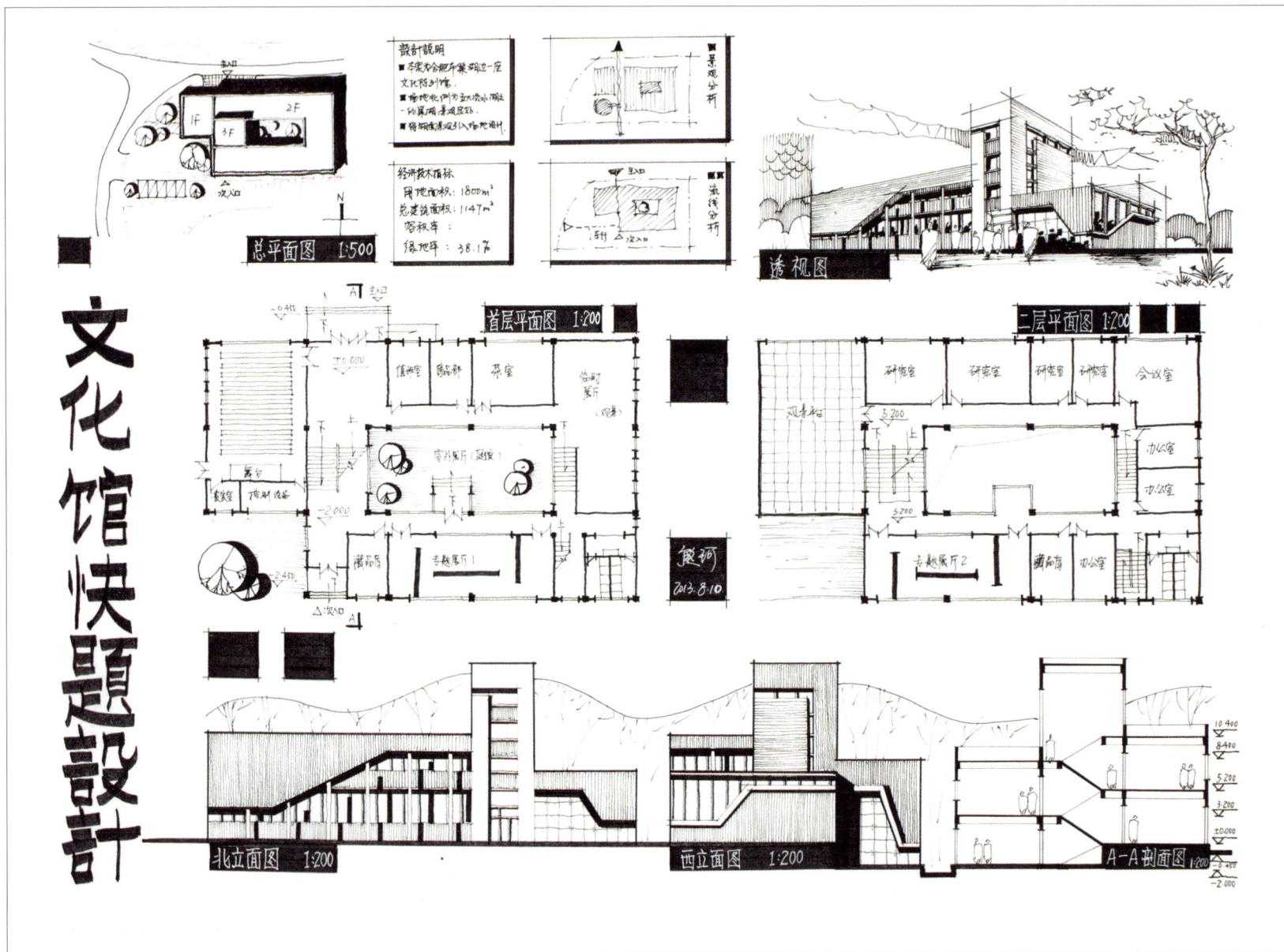

文
化
馆
快
题
设
计

总平面图 1:500

设计说明

经济技术指标
用地面积：1800m²
总建筑面积：1147m²
容积率：
绿地率：38.1%

景观分析

流线分析

透视图

首层平面图 1:200

值班室　管理部　采室　临时展室（四层）

室外展厅（采光）

横厅　专题展厅1

二层平面图 1:200

研究室　研究室　研究室　研究室　会议室

观景台　办公室　办公室

专题展厅2　藏品库　办公室

北立面图 1:200

西立面图 1:200

A-A剖面图 1:200

实例 6-2

作　　者 熊珂
学　　校 三峡大学
作业时间 6小时
图纸尺寸 1号图纸
学习时间 2012绘世界暑期

设计评析

　　该方案功为滨水文化馆建筑设计，基地南高北低，北面临湖，景观最佳朝向。建筑以错层形式较好解决高差问题，但展览厅在南边，未能取得最好景观朝向，可把展厅与研究室位置互换。主次入口之间缺少必要的遮挡，不要一眼望穿。

　　版面采用单色表达整体感强，效果图图面略小，未能表现出地形高差特征。

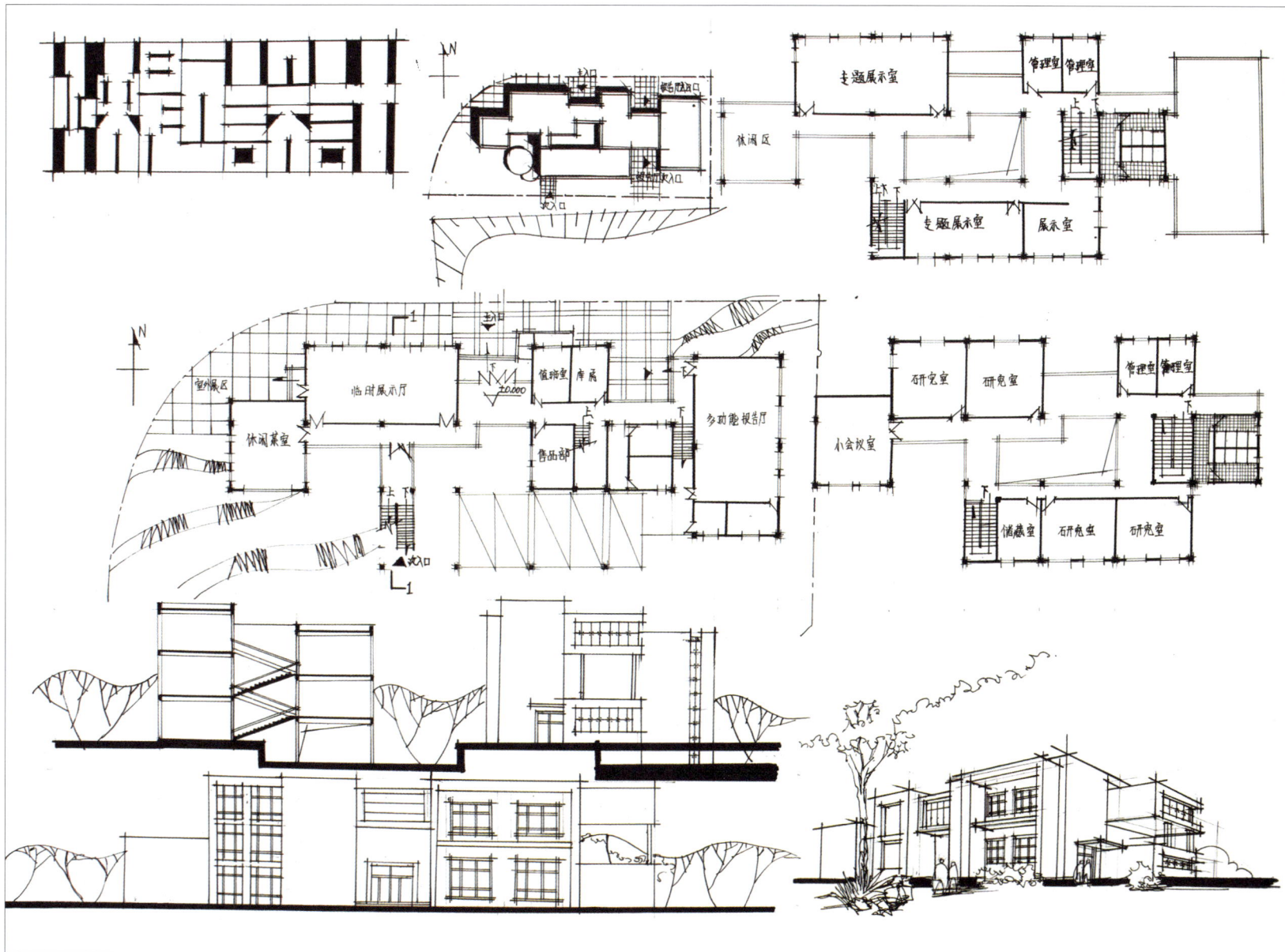

实例 6-3

作　者　吴岭昊
学　校　华中科技大学
作业时间　6小时
图纸尺寸　1号图纸
学习时间　2012绘世界暑期

设计评析

　　该方案功能部局基本合理，主入口设置在滨湖道路一侧，满足主要方向人流，门厅空间不够开场，停车场应该布置在主入口广场。剖面图不规范，如次入口楼梯没有表达。

　　尺规作图，钢笔墨线，图面的整体感较好，效果图透视准确。该生忘记标注图名及效果图投影，导致画面缺少重色，画面略显苍白。

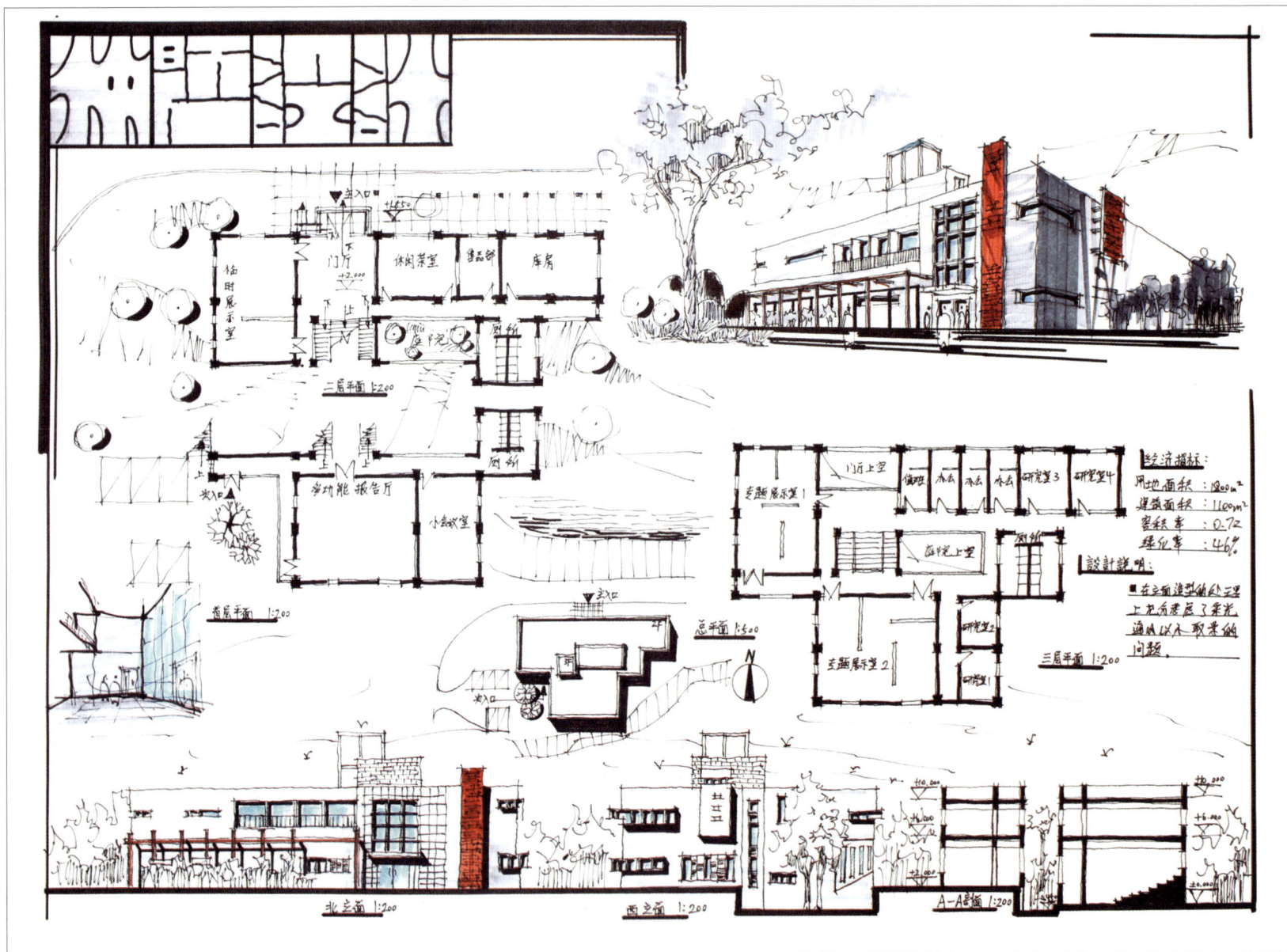

实例 6-4

作　者 熊天宇
学　校 华中科技大学
作业时间 6小时
图纸尺寸 1号图纸
学习时间 2012绘世界暑期

设计评析

　　文化馆是一类功能组成比较复杂而活跃的题目，起空间组成既有大空间也有一般的大小不等的休闲空间，既有动区，也有静的学习办公区，所以组合的难度相对较大。本方案的基本形体有两个建筑体块，通过室内楼梯连接。二层两卫生间最好合成一个来做。室外停车场设计不规范。

　　版面均衡，徒手线条尚可，配景表达不整体，导致画面杂乱。马克笔技法不够熟练，不够脱洒自如。

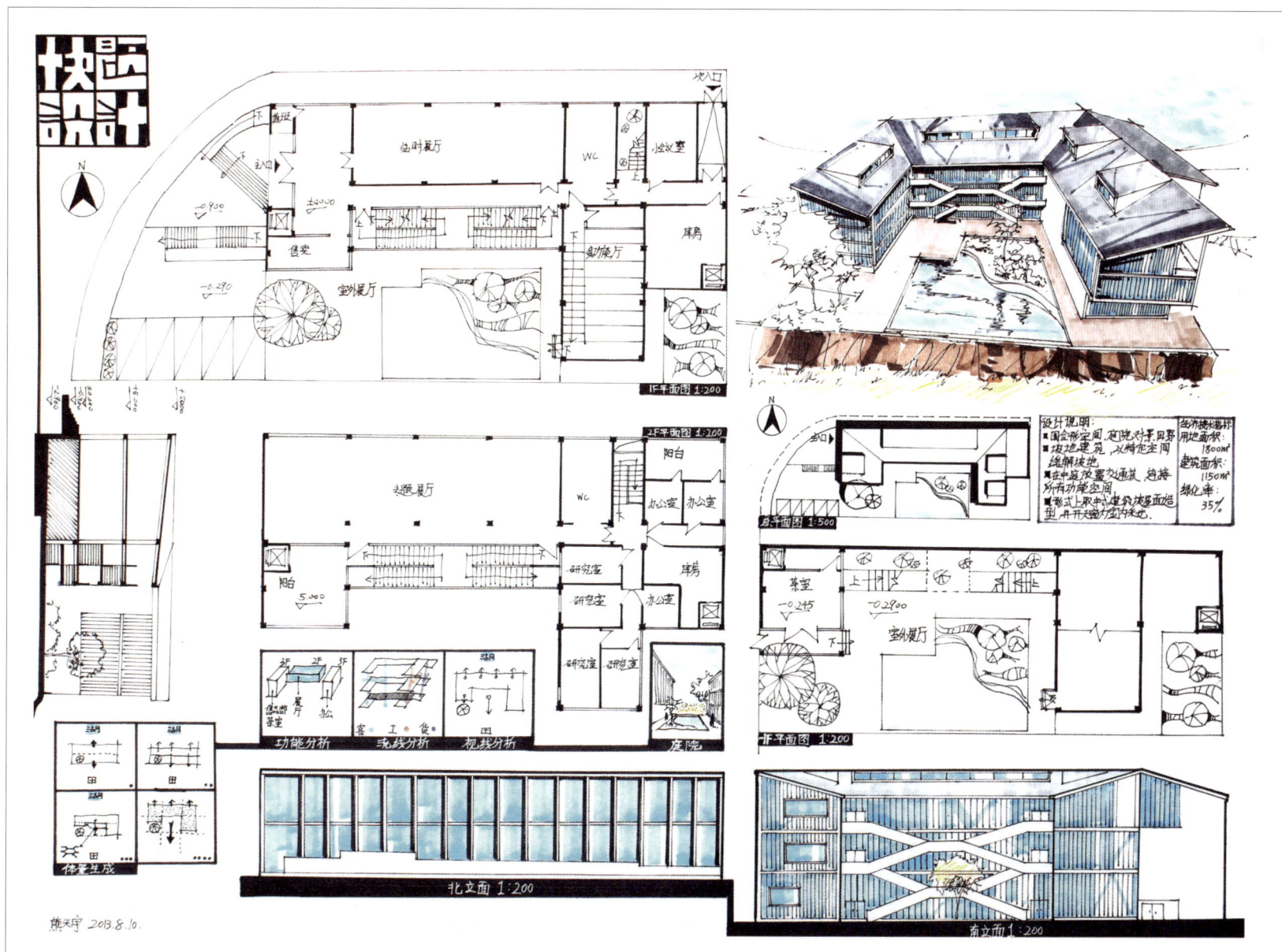

实例 6-5

设计评析

作 者 熊天宇	
学 校 华中科技大学	
作业时间 6小时	
图纸尺寸 1号图纸	
学习时间 2012绘世界暑期	

该方案功能布局基本合理，建筑三面围合出边庭设计，边庭中设置垂直交通连接所有功能空间。建筑形式采用中式坡屋顶，并开天窗为室内采光。符合文化馆建筑性质。

方案图面的图面表达较好，整体感强。鸟瞰效果也全面表达出建筑空间体块与基地环境。

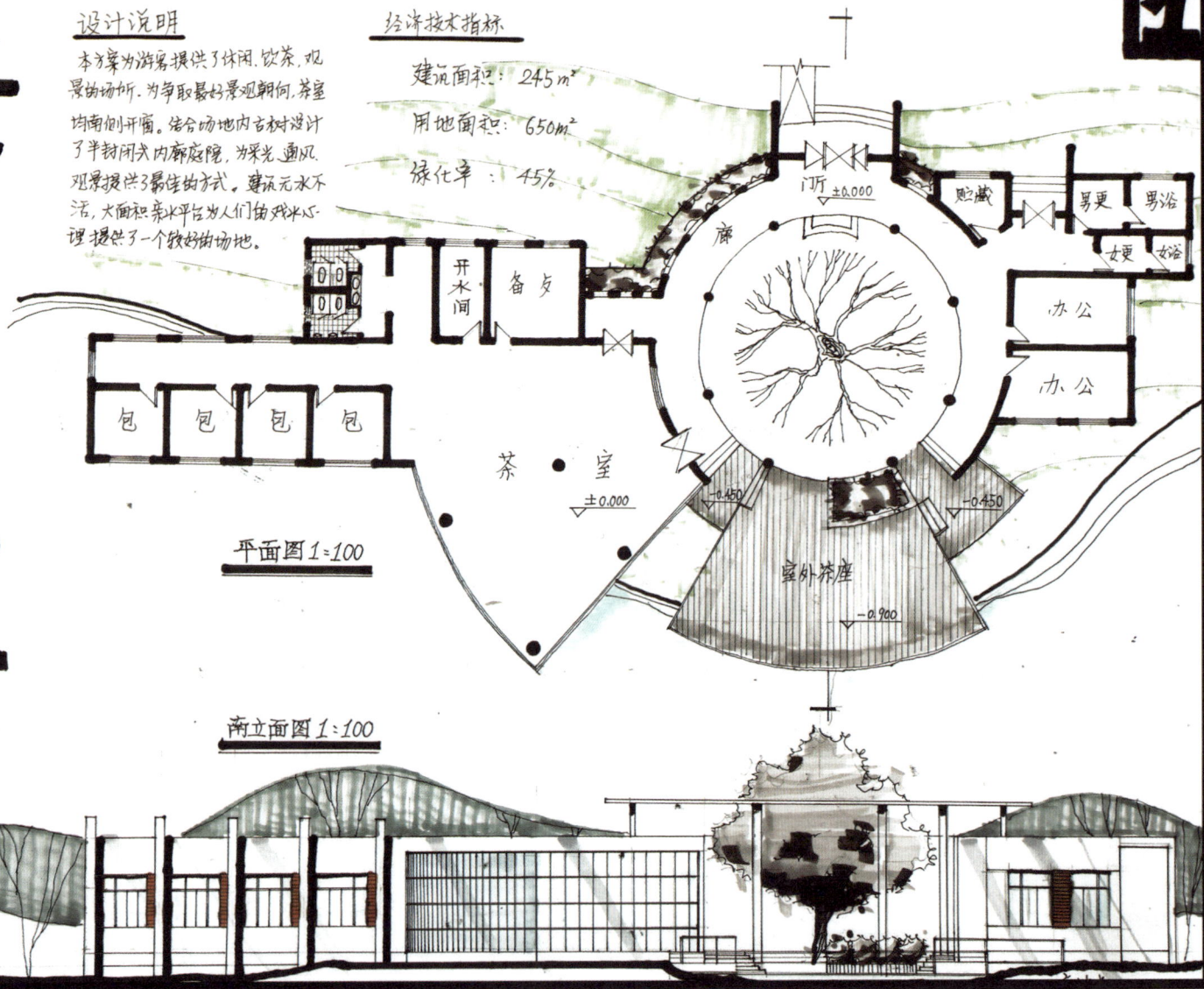

设计说明

本方案为游客提供了休闲、饮茶、观景的场所。为争取最好景观朝向，茶室均南侧开窗。结合场地内古树设计了半封闭式内廊庭院，为采光、通风、观景提供了最佳的方式。建筑亲水不活，大面积亲水平台为人们的戏水心理提供了一个较好的场地。

经济技术指标

建筑面积：245 m²

用地面积：650 m²

绿化率：45%

平面图 1:100

南立面图 1:100

实例 6-6

作　者　齐帅杰
学　校　华南理工大学
作业时间　3小时
图纸尺寸　1号图纸
学习时间　2010绘世界寒假

设计评析

　　总平面布局方位感能迎向最佳景观方向，与湖面紧密结合，并形成扇形曲面变化，使尺度感不突兀，合理的利用古树景观与自然环境能够融为一体。平面主要功能布局合理，整体造型富有韵律感，但方形与圆的结合稍显生硬，适当弱化方形。

　　表现方面版面构图紧凑匀称，工具钢笔线条交代清楚，立面表现图底关系稍微模糊，背景树与建筑本身颜色太接近，可以在色调上加以区分，形成冷暖对比。一层平面环境处理简单，应加以树木点缀，丰富图面。

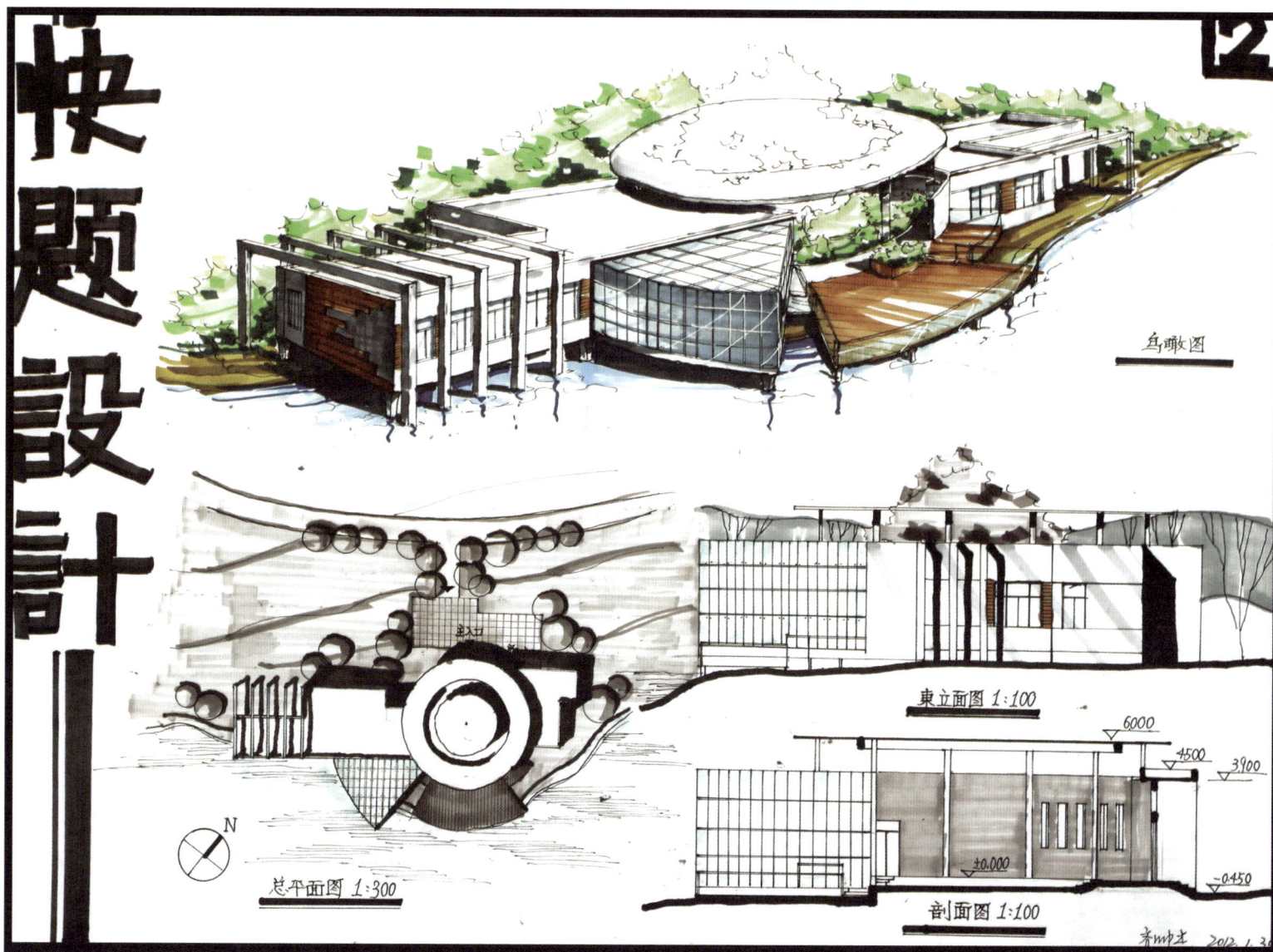

快题设计

鸟瞰图

总平面图 1:300

東立面图 1:100

剖面图 1:100

6000
4500
3900
±0.000
-0.450

实例6-6

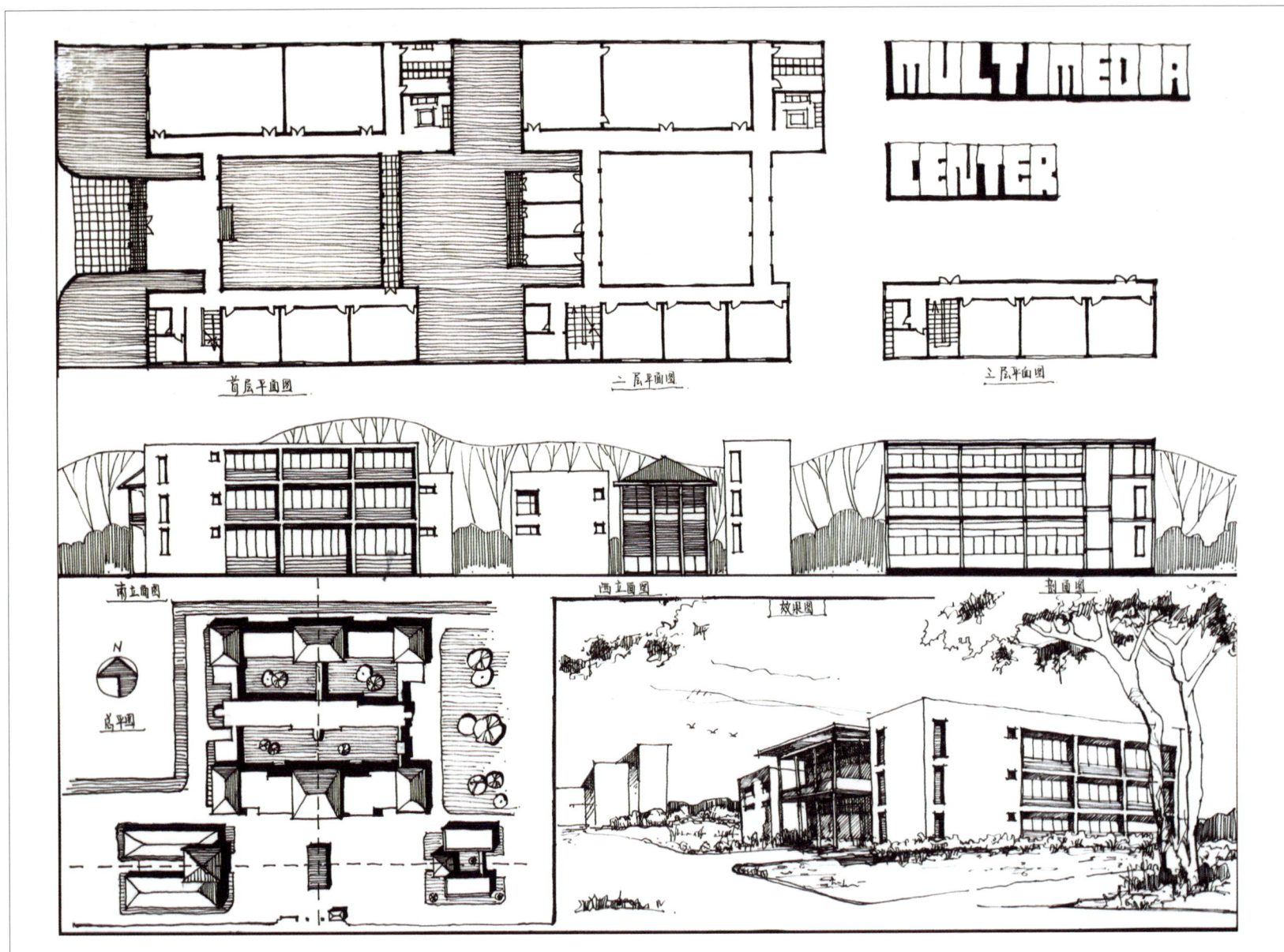

首层平面图　　　　　二层平面图　　　　　三层平面图

MULTIMEDIA CENTER

南立面图　　　　　西立面图　　　　效果图　　　　剖面图

总平图

实例 6-7

作　　者	杨龙成
学　　校	三峡大学
作业时间	6小时
图纸尺寸	1号图纸
学习时间	2012绘世界暑期

设计评析

　　该方案总图平面与周围建筑相融合，平面功能布局合理，体块划分明确；整体图面构图紧凑，虽然用色很少，黑白钢笔画色调统一，版面设计合理有较强的设计感与快题味。效果图表达较为真实。但图面没有标明房间名称，设计说明及经济指标。作为快题考试，缺图及必要的文字说明，均视为缺图试卷，严重者试卷不及格。

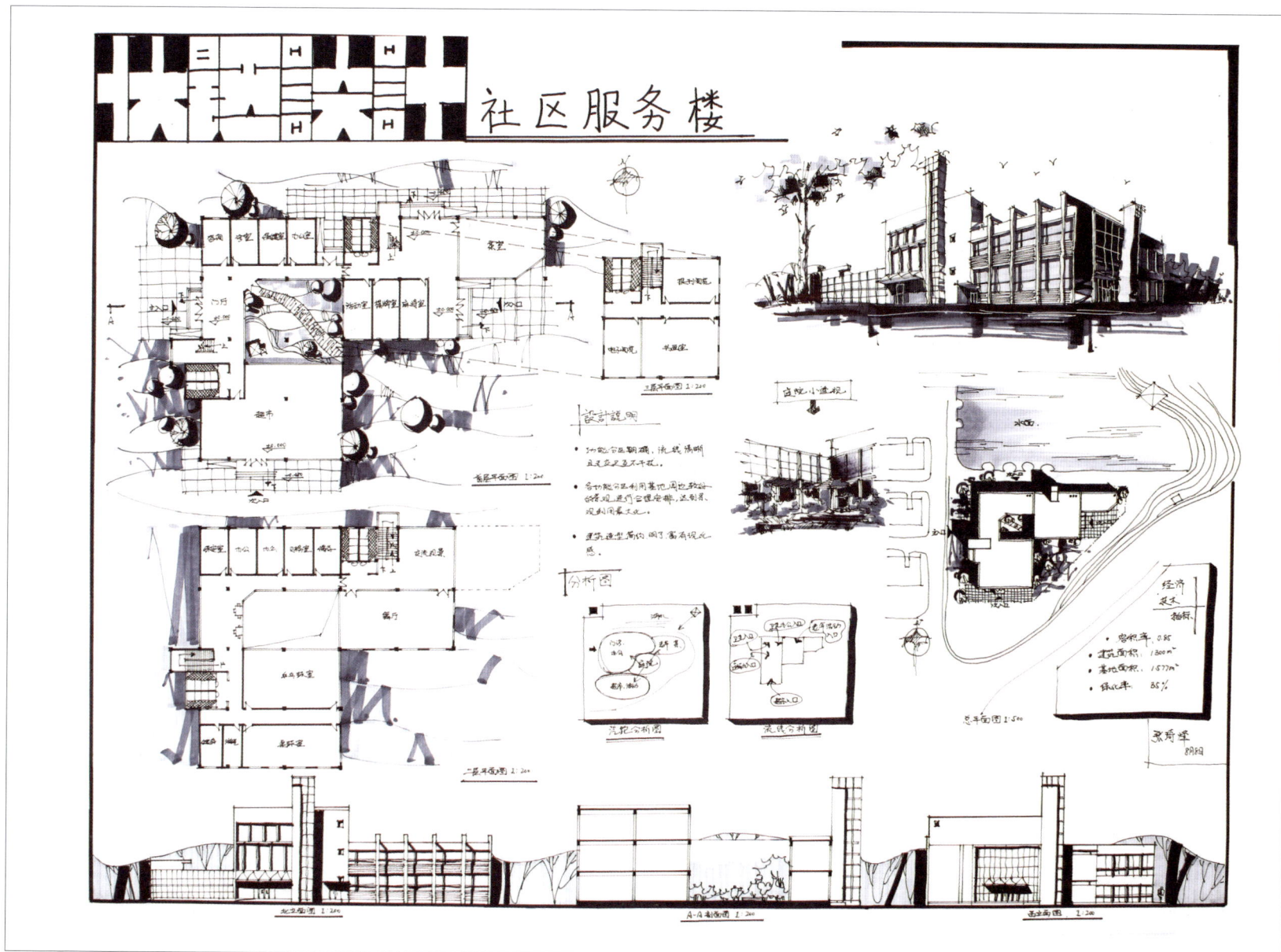

快题设计 社区服务楼

实例 6-8

设计评析

作 者	周琦烽
学 校	河南城建学院
作业时间	6小时
图纸尺寸	1号图纸
学习时间	2012绘世界暑期

该方案在功能布局上分析了周围景观，根据不同功能对景观的要求不同展开设计，如茶室面向湖面，视野开阔有景可观，超市则布置在基地南面，景观相对差些。首层入口变卫生间了设计不合理，没有考虑到使用人群。

图面色彩统一，表达丰富，图底对比较强，效果图表达细致，形体对比较强。

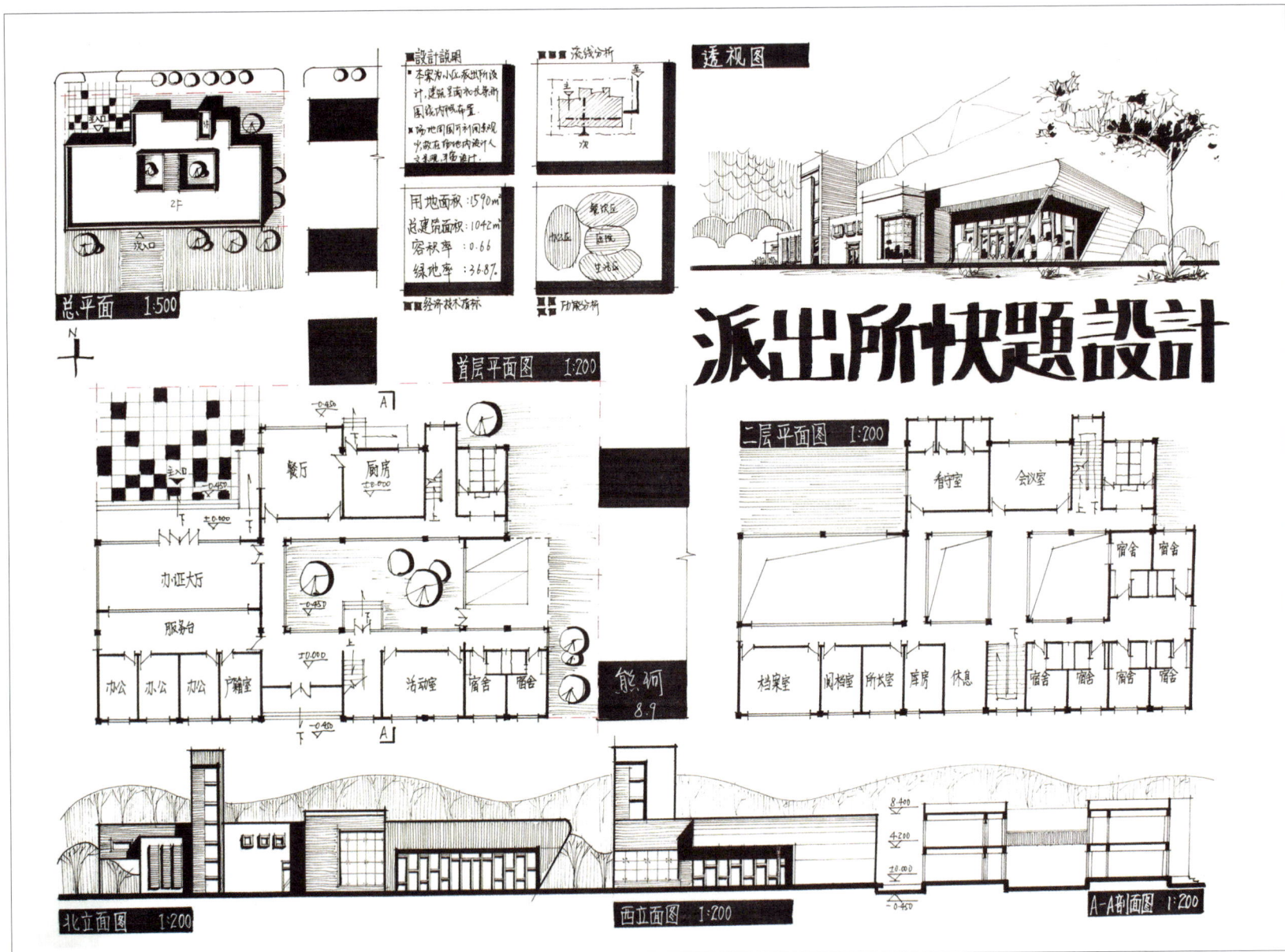

派出所快题设计

总平面 1:500

首层平面图 1:200

二层平面图 1:200

北立面图 1:200

西立面图 1:200

A-A剖面图 1:200

实例 6-9

作　者	熊珂
学　校	三峡大学
作业时间	6小时
图纸尺寸	1号图纸
学习时间	2013绘世界暑期

设计评析

　　该方案在总体布局上利用简洁的方形围合成院落，用内廊组织功能及空间。办证大厅设置服务台、看守所设置前室，都满足派出所特有房间的功能需求。

　　整体画面采用尺规作图，线条硬朗，制图规范，体现了该生较扎实的基本功。

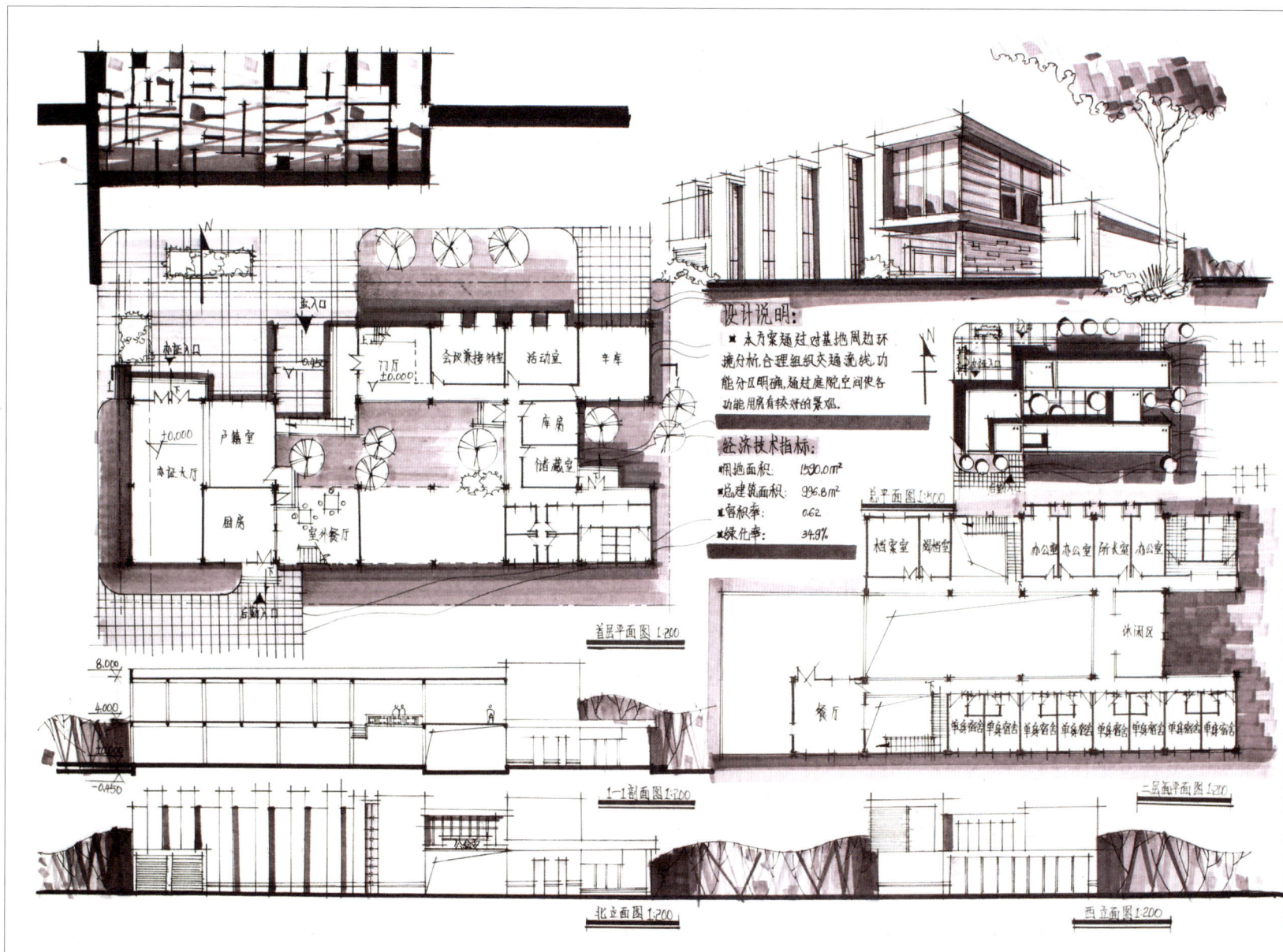

设计说明：
■ 本方案通过对基地周边环境进行分析,合理组织交通流线,功能分区明确,通过庭院空间使各功能用房有较好的景观.

经济技术指标：
用地面积: 1590.0m²
总建筑面积: 996.8m²
容积率: 0.62
绿化率: 34.9%

首层平面图 1:200

总平面图 1:500

1-1剖面图 1:200

二层平面图 1:200

北立面图 1:200

西立面图 1:200

实例 6-10

作　　者	吴岭昊
学　　校	华中科技大学
作业时间	6小时
图纸尺寸	1号图纸
学习时间	2013绘世界暑期

设计评析

　　该方案通过对基地周边环境分析,合理组织基地主次出入口。平面功能布局基本合理,并通过内向性庭院空间,使各个房间均有较好的景观朝向。主入口门厅与过廊衔接欠考究。二楼餐厅与一楼厨房缺少联系,应考虑如何送餐。

　　版面均衡,色调统一,配景可以适当强化,效果图没有刻画出入口空间。

快题设计

办公 财务 保安 麻将室 活动室 棋牌室 茶室

超市 门厅 次门厅 交谊餐厅

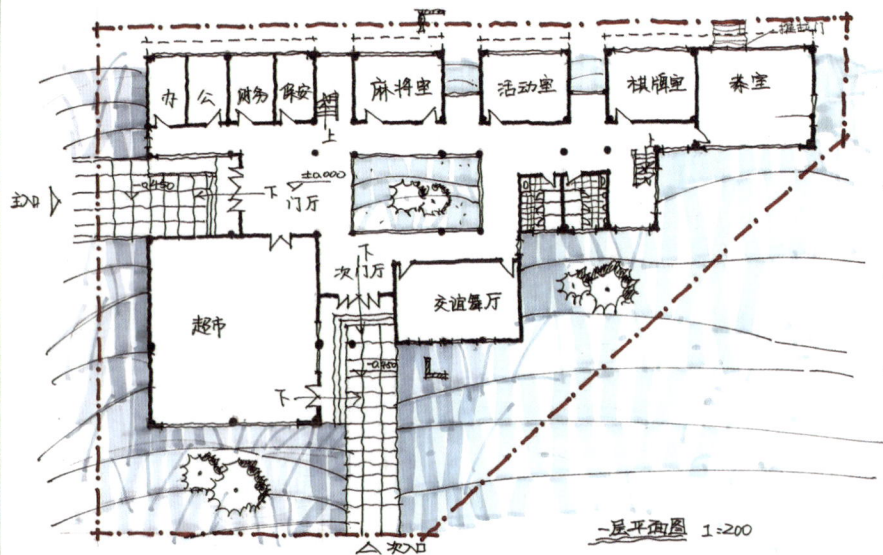

一层平面图 1:200

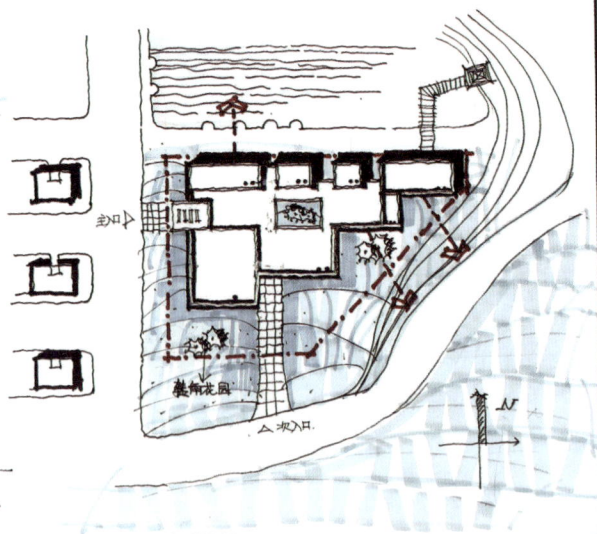

总平面图 1:500

北立面(镜像) 1:200

剖面图 1:200

实例 6-11

作　　者　博凯
学　　校　安徽科技学院
作业时间　6小时
图纸尺寸　1号图纸
学习时间　2012绘世界暑期

设计评析

　　该方案考虑到基地北面滨水，东边林地，为较好的景观，故将报刊阅览室、书画室、茶室设置在建筑北面以求最好景观朝向。没有考虑为障碍卫生间设计。超市入口应开在基地西边，迎合住宅区方向人流。办公区缺区域独立卫生间。

　　图纸表达较深入，外立面材质区分明确，效果图生动活泼。

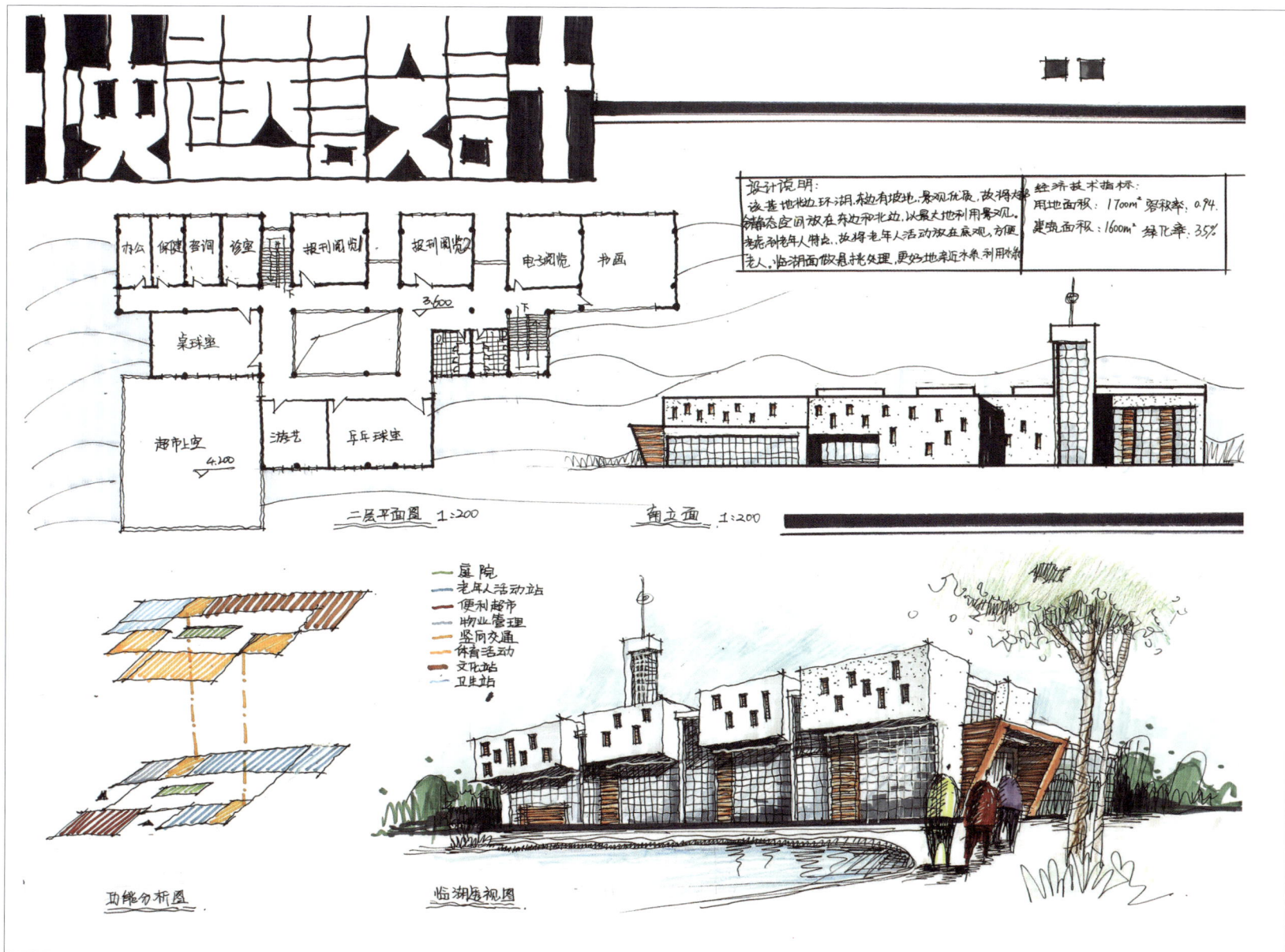

陕西言大计

设计说明：
该基地地处环湖，右边有坡地，景观优质，故将动态空间放在东边和北边，以最大地利用景观。老龙利老年人特点，故将老年人活动放在底观，方便老人，临湖面做息挑处理，更好地靠近水系利用水系

经济技术指标：
用地面积：1700m² 容积率：0.94
建筑面积：1600m² 绿化率：35%

| 办公 | 保健 | 咨询 | 诊室 | 报刊阅览 | 报刊阅览2 | 电子阅览 | 书画 |

桌球室

超市上空
4.200

游艺 乒乓球室

3.600

二层平面图 1:200

南立面 1:200

庭院
老年人活动站
便利超市
物业管理
竖向交通
体育活动
文化站
卫生站

功能分析图

临湖透视图

实例 6 –11

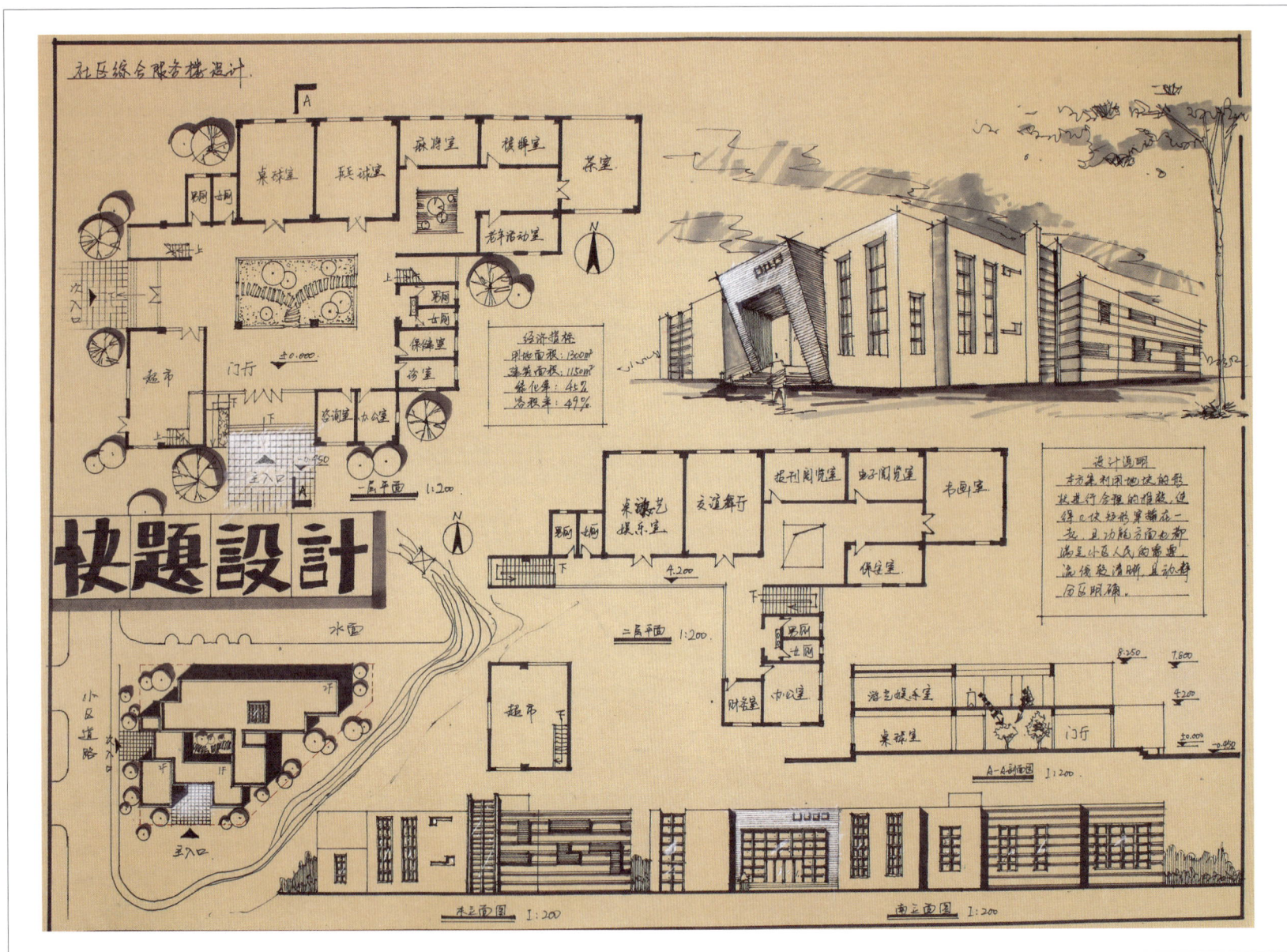

社区综合服务楼设计

快题设计

实例 6-12

作　者	博凯
学　校	安徽科技学院
作业时间	6小时
图纸尺寸	1号图纸
学习时间	2012绘世界暑期

设计评析

　　该方案按使用要求，并结合基地环境将建筑主体分为大小两个庭院，平面功能关系合理可行，建筑形体及立面处理也细致合理，充满现代气息。超市为上下两层分布不是很合理，应考虑出入人流量大，应大空间一层设计。庭院过廊尺度稍大，既影响内部空间，也浪费建筑面积。

　　画面整体感较好，线条组织粗犷、熟练。二层平面表达不规范，效果图表达深度不够。

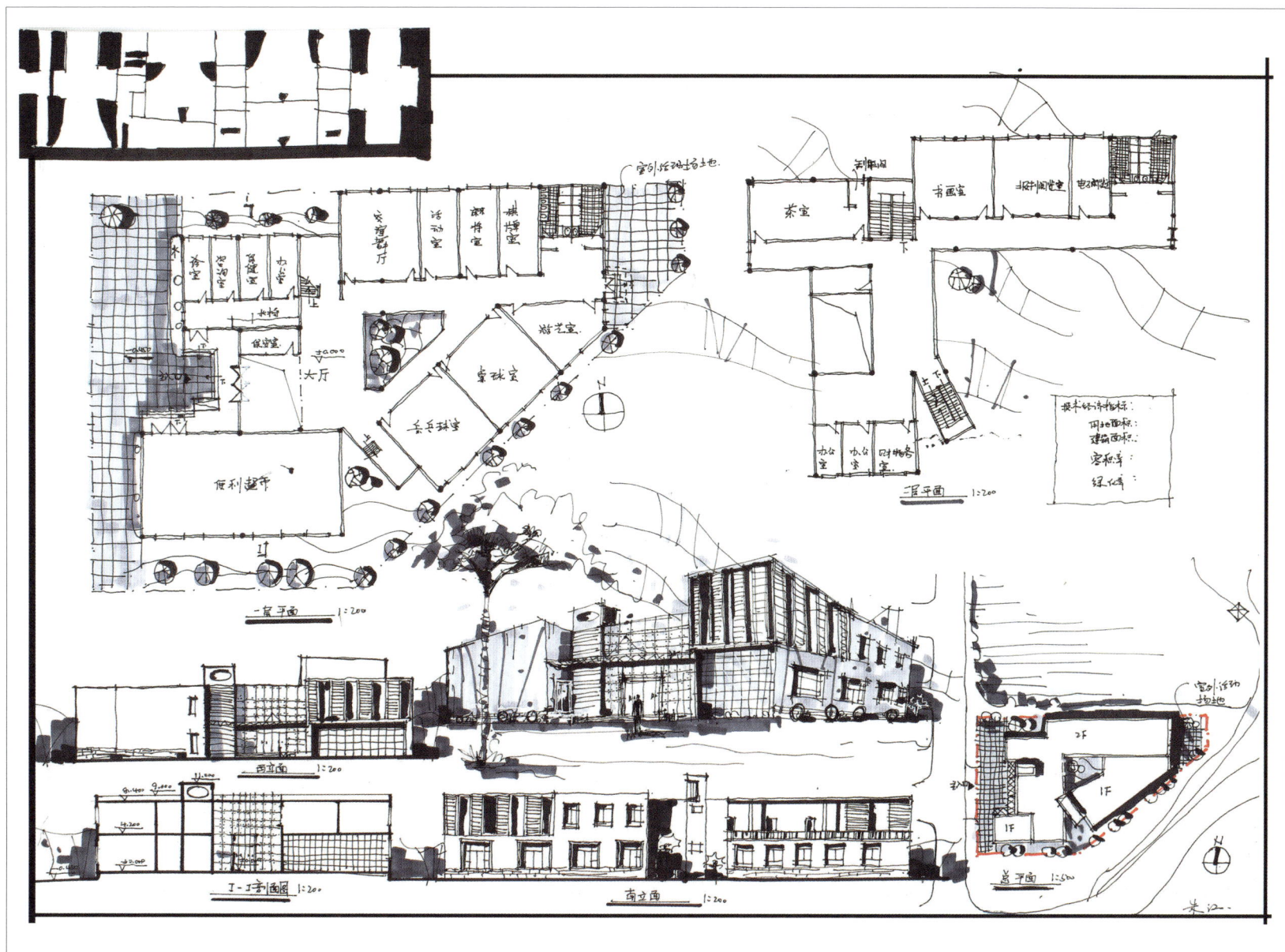

实例 6-13

作　者 朱江
学　校 华中科技大学文华学院
作业时间 6小时
图纸尺寸 1号图纸
学习时间 2013绘世界暑期

设计评析

该方案功能布局基本合理，动静分区明确。主入口，办公入口，超市入口集中布置在一齐，易导致入口处人流引导不明确。办公区域应有单独卫生间，公共区域卫生间缺无障碍侧位。

图面生动，用色协调，整体效果不错，有一定的徒手能力。效果图透视欠准确，导致建筑不够挺拔。

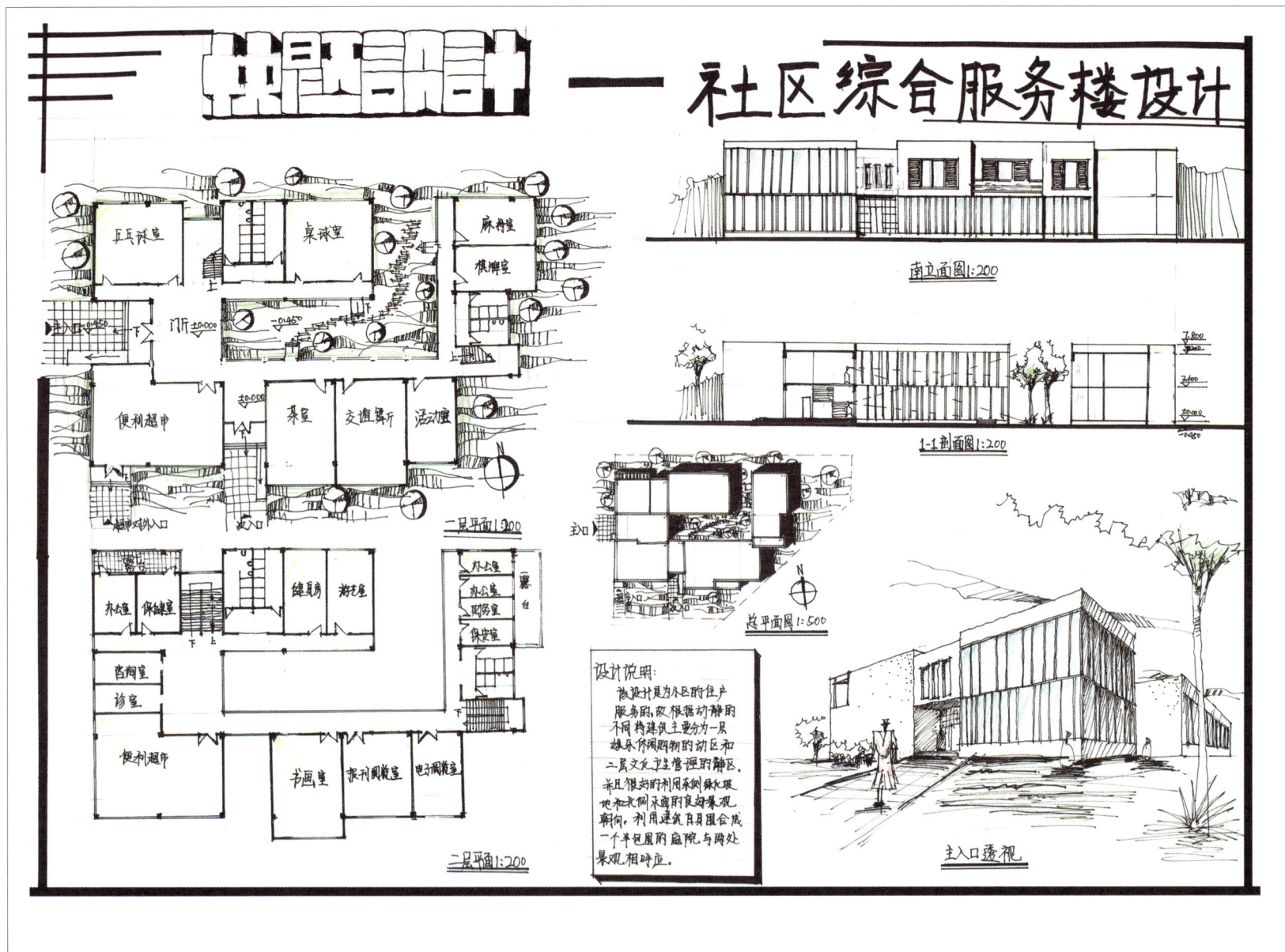

快题设计 —— 社区综合服务楼设计

南立面图1:200

1-1剖面图1:200

一层平面1:200

总平面图1:500

设计说明：

二层平面1:200

主入口透视

实例6-14

设计评析

作　者　周煜智
学　校　华侨大学
作业时间　6小时
图纸尺寸　1号图纸
学习时间　2012绘世界暑期

　　该方案为某住宅小区综合服务中心，功能分区必考虑动静分区。首层为娱乐休闲、超市；二层为文化管理，动静分区明确。建筑采用三面围合，充分利用基地东侧绿化坡地和北侧湖面景观。二层书画是应布置在北侧，须更稳定的北向采光。

　　图面的表现力不足，略显苍白，效果图表达不够深入，缺少细节处理。

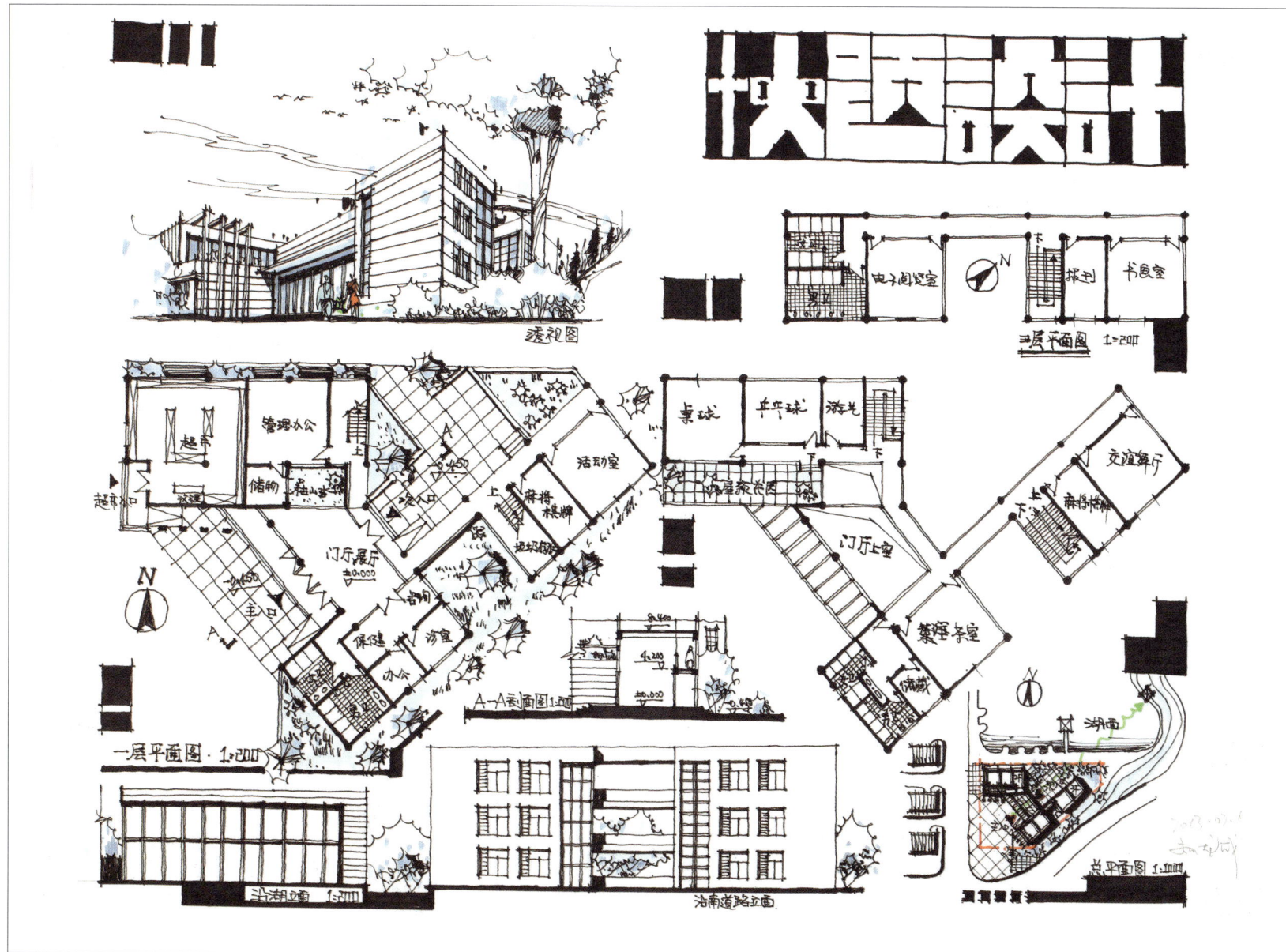

透视图

二层平面图 1:200

一层平面图 1:200

A-A剖面图 1:200

沿湖立面 1:200

沿南道路立面

总平面图 1:500

实例 6-15

作　　者 杨龙成
学　　校 三峡大学
作业时间 6小时
图纸尺寸 1号图纸
学习时间 2013绘世界暑期

设计评析

　　该方案功能布局与结构清晰，主次入口广场与湖面景观亭形成对景。建筑两个单体通过门厅连接，加强了两者建筑完整性。门厅与展厅公用欠妥当，管理办公用房未能从门厅直接到达，导致流线复杂。乒乓球室等不应放在办公二层上，对办公有较大影响。

　　整体排版紧凑、明确，色彩简单、协调，总平面表现精致充分。

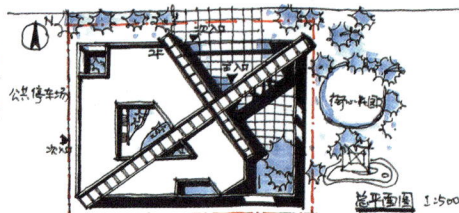

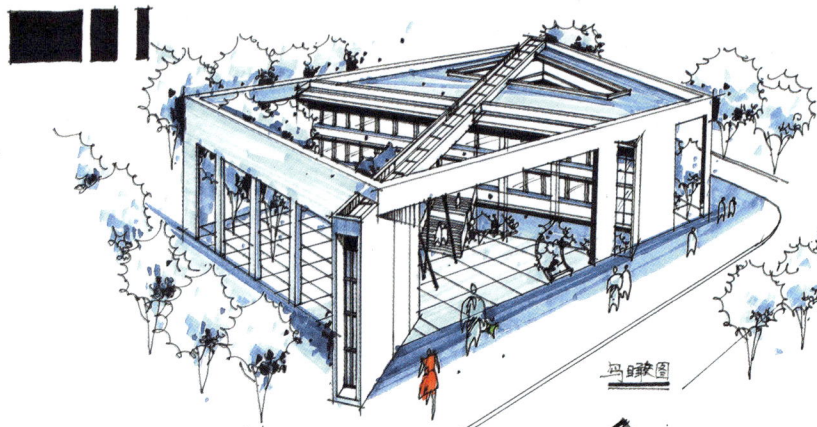

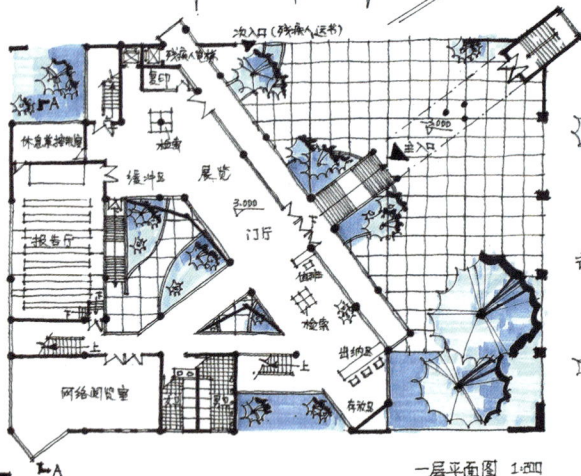

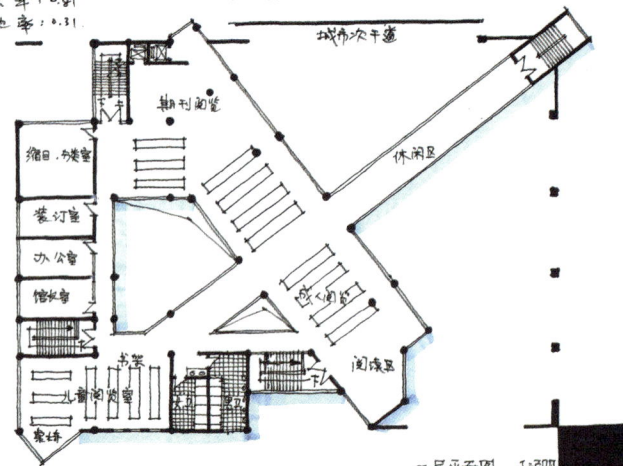

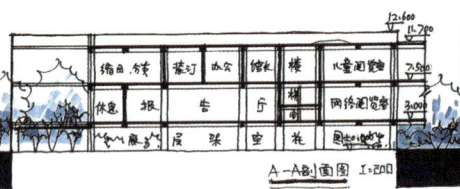

实例 6-16

作　　者 吴岭昊
学　　校 华中科技大学
作业时间 6小时
图纸尺寸 1号图纸
学习时间 2013绘世界暑期

设计评析

　　该方案功能布局基本合理，建筑采用局部底层架空，使建筑空间虚实对比强烈，视线通透，从而讲街心花园引入视野。儿童阅览室应放在一层，并结合儿童室外活动去一起设计。

　　图面总体效果较好，线条饱满、连贯，整体颜色选择需要再斟酌，效果图表现有一定感染力，建筑空间体块表达明确。

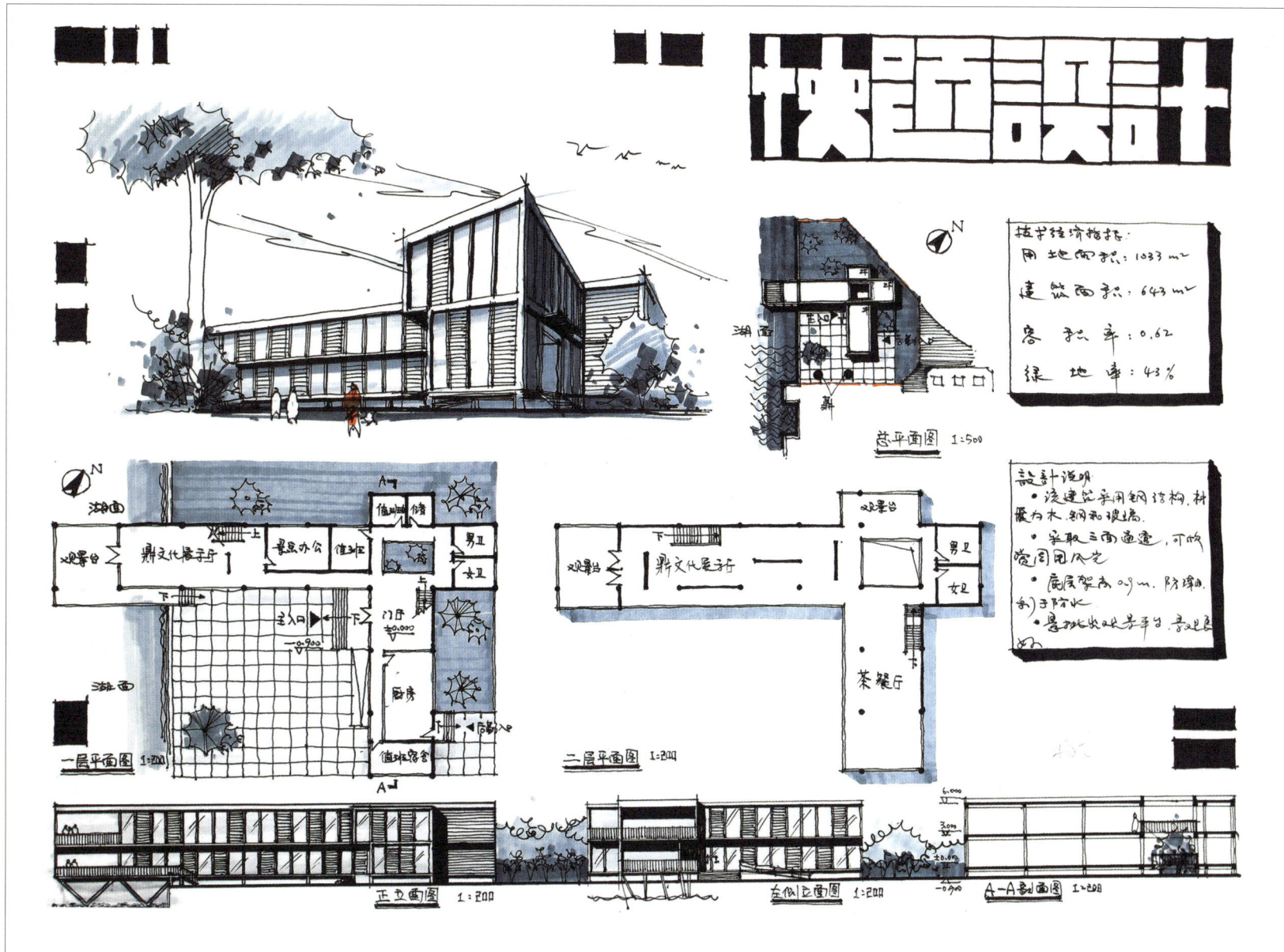

实例 6-17

作　　者 杨龙成
学　　校 三峡大学
作业时间 6小时
图纸尺寸 1号图纸
学习时间 2013绘世界暑期

设计评析

　　该方案总平面采用十字交叉形式，不仅争取到了更开场的主入口广场，也便于平面功能分区。把展览与茶餐厅设置在二楼，观景平台延伸至湖中，大限度满足建筑最佳朝向。不足的是值班室距主入口门厅稍远，忽略了值班室本身的作用。

　　图面总体构图合理，马克笔表现干净利落，透视效果图表达简介有效，线条生动肯定，效果较好。

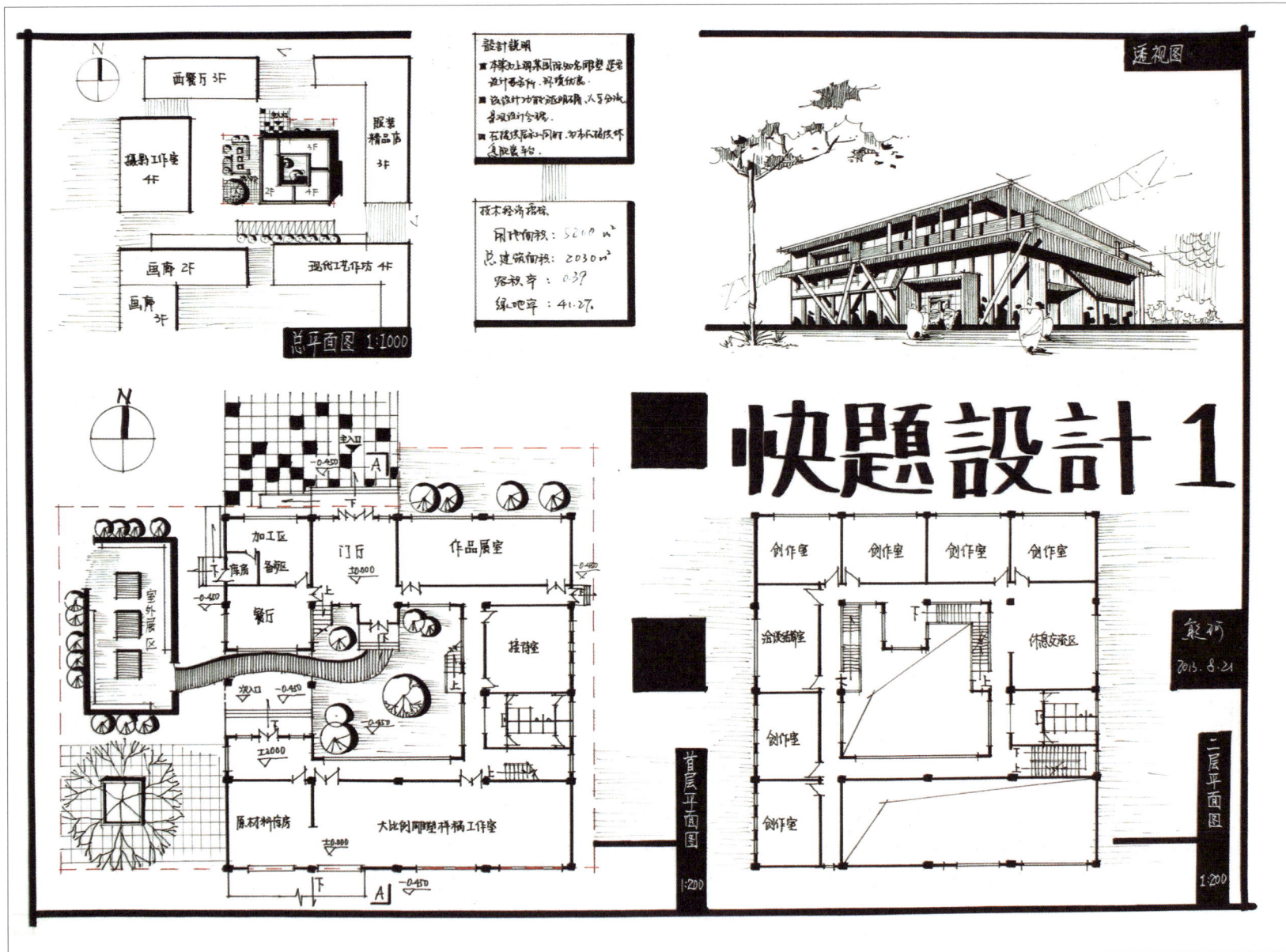

设计说明

技术经济指标

用地面积：5200 m²
总建筑面积：2030 m²
容积率：0.39
绿地率：41.2%

总平面图 1:1000

透视图

快题設計1

西餐厅 3F
摄影工作室 4F
服装精品店 3F
画廊 2F
现代工艺作坊 4F
画廊 3F

加工区
库房 备班
门厅
作品展室
餐厅
挂摊室
室外展区
原材料库房
大比例雕塑样稿工作室

创作室　创作室　创作室　创作室
洽谈洽谈室
休息区
创作室
创作室

首层平面图 1:200

二层平面图 1:200

实例 6-18

设计评析

作　　者	熊珂
学　　校	三峡大学
作业时间	6小时
图纸尺寸	1号图纸
学习时间	2012绘世界暑期

该方案功为某雕塑家设计工作室，总平面布局考虑基地周边环境，图底关系明确，平面功能布局尚可，交通流线简洁明了。室外展场与建筑联系紧密，处理得当。庭院两室外楼梯距离过近，也可去掉右边楼梯，将左边楼梯延伸至三楼。

图面构图饱满，图纸表现深入，通过多张分析的表达使设计有理可依。效果图表现有一定设计感，符合该建筑气质。

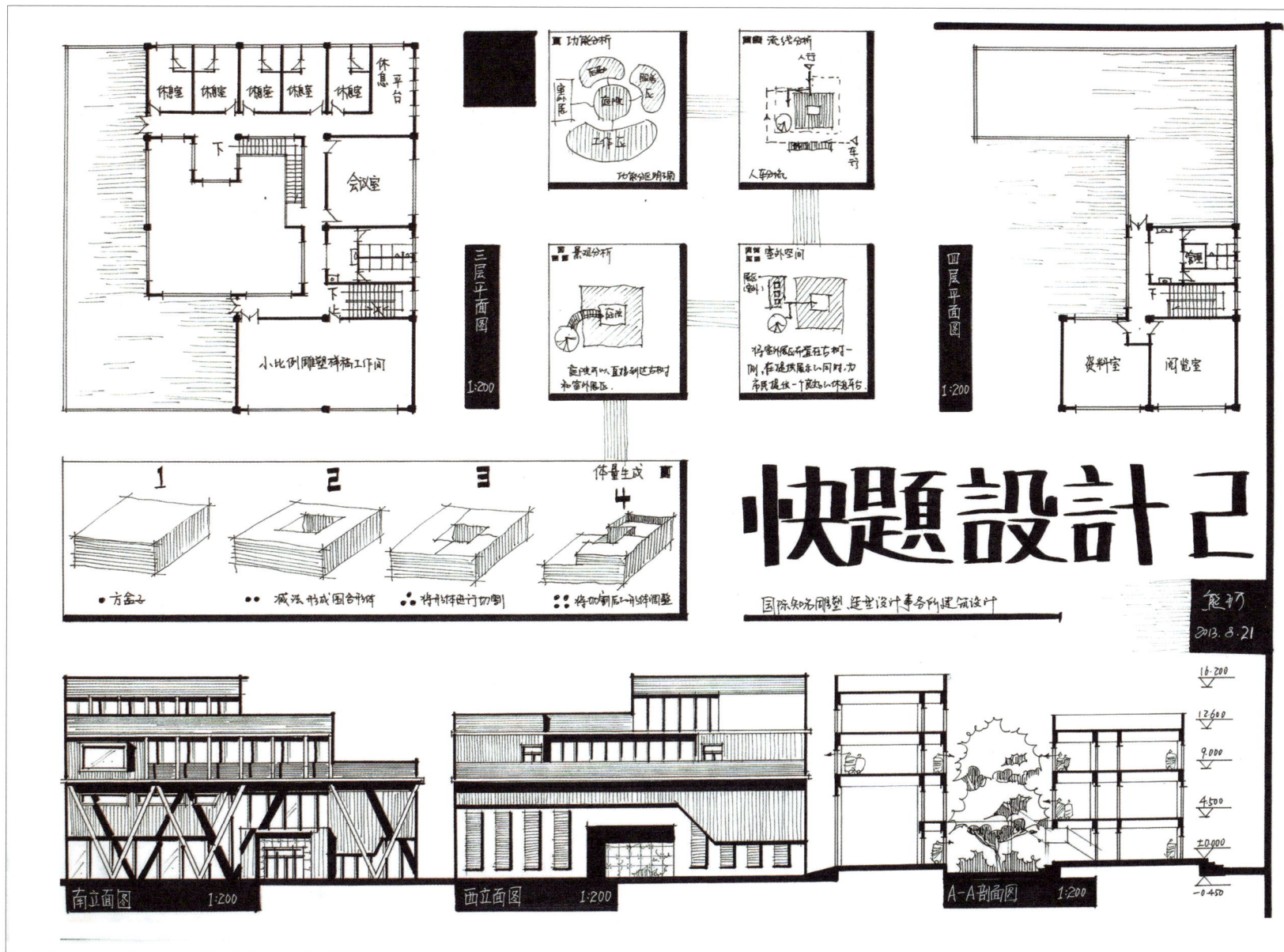

休息平台

休息室 休息室 休息室 休息室 休息室

下

会议室

小比例雕塑样稿工作间

三层平面图 1:200

功能分析

功能分区明确图

流线分析

人行

车行

人车分流

景观分析

室外空间

雕塑可以直接到达室外和室外展区

将室外展区布置在右树一侧,在延续展示的同时,为市民提供一个良好的休憩平台

四层平面图 1:200

经理

资料室 阅览室

下

体量生成

1 方盒子

2 减法形成围合形体

3 将形体进行切割

4 将加建后以形体调整

快题設計2

国际知名雕塑延建设计事务所建筑设计

2013.8.21

南立面图 1:200

西立面图 1:200

A-A剖面图 1:200

16.200
12.600
9.000
4.500
±0.000
-0.450

实例 6-18

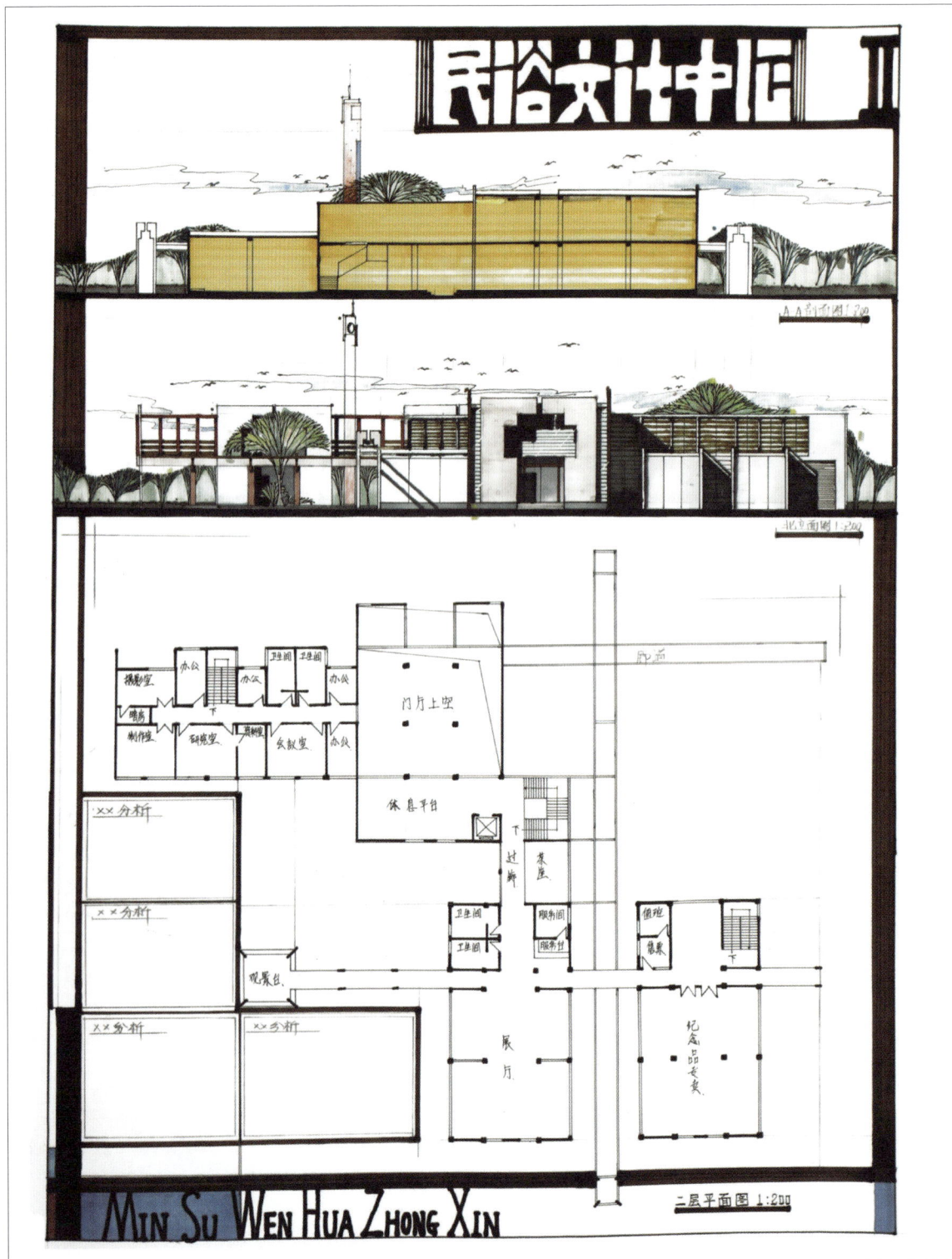

实例 6-19

作　者　陈志

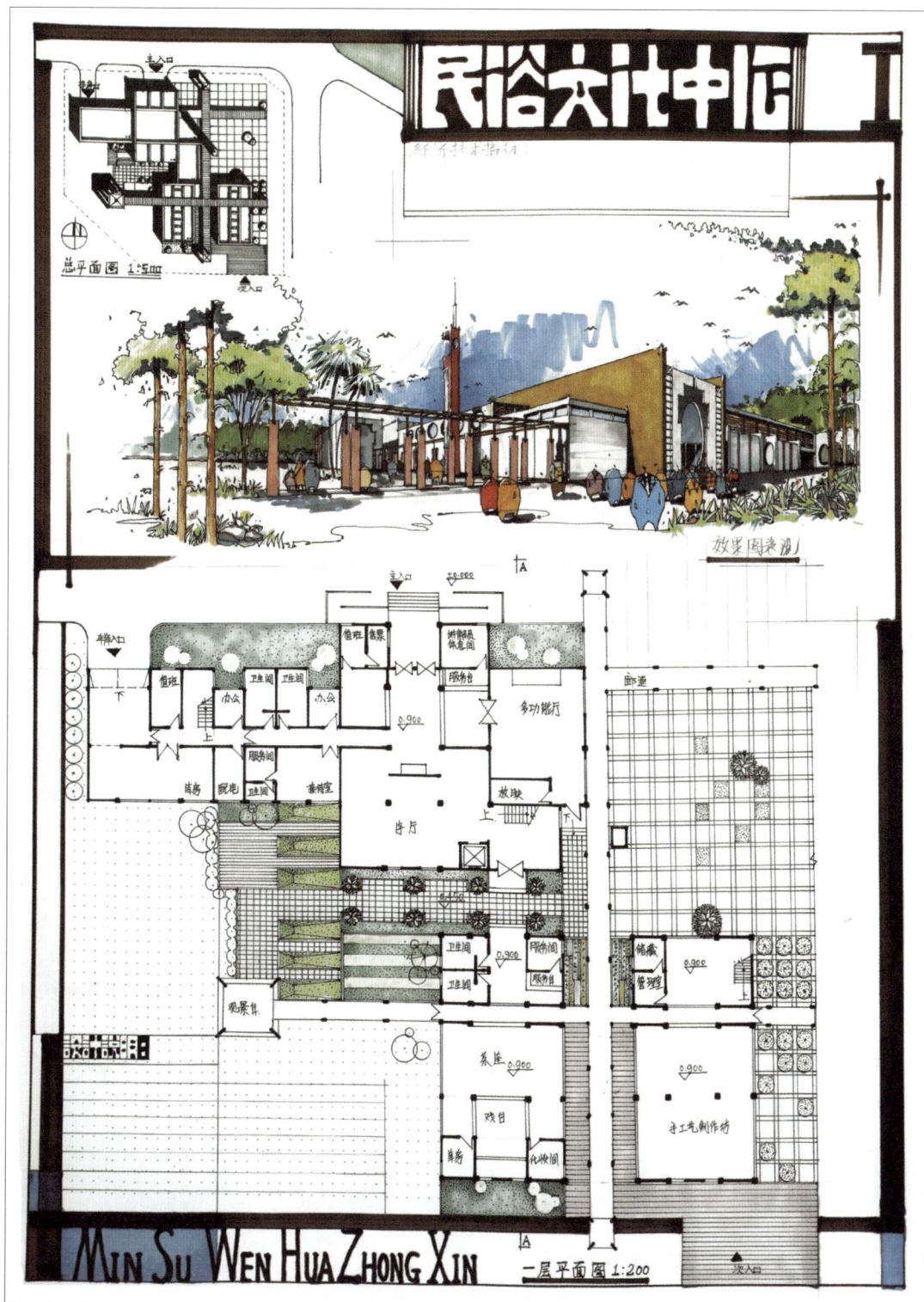

民俗文化中心

总平面图 1:500

放果图表间

MIN SU WEN HUA ZHONG XIN

一层平面图 1:200

设计评析

　　本方案为民俗文化中心设计，选址位于南方某少数民族自治州。设计始终贯彻了文脉的概念新建筑因环境而生成。根据周边城市道路关系和观景条件，合理确定主入口正对去新城区方向道路，以此与城市产生有机联系。以矩形广场居地段东北角，使步行街道路交叉口空间形态得以舒展，并利于展厅对外单独开放。将办公区与展厅一两个单体建筑分开布局，使功能分区更合理化。

　　表现方面平面图用灰色马克笔着重刻画建筑周围景观，较好的烘托建筑本身，剖面图用马克笔排线图建筑内部，这样的表现方式会使剖面图相对丰富，立面图加强阴影这样建筑空间感强烈，层次分明，效果图虽是两点透视，但抓住重点建筑主入口着重刻画，从而图面反应出建筑主要特征

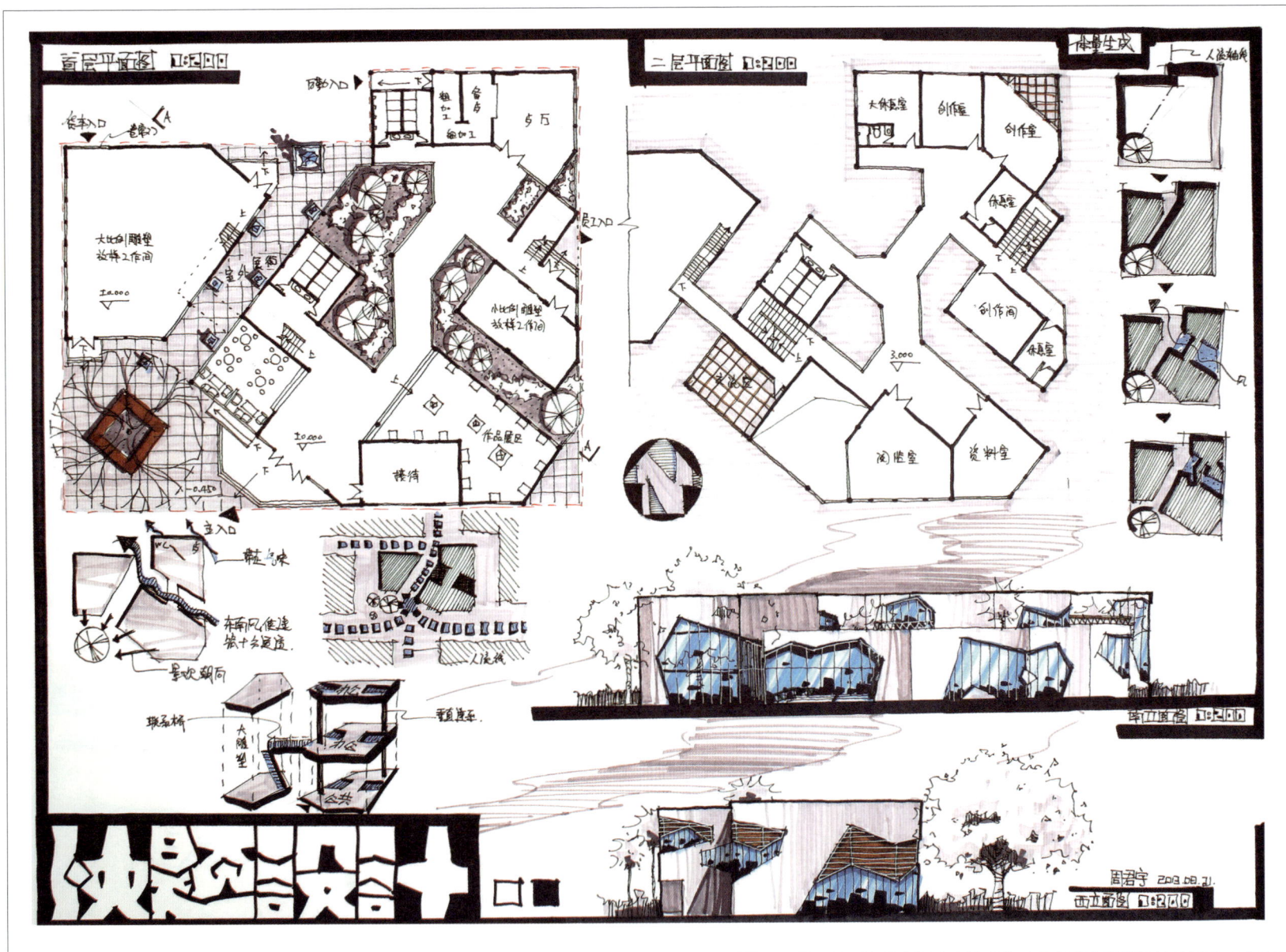

实例 6-21

作　　者　周君宇
学　　校　华中科技大学文华学院
作业时间　6小时
图纸尺寸　1号图纸
学习时间　2012绘世界暑期

设计评析

　　该方案设计大胆，极具设计感。功能分局基本合理，内部空间丰富，外立面造型与建筑平面统一协调。主入口围绕保留树木展开设计，增强了入口标识性与建筑标志性。

　　构图均衡，图面饱满，分析图准确精致，立面表达详细，效果图表现充分，能够运用简单的颜色表达出设计想法，是一份较优秀的试卷。

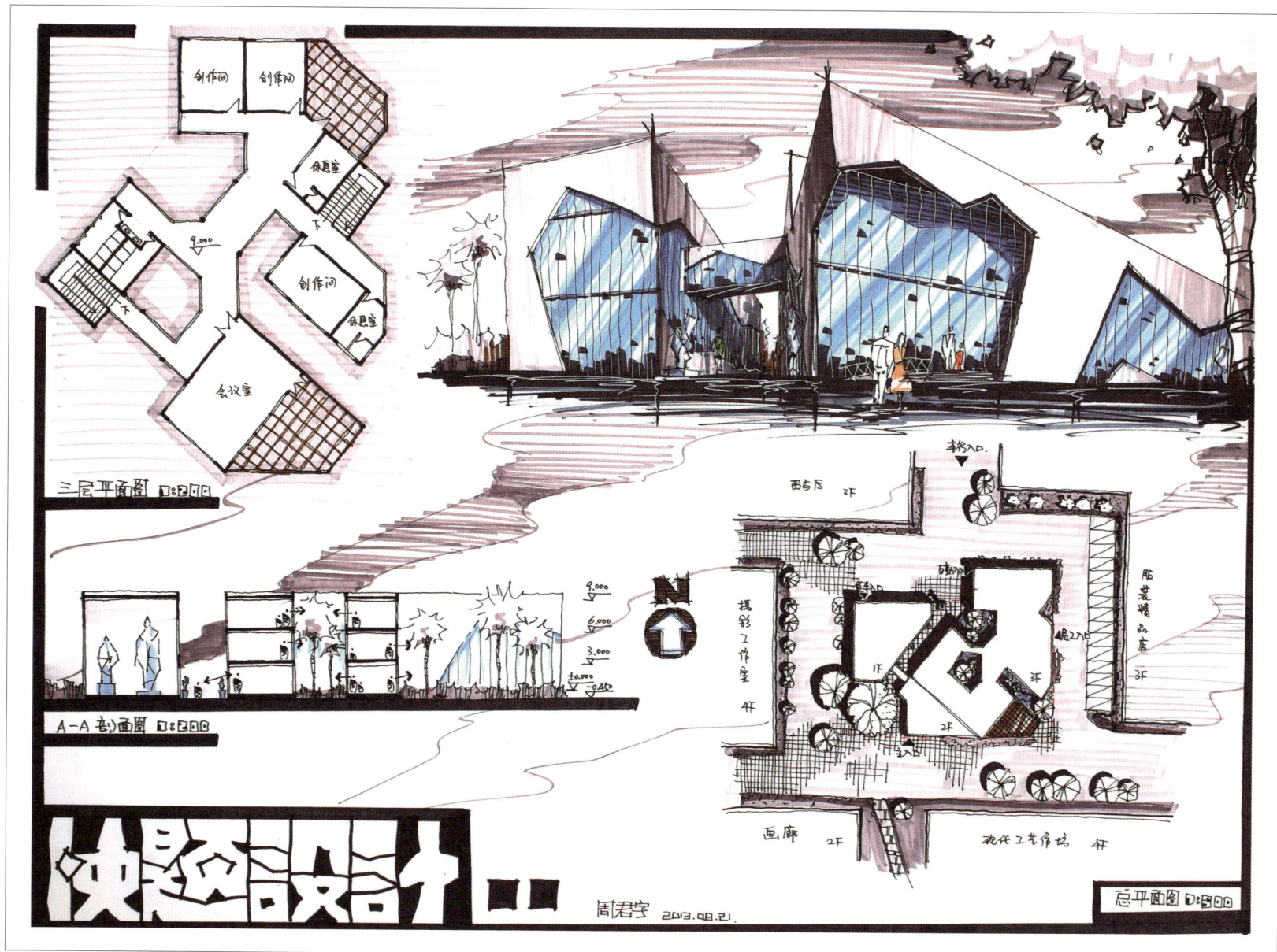

创作间　创作间

休息室

创作间

休息室

会议室

三层平面图 1:200

A-A 剖面图 1:200

9.000
6.000
3.000
±0.000
-0.450

N

车辆入口

西厨房　2F

摄影工作室　4F

陶艺精品店　3F

1F

2F

3F

画廊　2F

现代工艺作坊　1F

总平面图 1:500

快题设计

周君宇 2013.08.21.

实例 6-21

后记

2012年在与几位建筑老师闲聊中，聊到了目前建筑院校的学生就业形式及考研压力等问题。最近几年，随着高校的扩招、社会的发展、国家的政策等因素，建筑专业考研的学生越来越多，但很多学生考研的准备过程都不充分，甚至有些盲目，我们深感需要有一些针对性的书籍对学子们进行有益的引导。

目前市面上关于这方面的书籍虽多，但笔者认为能够讲透讲深的甚少，综合绘世界这些年的考研培训经验和实际案例，我们有了编撰这方面书籍的想法，也从而有了现在《建筑快题设计与表达》一书的面市。

此书在编写过程中以贴近建筑考研或建筑院所招聘为宗旨，整理了全国较权威建筑高校近几年的考研真题进行分析，便于读者更好地掌握考研快题的重点与要点。本书所有作品都是按照考研时间（3～8小时的规定）完成，所以读者可以参考到原滋原味的考研试卷，可以体会到在规定的时间内完成一份快题的实际效果。每幅作品从考研的角度来评判，也都是很不错的答卷，而且这些作品的作者大部分都已考入不错的高校，他们的作品对即将考研的读者来说更直观，也更具说服力的。

本书最大的亮点，就是针对考题类型进行讲解，基本都是全国建筑高校考试的范围，书中每个真题都是从历年各个高校中筛选出来，每幅作品都由老师进行详细评析，读者在阅读和临摹的同时，可以参照教师的评析去筛选试卷中比较优秀和出彩的部分，相信大家能从本书有所收获。

最后感谢陈志老师能够在百忙之中为大家贡献这样一本好书，同时也感谢建筑手绘班的白冰老师能够绘制部分表现图，这让本书的内容更加丰富，感谢华南理工大学的张宗鹏老师为本书添加了很多建筑考研手稿，让学员能够更清晰地认识考研方法，更感谢他为建筑考研方案班2013年暑假班的一个月精彩考研方案课程。

要感谢的朋友与同行还很多，在此不一一例举，希望大家在新的一年里有更多收获，更多感悟。

张光辉
于2014年元旦前夕

参考文献:

[1] 闫寒.建筑学场地设计(第二版)[M].北京：中国建筑工业出版社，2010,9.

[2] 张光辉，王成虎.考研快题设计精选[M].北京：中国林业出版社，2012.

[3]（日）日本建筑学会建筑学.建筑设计资料集成[M]：滕家禄、王岚、滕雪、沈芸译.中国建筑工业出版社，2010,9

[4] 邹湖莹.博物馆建筑设计[M].北京：中国建筑工业出版社，2002.

[5] 徐卫国.快速建筑设计方法[M].北京：中国建筑工业出版社，2001.

[6] 胡仁禄.休闲娱乐建筑设计[M].北京：中国建筑工业出版社，2001.

[7] 彭一刚.建筑空间组合论[M].北京：中国建筑工业出版社，1998.

[8] 深圳市建筑设计研究总院.建筑设计技术手册[M].北京：中国建筑工业出版社，2011,4.

[9] 田学哲.郭逊.建筑初步[M].北京：中国建筑工业出版社，2010.

[10] 张文忠.公共建筑设计原理[M].北京：中国建筑工业出版社，2008.

[11] 朱昌廉.住宅建筑设计原理[M].北京：中国建筑工业出版社，2011.

绘世界手绘训练营

欢迎您

简介
Description

　　"绘世界考研快题训练营"是由手绘商会联合绘世界手绘网，绘世界文化传媒有限公司共同打造的全国专业高端培训机构，为考研的和即将从事设计行业学员提供专业培训。

　　2011、2012连续两年被"中国教育网""中国广播网""腾讯网""楚天都市报"等数十家媒体报道并得到社会各界好评。

　　2013年华南理工大学建筑设计第一名出自绘世界，众多学员被东南大学、华南理工大学、南京林业大学、华中科技大学、北京建筑大学、西安建筑科技大学、武汉大学等众多高校录取。

　　2012年参加考研中取得140高分快题学员4名，分别为华中科技大学建筑、景观、武汉大学城市规划及武汉理工大学。参加哈尔滨工业大学考试学员取得136高分，华南理工大学两名学员取得130及126高分。华中科技大学园林景观录取绘世界学员占所有录取人数60%

　　2010年硕士研究生考试中2名学员以手绘快题成绩146和138高分成绩夺得艺术设计、园林景观两专业第一名。东南大学、北京林业大学、等高校高分均出自绘世界。武汉大学专业第一名快题成绩144分和城市规划快题140高分成绩出自绘世界（快题总分150）参加其他高校考研中快题通过率达100%

■ 武汉校区　　■ 郑州校区　　■ 南京校区

绘世界报名：www.shouhui.net

全国咨询QQ：400-646-1997　　全国咨询电话：400-646-1997

更多考研快题资料登陆中国最专业的手绘交流网站——绘世界网（www.huisj.com）

绘世界手绘 公众微信